ULLI KULKE
WELTRAUM STÜRMER

WERNHER VON BRAUN UND DER WETTLAUF ZUM MOND

QUADRIGA

Der Autor bedankt sich bei Dietmar Bartz und seinem kritischen Geist.

Alle Abbildungen in diesem Band stammen von der picture-alliance/dpa, Frankfurt am Main; ausgenommen die Fotos auf S. 70 (National Air and Space Museum) und S. 83 (Wolfgang Fleischer).

Dieser Titel ist auch als E-Book erschienen

Quadriga Verlag, Berlin, in der Bastei Lübbe GmbH & Co. KG

Originalausgabe

Umschlaggestaltung: Uwe C. Beyer, Hamburg
Umschlagillustration: Michael Pleesz, Wien, mit freudlicher Genehmigung des Nach-richtenmagazins *Der Spiegel*
Satz: Dörlemann Satz, Lemförde
Gesetzt aus der DTL Documenta und der DTL Documenta Sans
Druck und Einband: GGP Media GmbH, Pößneck

Printed in Germany
ISBN 978-3-86995-026-6

5   4   3   2   1

Sie finden uns im Internet unter: www.quadrigaverlag.de

Für Conny, Fanny und Gina

Inhalt

Der Startschuss

Zwei Männer schieben ihren Dienst am Abend des 4. Oktober 1957 im Observatorium des Smithsonian Institute in Cambridge, USA. Keine besonderen Vorkommnisse am Himmel über dem Ostküstenstaat Massachusetts. Es ist ein Freitag, das Wochenende beginnt. Im kleinen Regal zwischen ihren Schreibtischen liegt eine Aufstellung, auf zwei Blättern ein paar Dutzend Adressen und Telefonnummern, allesamt von Himmelsbeobachtern und Amateurastronomen, von denen jeder wiederum selbst ein paar Dutzend erfahrener Sternengucker auf seiner Liste hat – ein Netz von Gleichgesinnten. Sie alle warten auf einen ganz besonderen Moment, an dem sie, jeder Einzelne von ihnen, ganz persönlich gefordert sein werden. Irgendwann, so heißt es – noch in diesem Jahr oder doch erst im nächsten? –, würde die US Navy einen künstlichen Himmelskörper in die Umlaufbahn schießen, der sich abends, in der Dämmerung, dort oben unter ihre Sterne mischen würde. Täglich nur für kurze Zeit, aber mit dem Teleskop sichtbar seine Bahn ziehend. Das erste von Menschenhand gemachte Ding im Weltall, und sie würden die Aufgabe haben, es zu beobachten, zu berichten, Protokoll zu führen, besondere Vorkommnisse gleich zu melden. Wenn es denn so weit wäre. Heute Abend, so viel steht fest, würde nichts mehr laufen. Das hätte man ihnen gesagt. Und das Internationale Geophysikalische Jahr (International Geophysical Year, IGY), zu dessen Anlass das Spektakel stattfinden soll, hat ja erst im Juli begonnen und soll noch bis Ende 1958 andauern. Inzwischen weiß man: Vanguard soll das Projekt wohl heißen.

Ebenfalls am Abend jenes 4. Oktober, seit dem späten Nachmittag, läuft ein Cocktailempfang knapp 2000 Kilometer südwestlich; in Huntsville, Alabama, in einem kubischen Verwaltungsbau auf dem weitläufigen Gelände des Redstone Arsenal, einer Landschaft aus militärischen Baracken, gewaltigen Lagerschuppen und Hallen für die Raketenmontage. Gastgeber ist der 45-jährige Deutsche Wernher von Braun. Gerade sind die geladenen Gäste wieder zurückgekommen, von Braun hatte seinen Begleitern ausführlich das Gelände präsentiert, darunter Neil McElroy, designierter US-Verteidigungsminister, der in den kommenden Tagen den amtierenden Charles E. Wilson ablösen soll. Nun plaudert man über die Zukunft verschiedener Raketenprojekte, die Air Force und Marine oder auch die Army im Schilde führen, bei der von Braun als führender Raketeningenieur selbst angestellt ist. Hin und wieder ist auch die Rede von Satelliten, die solche Raketen schließlich in die Erdumlaufbahn tragen könnten. Von Brauns Projekt kommt nicht recht voran, obwohl es unter den dreien das am weitesten gereifte und zugleich das hoffnungsvollste ist. Die Regierung in Washington bremst ihn aus, setzt aus außenpolitischen Gründen lieber auf das von der US Navy betriebene Projekt Vanguard. Von Braun beklagt sich beim künftigen Verteidigungsminister, der greift zu Ausflüchten, weicht in Smalltalk aus. Von Braun bittet um Verständnis, dass er sich für eine Stunde zurückziehen müsse, in sein Büro im selben Haus. Er habe dringend noch ein paar Papiere einzusehen für den morgigen Tag.

Ein weiterer Empfang findet an dem späten Freitagnachmittag statt. Im großen Saal der sowjetischen Botschaft in Washington, zweiter Stock. Anlass ist das nahende Ende einer bemerkenswerten Konferenz, die seit einer Woche in Washington tagt. Das internationale Komitee jenes Geophysikalischen Jahres (IGY) hatte die namhaftesten Fachexperten aus aller Welt nach Washington geladen. Man tauscht sich aus über die jeweiligen Vorhaben im Rahmen dieses internationalen Forschungsprojektes, über die Zukunft der eigenen Institute und über die wissenschaftliche Zusammenarbeit. Die beiden Supermächte USA und UdSSR rasseln zwar bereits wieder einmal hörbar mit ihren schweren Säbeln, doch während all der Konferenztage, auch jetzt beim Empfang

in der sowjetischen Botschaft, genießen die Physiker den unge-
zwungenen wissenschaftlichen Austausch: Meeresforschung, Vul-
kanismus, das Erdmagnetfeld – was hat man nicht alles bespro-
chen auf dem Kongress zuvor. Rundherum an den Tischchen gibt
es an jenem Abend viele Themen. Unter anderem sind da auch die
neuesten Fortschritte in der Astroforschung, die Idee gar, bald irgendwann einmal in den Weltraum vorzustoßen. In Wissen-
schaftsblättern ist schließlich seit Längerem davon die Rede, dass
die Technik, egal ob in Ost oder West, jetzt langsam so weit sei,
einen Satelliten in den Orbit der Erde zu schießen; man venti-
liert Umlaufbahnen, Startfenster, Gewichte, Geschwindigkeiten.
Boulevardblätter nehmen die Idee hin und wieder auf und rei-
chern sie mit populären Gedankenspielen an: Wie etwa wird sich
der Mann im Mond dazu verhalten? Nastrowje! Der Wodka be-
flügelt die Fantasie an diesem Abend auch in der sowjetischen
Botschaft der UdSSR.

John P. Hagen geht besonders offenherzig an dieses Thema
heran, gleichzeitig neugierig, vor allem im Gespräch mit seinen
sowjetischen Kollegen. Hagen ist Direktor des Projektes Vanguard
der US Navy. Von Anfang an hieß es dort und bei der Regierung in
Washington, man wolle die wissenschaftlichen Erkenntnisse dieses Satellitenprogramms mit den anderen Teilnehmerstaaten des
IGY teilen. Freimütig und mit nur leicht gebremstem Stolz berichtet Hagen an jenem Abend in der sowjetischen Botschaft von Details seines Projektes, aber auch von seinen Problemen: Der Zeitplan ist längst Makulatur, es hat Fehlstarts gegeben, das Budget ist
überzogen. Wie es denn bei ihnen so aussehe, will er von den sowjetischen Wissenschaftlern erfahren, ob es ihnen nicht genauso
gehe. Oder werden sie es schaffen? Doch wohl nicht im nächsten
Jahr, also 1958, aber im übernächsten vielleicht, oder doch erst im
nächsten Jahrzehnt? Er pflegt den jovialen Umgangston, gepaart
mit dem unvermeidlichen Selbstbewusstsein desjenigen, der als
Federführender der Nation berichtet, die laut eigener Ankündigung den ersten Satelliten ins All schießen werde, so oder so.

Umso größer die Überraschung bei Hagen, denn die russischen

Forscher finden seinen kollegialen Tonfall nicht. Die einen weichen aus, drucksen herum, schauen weg. Die anderen, das hätte er am wenigsten erwartet, deuten Hagen gegenüber an, die Sowjets ihrerseits könnten in absehbarer Zeit selbst einen Satelliten starten. Nur inoffiziell sprechen sie davon, versteht sich, und es klingt ein wenig wie der erklärte Wille zum Mithalten. Gezwungenermaßen? Nein, das auf keinen Fall. Richtiggehend geschockt ist Hagen, als er mit dem jungen Sergej M. Poloskow spricht, führendes Mitglied der sowjetischen Delegation auf der Konferenz und Redner am Eröffnungstag. Im Zwiegespräch verkündet dieser unmissverständlich, die Sowjetunion stehe »kurz vor dem Start des weltweit ersten künstlichen Satelliten in den Weltraum«, und klingt dabei fast ein wenig pathetisch. Ist es Propaganda, Poloskow ein Aufschneider? Hagen fachsimpelt bemüht unerschrocken weiter. Natürlich könne man noch keine größeren Nutzlasten ins All tragen, nur drei, vier Kilo werde so ein Satellit bestenfalls wiegen, besonders viele Instrumente könne man da nicht unterbringen, alles andere sei Zukunftsmusik.

Mit seinem Gefühl der Verwunderung aus dem Gespräch mit Poloskow kann Hagen nicht an sich halten. Binnen einer halben Stunde sind, verteilt an den Cocktailtischen beim Wodka, die zahlreichen amerikanischen Wissenschaftler im Saal elektrisiert von der Vorstellung, es könnte bald so weit sein mit dem ersten Satelliten im All.

Es ist kurz vor 18 Uhr, als ein Mann von der Pforte der Botschaft in den Saal kommt und einen der Gäste ans Telefon bittet, den Reporter der *New York Times*. Der Redaktionsleiter der Zeitung im Washingtoner Büro will ihn sprechen. Er verlässt den Saal, und als er Minuten später zurückkommt, stellt er sich neben seinen Bekannten, Richard Porter, ein amerikanisches Mitglied des IGY-Komitees.

»Das Ding ist oben«, flüstert er ihm zu, die sowjetische Nachrichtenagentur TASS habe es soeben in alle Welt gemeldet. Um 19:28 Uhr Greenwicher Zeit habe vom sowjetischen Kosmodrom in Baikonur, Kasachstan, eine sowjetische R7-Rakete abgehoben.

An Bord, oben auf ihrer Spitze: ein Satellit, *Sputnik* sei sein Name, *Sputnik 1*, um genau zu sein. Was ja fast so klingt, als solle morgen schon die nächste laufende Nummer in den Orbit folgen. 19:28 Uhr Greenwicher Zeit, das war vor knapp vier Stunden und bedeutet, Sputnik müsste den Orbit längst erreicht haben.

Als er die Nachricht hört, läuft Porters ohnehin schon rotes Gesicht noch stärker an. Umgehend sucht er Lloyd Berkner, den offiziellen US-Vertreter im IGY-Komitee. Berkner hört ruhig zu und lässt sich nicht erschüttern. Ganz der Gentleman aus den Südstaaten klatscht er ein paarmal in die Hände und verkündet laut und souverän:

»Ich möchte Ihnen allen etwas mitteilen. Von der *New York Times* bekomme ich soeben die Nachricht, dass ein russischer Satellit in der Erdumlaufbahn ist. Ich möchte den sowjetischen Kollegen gratulieren für ihren Erfolg.«

Am anderen Ende des Saales wird John P. Hagen bleicher und bleicher, fällt in ein Loch. Die Russen haben all seine Bemühungen und Hoffnungen, mit seinem Vanguard-Projekt der Erste zu sein, in die Weiten des Weltraums geschossen.

»Waren wir wirklich noch die größte Nation auf Erden, wie unsere Führung es jedem gegenüber immer wieder geltend machte?«, resümiert Roger D. Launius, Chefhistoriker des Washingtoner Smithsonian Museums für Luft- und Raumfahrt, Hagens Gedanken in jenem Moment. Dessen erste spontane Reaktion, lässt er im Nachhinein verlauten, war von konkreten Selbstzweifeln geprägt: »Werden sie uns wirklich einsargen, wie der sowjetische Parteichef Nikita Chruschtschow vor den Vereinten Nationen angekündigt hat? Was müssen die Vereinigten Staaten tun, um international wieder respektiert zu werden?«

Die in der sowjetischen Botschaft versammelte Fachwelt ist erregt, einige Experten euphorisiert, viele, vor allem diejenigen aus den USA, sind deprimiert. Amerika steht am Vorabend des größten Schocks seiner Nachkriegsgeschichte.

Es ist kurz nach 20 Uhr, als an dem Abend im Office der Sternwarte in Cambridge, Massachusetts, dann doch noch Leben ein-

Ein Techniker arbeitet am Sputnik (Szene aus einem sowjetischen Dokumentarfilm).

kehrt. Die Nachricht aus Washington ist eingetroffen: Ein Satellit ist in der Erdumlaufbahn. Grundsätzlich hatten sie dort so etwas ja erwartet, aber eben auf keinen Fall, dass es ein sowjetischer und eben kein US-amerikanischer sein würde. Die Astronomen des Observatoriums öffnen erst einmal die schweren Luken in der Kuppel, um ihr Teleskop in Stellung zu bringen. Dann aber starten sie die Telefonkette, mit der sie ihre 2000 Sternengucker allesamt aktivieren. Sie sollen nun in Amerika und auf der ganzen Welt gemeinsam mit ihren Teleskopen auf die Suche gehen nach dem, was dort in bisher unerreichter Höhe seine Bahn zieht. Weder über die genaue Streckenführung noch über die Geschwindigkeit haben die Sowjets etwas verlauten lassen. Nur die ungefähre Höhe des Orbits hatte die Nachrichtenagentur TASS angegeben: In circa 900 Kilometern Höhe soll es die Erde umrunden, das unerwartete Flugobjekt. Immerhin wissen die Experten in Cambridge von den Berechnungen ihrer amerikanischen Raumfahrtingenieure, dass solch ein Satellit die Erde in etwa eineinhalb Stunden ein Mal umrundet haben dürfte. Aber wo ist er jetzt?

Was sie nicht wissen: *Sputnik 1* hat die USA in der vergangenen Stunde bereits viermal überflogen, hat ein Signal nach unten gefunkt: »Piep, piep, piep.« Vielleicht hat es manch einer in seinem Kurzwellenradio zufällig gehört, ohne seine Herkunft auch nur zu ahnen – Amerika ist reichlich ahnungslos in diesen Stunden.

Wernher von Braun erhält in seinem Büro, in das er sich kurz von der Cocktailparty zurückgezogen hatte, einen Anruf von einem befreundeten britischen Journalisten.

»Wie finden Sie das?«, fragt er von Braun.

Der ist ahnungslos, fragt zurück, was er denn meine.

Na, den Satelliten, den die Russen doch in den Orbit gebracht hätten.

Von Braun, der sich zum Telefonieren gern weit in seinen Lehnstuhl drückt und die Beine auf den aufgeräumten Schreibtisch legt, sitzt nur Sekundenbruchteile später aufrecht, die Beine unter dem Stuhl angewinkelt. Er ist geschockt. Erstaunt ist er allerdings nicht.

»Ich war nicht mal überrascht«, zitiert ihn sein Biograf Michael Neufeld, »ich wusste längst, dass die Russen einen Satelliten bauen konnten. Ich war einfach enttäuscht und etwas verbittert, weil wir nicht die Erlaubnis bekommen hatten, das vor ihnen zu tun.«

Von Braun eilt zurück zur Cocktailparty, bestürmt McElroy regelrecht: Das sei doch klar gewesen, dass die Russen den Satelliten hochbrächten, aber man verfüge doch selbst auch über Raketen. Natürlich, das Vanguard-Projekt der Navy werde das ganz im Gegensatz zu seinem eigenen Team nie schaffen, die Leute dort denken zu kompliziert, die sind weit zurück im Plan.

»Wir können das, in sechzig Tagen können Sie von uns einen Satelliten haben. Geben Sie uns grünes Licht und sechzig Tage.«

General John Medaris, militärischer Chef des Raketenversuchsgeländes in Huntsville und demzufolge von Brauns Vorgesetzter, steht dabei und ist immerhin beeindruckt vom Gang der Dinge.

»Neunzig, Wernher, neunzig Tage«, sagt er, um etwas Realismus bemüht.

Immerhin, das ist ein erstes Zugeständnis. Von Braun legt eine kurze Pause ein in seinen Vorhaltungen, atmet durch, schaut ein wenig zufriedener, aber nur ein wenig. Er ist noch nicht vollkommen davon überzeugt, die Chance auch tatsächlich zu bekommen.

SPUTNIK, VERZWEIFELT GESUCHT

Die beiden Astronomen im Smithsonian Observatorium in Cambridge sind als Erste dabei, als sich gegen Mitternacht Ostküstenzeit in der amerikanischen Kollegengemeinde herumspricht, in Deutschland habe angeblich ein junger Kollege die Signale vom Sputnik empfangen und identifizieren können: »Piep, piep, piep«, drei Töne pro Sekunde. Heinz Kaminski soll er heißen, Leiter einer Bochumer Schulsternwarte, und er habe auch gleich die Frequenzen durchgegeben: abwechselnd 20 und 40 Megaherz. Wie im Schneeballsystem ist noch in dieser Nacht fast jeder Funkamateur aktiviert und um den Schlaf gebracht, um die ersten künstlichen Geräusche aus dem Weltall im Original zu hören. »Piep, piep, piep.« Auch mit einem guten Kurzwellenradio sollen sie angeblich zu hören sein. Der amerikanische Rundfunk- und Fernsehsender NBC ist der Erste, der das Sputnik-Signal in jede Wohnung weiterleitet, Töne, die am nächsten Tag schon in aller Welt zu hören sein werden. Die Radiosprecher streiten darüber, ob die Pieptöne sich anhören wie ein Morsetelegraf oder eine »Grille mit Schluckauf«, wie einer von ihnen sich ausdrückt.

Andere finden gewichtigere Worte: »Hören Sie nun den Ton, der ab sofort die neue von der alten Welt scheidet«, heißt es in der Anmoderation des NBC-Radios zum »Piep, piep, piep«.

Zu Gesicht bekommen die Astronomen den Sputnik an jenem Tag nicht, auch nicht durch die dicken Linsen ihrer Teleskope. Weder wissen sie, wohin sie schauen sollen, noch ist der Himmel klar. Das kleine, unbemannte Raumschiff bewegt sich in unsichtbaren Sphären. Noch wissen sie nicht, dass es wiederum eine Schulsternwarte aus Deutschland ist, in der man drei Tage später, am 8. Oktober, reklamieren wird, als Erste außerhalb der UdSSR den

Der Bochumer Heinz Kaminski (sitzend) war der Erste im Westen, der das »Piep, piep, piep« des Sputniks in seiner Schüssel empfangen konnte.

Sputnik gesehen zu haben – auch die Trägerrakete, die längst abgetrennt allein durch den Orbit jagt. Dies geschieht allerdings in Ostdeutschland, in der »Zone«, in Rodewisch. Beiden Sternwarten in Ost und West, in Rodewisch und Bochum, werden ihre frühen Pionierleistungen zu regelrechten Höhenflügen des eigenen Renommees verhelfen, Kaminski wird zum populärsten Astronomen Deutschlands aufsteigen. Ob die Sputnik-Kugel mit ihrem Durchmesser von 58 Zentimetern so viel Reflektionskraft entwickeln konnte, dass sie mit bloßem Auge von der Erde aus zu sehen gewesen wäre, ist heute umstritten. Dem Vernehmen nach soll sie allerdings vor dem Start besonders blank poliert worden sein.

Als die Gäste des Empfangs in der sowjetischen Botschaft in Washington, die ja eigentlich nur den Abschluss ihrer Konferenz zum Geophysikalischen Jahr IGY begießen wollten, die Gläser klingen lassen auf die sensationelle Neuigkeit, ist der Gedanke schnell gefasst, unverzüglich die Dachterrasse der Vertretung aufzusuchen. Nach oben, irgendwas sollte doch zu sehen sein am Himmel. Noch herrscht in der amerikanischen Community der Wille, den Sowjets zuzujubeln, Schultern zu klopfen, anerkennende Worte auszusprechen, und doch wird schon im Treppenhaus hier und da ein leiser Vorwurf über den offensichtlichen Alleingang der Russen laut, über ihren Coup, der weniger ein wissenschaftlicher ist als ein politischer. Warum teilen sie keine Einzelheiten über ihr Experiment mit? Wie groß ist der Satellit? Was enthält er? Eine Kamera etwa? Versuchsanordnungen für die Schwerelosigkeit? Bei einigen der Amerikaner regt sich die wissenschaftliche Neugier, Neid bei den anderen, zumal bei jenen, die selbst an Satellitenprojekten beteiligt sind. Jetzt sind sie ein wenig gesprächiger, die Wissenschaftler aus Moskau, Charkow und Leningrad, nachdem der Start des Sputniks bekannt wurde, und dadurch wird manches noch schlimmer. Vorhin, unten im Saal, noch bevor die Bombe geplatzt war, hatte Hagen seinen sowjetischen Kollegen im Smalltalk noch freimütig angedeutet, die Raketen der USA seien kaum in der Lage, mehr als drei, vier Kilo Nutzlast in den Orbit zu schießen. Jetzt aber muss er, als er dem Gespräch eines Geophysikers aus Charkow mit einem Schweden lauscht, hören, der Sputnik wiege womöglich 30 Mal so viel: 80 Kilogramm, gut eineinhalb Zentner, sollen jetzt da oben in vielleicht 900 Kilometern Höhe um die Erde jagen. Und dabei ein arrogantes – ja, so dachte Hagen insgeheim – »Piep, piep, piep« von sich geben.

Die Gesellschaft auf dem Dachgarten der sowjetischen Botschaft hat jedenfalls nichts gesehen, es zieht sie bald wieder zurück aus der wolkigen Kühle nach unten zu Wodka, Krimsekt und Kaviar. Viel ist aus den sowjetischen Kollegen heute Abend nicht mehr herauszuholen über die genaueren Umstände des Sputnik-Starts. Ganz offensichtlich sind sie selbst nicht alle eingeweiht in die Details ihres Sputniks. Das sowjetische Raumfahrtprogramm ist ein Geheimkommando. Kein Mensch, weder innerhalb noch außerhalb der Sowjetunion, weiß mehr darüber, als er für seine Arbeit wissen muss. Wer aber steckt dahinter? Welcher Meister genau hat das fertig gebracht, woran John P. Hagen und seine Mitarbeiter der Vanguard-Crew bislang gescheitert sind?

Wer jubelt denn jetzt 12000 Kilometer weiter östlich?, fragt sich auch von Braun, als er sich im selben Moment beim designierten Verteidigungsminister Neil McElroy bitter darüber beklagt. Darüber, dass man ihn nicht an Hagens statt loslegen lässt und einem zum Scheitern verurteilten Projekt der Marine den Vorzug gibt. Er hätte sein geheimnisvolles Gegenüber da drüben, irgendwo in der Sowjetunion, hinter dem Eisernen Vorhang, gewiss nicht den ersten Zug tätigen lassen, da ist sich der deutsche Edelmann ganz sicher. Kennenlernen würde er ihn allerdings doch gern mal.

Keiner der Beteiligten, weder in Washington noch in Cambridge, ahnt, was am nächsten Tag über die USA hereinbrechen wird, übrigens auch niemand in Huntsville. Dort allenfalls Wernher von Braun, der Routinier zwischen der US Army, der Marine und der Luftwaffe, der in Washington ein und aus geht und sich durch langjährige PR-Arbeit in den Medien inzwischen einen Namen gemacht hat, der weiß, wie in Zeitungen und Fernsehen Schlagzeilen und Spitzenmeldungen gemacht werden. Ihm dämmert, dass es am nächsten Tag rauschen wird im Blätterwald.

Mit seinem Martini on the Rocks geht von Braun zu McElroy hinüber und warnt ihn vor: »Wenn Sie morgen nach Washington zurückfahren, Herr Minister, und sehen, dass da die Hölle los ist, denken Sie daran: Wir können schon bald ebenfalls einen Satelliten hochbringen.«

Von-Braun-Biograf Michael Neufeld, auch er Historiker am Smithsonian Museum für Luft- und Raumfahrt, kennt noch eine weitere, etwas dramatischere Version dieser Szene. Nach von Brauns Rückkehr aus seinem Büro und dem erneuten Tête-à-Tête mit McElroy, dem Minister in spe, habe »einen Augenblick betretenes Schweigen« geherrscht. »Dann begann Wernher von Braun zu reden, als wäre er mit einer Grammofonnadel geimpft worden. Seine Worte überschlugen sich: ›Wir wussten, dass sie es tun würden! Die Vanguard wird es nie schaffen. Wir haben die Raketen. Um Himmels willen, geben Sie uns freie Hand und lassen Sie uns etwas tun. Mr. McElroy, geben Sie uns freie Bahn und sechzig Tage!‹«. Anschließend soll es dabei sogar etwas lauter geworden sein.

SOWJETS AM HIMMEL, AMERIKANER AM BODEN

Schon am nächsten Tag, am Samstag nach dem Sputnik-Start, ist die Hölle los, ganz so wie Wernher von Braun es vorhergesagt hat. Die Öffentlichkeit in den USA ist schockiert. Die Presse attackiert Washington und seine Schlafmützigkeit: Die USA hätten in der Weltöffentlichkeit »eine schwerwiegende Niederlage« einstecken müssen, schreibt die *International Herald Tribune*. Das Land sieht sich plötzlich bedroht. »Wenn die Sowjets einen 184 Pfund schweren ›Mond‹ auf eine vorherbestimmte Bahn in 560 Meilen Höhe um die Erde schicken können, ist der Tag nicht mehr fern, dass sie es vermögen, einen todbringenden Sprengkopf wo immer sie wollen abzuwerfen, auch über uns«, kommentiert die *Chicago Daily News*. *Newsweek* prophezeit, dass »Dutzende von Sputniks, bestückt mit Atombomben, ihren tödlichen Regen überall über den USA und Europa« niedergehen lassen. Schon ist in den USA von einem neuen Pearl Harbor die Rede, eine Anspielung auf den japanischen Luftschlag im Dezember 1941 auf Hawaii, den Bundesstaat im Pazifik. Es war der erste Angriff einer ausländischen Kriegsmacht auf US-Territorium. An jenem Wochenende ist den Medien kein Vergleich zu groß angelegt: Die *New Republic* stellt den Sputnik auf eine Stufe mit der Entdeckung Amerikas durch Kolumbus, der *US News & World Report* zieht die Parallele zur Entdeckung der Kernspaltung.

Und natürlich nutzen in Washington die oppositionellen Demokraten die Gunst der Stunde und klagen die US-Regierung an,

Amateurastronomen in London suchen am Abend des 5. Oktober 1957 den Himmel nach dem Sputnik ab.

die brandneue Gefahr nicht ernst genug zu nehmen. Senator Lyndon B. Johnson aus Texas sieht schon kommen, dass die Sowjets »Bomben aus dem Weltraum auf uns schmeißen wie Jugendliche Steine auf Autos von irgendwelchen Autobahnbrücken aus«. Der Begriff vom »Roten Mond« macht die Runde.

Im Ostblock dagegen waren die Medien bemüht, die Euphorie über den kosmischen Coup am Laufen zu halten, nicht ohne eine gewisse Wirkung zu erzielen. In einem Automobilwerk in Zwickau, DDR, fragte Anfang 1958 die Betriebsleitung ihre Belegschaft, welchen Namen sie dem neuen Modell geben würden. Die Mehrheit entschied sich für den Namen Trabant, die Übersetzung von Sputnik.

Die gewaltige Aufregung um den kleinen Sputnik erklärt sich aus der politischen Großwetterlage heraus. Es ist Oktober 1957, ein Jahr, das Deutschland mitten im Wirtschaftswunder sieht. Die Motorisierung ist so weit fortgeschritten, dass in den Ortschaften Tempo 50 eingeführt werden muss. Die Europäische Wirtschaftsgemeinschaft (EWG), Vorläuferin der EU, wird gegründet. Es geht aufwärts. Auch in Amerika, zumindest wirtschaftlich – friedlicher wird die Welt dadurch nicht. Schon gar nicht in den USA, wo das oberste Bundesgericht die Rassentrennung offiziell aufhebt, der Gouverneur in Arkansas anschließend aber schwarzen Kindern durch seine Nationalgarde den Zugang zu »weißen« Schulen verwehren lässt, woraufhin Präsident Eisenhower eine Luftlandedivision entsendet, um den Zugang zu den Schulen zu öffnen. Die Regierung in Washington ist zunehmend herausgefordert durch internationale Konflikte. Die Suez-Krise, während der die USA sogar in Konflikt mit England und Frankreich gerieten, war erst ein Jahr her, genauso wie der Volksaufstand in Ungarn. Längst verfügen die UdSSR und inzwischen auch Großbritannien über Atom- und Wasserstoffbomben.

Die Völker, vor allem im medienoffenen Westen, sorgen sich vor den Massenvernichtungswaffen. Das Augenmerk der Öffentlichkeit richtet sich dabei inzwischen fast ausschließlich auf die Mittel- und Langstreckenraketen. Sie können Atomsprengköpfe über Zehntausende von Kilometern in einer viertel oder halben Stunde durch den Himmel an jedes beliebige Ziel tragen. Und bislang sind sie für Flugabwehrwaffen unerreichbar. Doch die Rüstungsingenieure arbeiten in jenen Tagen nicht nur an Trägerraketen für Atomladungen. Sprengköpfe und Satelliten haben annähernd dieselbe Größe, nehmen den gleichen Platz ein, sind austauschbar. Und so hegen die Ingenieure gleichzeitig Pläne, quasi als friedliche Variante, künstliche Himmelskörper mit denselben Geschossen in die Erdumlaufbahn zu schießen. So wie jene Pioniere, die am 4. Oktober 1957 *Sputnik 1* in den Himmel schossen. Die R7, welche die 80 Kilo schwere Kugel in die Umlaufbahn in einer Höhe zwischen 215 und 939 Kilometern schaffte, hätte anstatt des Sputniks genauso gut eine nukleare Ladung in ihrer Raketenspitze deponiert haben können, mit verheerenden Wirkungen zum Beispiel für die USA.

Geschichtskundigen Wissenschaftlern in den USA, die sich schon länger mit den Möglichkeiten und Grenzen von Raketengeschossen beschäftigen, erinnern sich jetzt, da sie vom Sputnik hören, was ihre Militärs kurz nach dem Krieg in Deutschland in Erfahrung brachten. Ingenieure in der Raketenversuchsanlage Peenemünde an der Ostsee hatten in den 40er-Jahren die erste Interkontinentalrakete projektiert. Knapp 50 Meter hoch sollte sie sein, eine Reichweite von 5500 Kilometer haben und New York von Europa aus mit Sprengköpfen übersäen. Bis 1945 war jedoch nichts Einsatzfähiges zustande gekommen. Die Raketenentwicklung der Nazis war, auch das hatten die Siegermächte schnell ermittelt, technisch von solchen Zielen noch meilenweit entfernt. Deshalb war das schauerliche Szenario eines deutschen Angriffs auf den Times Square oder das Empire State Building auch schnell wieder vergessen. Aber jetzt? Die »Sputnik-Nacht« vom 4. auf den 5. Oktober 1957 hatte schlagartig für neue Unsicherheit gesorgt: Die Sowjetunion, die konkurrierende Weltmacht, ist also in der Lage, Atomsprengköpfe mit ihren Interkontinentalraketen über den USA zur Explosion zu bringen – wo und wann immer sie es will.

Wer hinter den Plänen der Nazis für Raketen auf New York stand, ist auch bekannt. Es war Wernher von Braun, der deutsche Ingenieur, der damals im Krieg freilich nicht nur diese Zukunftsprojekte hegte, sondern auch ein paar Tausend V2-Raketen baute, die große Schäden in London anrichteten – und der jetzt, 1957, in Huntsville, Alabama, Raketen für die Amerikaner entwirft. Von Braun aber sind die Hände gebunden, den Sowjets etwas entgegenzusetzen. Er, der die am weitesten gediehenen Pläne der USA für Raketen und Satelliten aufs Papier gebracht hat, wird von Präsident Dwight D. Eisenhower zurückgehalten. »Ike« Eisenhower will den Sowjets gegenüber jedweden Eindruck vermeiden, die Weltraumpläne seiner Leute hätten irgendeinen militärischen Beigeschmack. Von Braun, bei der Army angestellt, hat deshalb erst einmal keine Chance. Eher schon das Vanguard-Projekt, weil es von der US-Marine betrieben wird. Sie hat – für die nationale Wettervorhersage zum Beispiel – einen großen zivilen Bereich, bei dem das Satellitenprogramm angesiedelt werden kann, ohne den Sowjets willkommene Argumente zu liefern.

Eisenhower bemüht sich in den erregten Oktobertagen demonstrativ um Gelassenheit. Er zieht es vor, der Aufregung fernzubleiben und sich an seinem Landsitz bei Gettysburg nicht vom Golfspielen abbringen zu lassen. Tagelang weigert er sich, den Sputnik-Start zu kommentieren. Erst am 9. Oktober, dem Mittwoch nach dem Schock, hält er eine Pressekonferenz. Auch dort gibt er sich entspannt, lässt von der Aufgeregtheit der vorherigen Tage nichts an sich herankommen. Er begrüßt es vielmehr, dass die Sowjets mit dem Start ihres Sputnik nolens volens neues internationales Recht geschaffen haben: das Recht, mit eigenen Satelliten im Weltall das Territorium fremder Staaten zu kreuzen.

Sein noch amtierender Verteidigungsminister Charles Wilson versucht, die Öffentlichkeit zu beschwichtigen: »Niemand wird irgendetwas von einem Satelliten auf Sie herunterwerfen, während Sie schlafen, also machen Sie sich keine Sorgen darüber.« Noch Fragen?

Doch Eisenhower hatte sich verkalkuliert. Vor dem Sputnik-Schock genoss er noch das Vertrauen von 79 Prozent der Amerikaner, Anfang November ist der Anteil auf 57 Prozent gefallen. Der plötzliche Bruch im Gefühl der Sicherheit spielt dabei gewiss die größte Rolle. Es ist aber auch etwas anderes, Wesentliches verloren gegangen, und dabei geht es nicht nur um militärische Sicherheit: Der bisher unumstößliche Eindruck von der Überlegenheit Amerikas in Bezug auf Wissenschaft, Lebensstil und Wirtschaftssystem erhält einen ungeahnten Dämpfer. Warum sind wir nicht die Ersten im Weltall, wie konnte das passieren? Der Sputnik-Schock verändert das Verhältnis der beiden Supermächte untereinander fundamental, die Amerikaner stehen vor einer völlig neuen Situation: Die andere Welt, die alte, drüben in Europa, für deren Begebenheiten sie sich traditionell eher am Rande interessieren, ist plötzlich in Form einer 80 Kilo schweren Kugel in 900 Kilometern Höhe über sie gekommen. Etwa sieben Mal am Tag kreuzt sie den Luftraum der USA. Mitte Oktober 1957 beschrieb das Magazin *Der Spiegel* die amerikanische Situation vielleicht am trefflichsten: »Vor Jahren prophezeite Churchill: Wenn jemals die Vereinigten Staaten die Fähigkeit verlieren sollten, einen sowjetischen Angriff mit gleicher Waffe und gleicher Wucht zu beantworten, dann werde die westliche Welt ›wehrlos wie ein Mädchenpensionat‹ sein. Als am Freitag der vorletzten Woche in den Vereinigten Staaten zum ersten Male das ›Piep, piep, piep‹ des über den Kontinent hinwegsausenden sowjetischen Satelliten vernommen wurde, bemächtigte sich in der Tat der amerikanischen Nation ein Bangen, das den Gefühlen eines Mädchenpensionats beim Anblick einer Maus nicht unähnlich war.«

Der Sputnik-Schock ist die Geburtsstunde einer neuen Sportart, die den Amerikanern dieses Mal aufgedrängt wird: Das größte, das mit Abstand am längsten dauernde und am weitesten reichende Wettrennen der Welt wird nun seinen Lauf nehmen – das Rennen hinaus in den Weltraum, hinauf zum Mond.

»Die Amerikaner gehen immer erst ins Rennen, wenn jemand vor ihnen liegt, wie ein gutes Rennpferd. Die wollen nur die Ersten sein, wenn sie jemand überholt. Dann wird der Amerikaner zum Riesen. Das war schon in Pearl Harbor so, als die Japaner zum Erstschlag ausholten. Deshalb wird Pearl Harbor mit dem Sputnik verglichen. Das war so beim Computer, beim Auto. Wollen Sie Boeing aufwecken, müssen Sie Airbus gründen.« Das sagt Jesco von Puttkamer, der letzte noch verbliebene Deutsche in führenden Diensten der NASA. Heute ist er Chefvisionär der amerikanischen Raumfahrtagentur und ihr dienstältester Mitarbeiter überhaupt.

1957, mit der Zündung der 20 Raketensätze der ersten Stufe der Sputnik-Rakete R7 im hinteren Kasachstan, damals wie heute eine der abgelegensten Regionen der Welt, gaben die Sowjets den Startschuss für das große Rennen, das Space Race. Und sie selbst gingen sogleich viele Tausend Kilometer in Führung. Es sollte lange Jahre dauern, gewaltige Mühen und Kosten fordern, bis die Amerikaner sie endlich einholen, und anschließend die spannende Phase Kopf an Kopf ihren Lauf nimmt. Es wird ein Wettstreit, in dem getrickst und geblufft wird. In dem die UdSSR mit verdeckten Karten spielt, sämtliche Erfolge erst im Nachhinein bekannt gibt, sämtliche Misserfolge und Katastrophen dagegen Staatsgeheimnis bleiben, in dem keiner ihrer Beteiligten einen Namen oder ein Gesicht haben. Ein Wettstreit, in dem die USA dagegen ihre Strategie offenlegen, vorab, in ihrer Gesamtheit und in den Details. Es wird Helden geben, Opfer, Eitelkeiten, Geniestreiche, kapitale Fehler, menschenverachtende Überholmanöver. Ein Kampf, der am Ziel allerdings den alten Menschheitstraum Realität werden lässt – die Reise zu den fernen Himmelskörpern.

Der Traum

Im Jahr 2002 verpasste Buzz Aldrin, bekanntlich zweiter Mann auf dem Mond, im Alter von 72 Jahren dem jungen Bart Sibrel einen heftigen Faustschlag ins Gesicht. Der Filmemacher war dem alten Haudegen von *Apollo 11* auf offener Straße entgegengetreten und hatte ihn vor laufender Kamera genötigt, er solle seine rechte Hand auf die Bibel legen und schwören, dass er und sein Kollege Armstrong tatsächlich auf dem Mond gewesen seien, dass die Landungen der Amerikaner nicht nur im Fernsehstudio stattgefunden haben, von dort live übertragen und als reale Mondlandungen verkauft wurden. Sibrel ist in den USA bekannt dafür, die Mondlandung anzuzweifeln. Tatsächlich holte Aldrin seine Hand aus der Hosentasche. Aber die Hand ging nicht zur Bibel, sondern blitzartig und zielstrebig an Sibrels Kinn.

Sie sind bekannt, all die Verschwörungstheorien, nach denen das Ganze nur eine Show gewesen sei und niemand den Erdtrabanten jemals betreten habe. Das Internet ist voll davon, absurde Behauptungen allesamt. Und dennoch: Wir treiben diese Spekulation an dieser Stelle noch eine Runde weiter und gehen – nur als Gedankenspiel – einfach mal davon aus: Es gibt gar keinen Mond. Es hat nie einen gegeben. Alles nur Projektion am Dach des Himmelszelts. Die Erde kreist ohne Begleitung um die Sonne. Wäre das denkbar? Denkbar ist alles. Aber es hätte, anders als die Frage »Mondlandung – Fakt oder Fälschung?«, handfeste Konsequenzen für uns alle. Nicht nur, dass wir nie eine totale Sonnenfinsternis erleben dürften, dass unsere Hunde spätabends keinen Mond zum Anheulen hätten und auf irgendeinen anderen Himmelskörper ausweichen müssten, den winzigen Mars etwa oder den nächstgelegenen Stern Alpha Centauri. Nein, eine solche Variante der kosmischen Entwicklung hätte weitergehende Konsequenzen:

Wahrscheinlich gäbe es den Menschen gar nicht. Der geschätzte Leser wäre vielleicht noch eine Mikrobe, der Autor irgendein anderer Einzeller.

Wer den Mond wegdenkt, muss wissen: In viereinhalb Milliarden Jahre während er Geschichte ist seine Wirkung auf die Erde gar nicht groß genug einzuschätzen. Die größte Schubkraft in seiner Weiterentwicklung bis hin zum Menschen erfuhr das Leben nicht inmitten der Kontinente, auch nicht weit draußen auf dem Ozean, nicht in deren abyssischen Tiefen und auch nicht in der himmelhohen Atmosphäre. Nein, dieser Teil der Schöpfung fand statt im Grenzbereich zwischen Land und Meer. Gewiss, den gäbe es auch ohne den Mond, doch der Mond ist es, der das Auf und Ab herstellt, das Wechselspiel zwischen Überschwemmung und Trockenheit. Er ist es, der mit seinen Gezeiten die Wassermassen um den Globus schiebt, der das so dynamische Reich von Ebbe und Flut unter sich hertreibt. Und genau dieser verschwimmende Grenzbereich brachte im entscheidenden Moment Leben in die Krume. Anders als heute aber lief der mächtige Transport von nährstoffreichen Schwemmfrachten vor Milliarden von Jahren über unvorstellbare Flächen, mit himmelhohen Tidenhüben. Küste und Hinterland wurden zur Petrischale für alles, was Leben werden wollte. In jenem Erdzeitalter verpasste der Mond unserem Globus Wechselbäder mit einer Kraft, die wir ihm aus der Distanz heraus heute kaum zutrauen würden. Zu Recht, weil er seine Laufbahn anfangs weit näher über der Erde begann, als sie in unseren Tagen verläuft, seine Entfernung zu ihr betrug nur einen Bruchteil der heutigen. Stetig entfernte er sich anschließend weiter von uns und tut dies auch heute noch. Dunkel muss der Himmel zu Beginn immer wieder gewesen sein, Sonnenfinsternisse gab es jeden Tag, auch weil der Mond erheblich schneller um die Erde jagte. Nicht auszumalen, welch überirdische Gezeitenkräfte unter diesen Bedingungen damals gewirkt haben müssen.

Dabei ist auch heute noch genug übrig geblieben von der Kraft des Mondes. Die Erde bekommt es zu spüren: Nicht nur die Meere bewegt der Trabant, auch die Kontinente zieht er zu sich herauf und lässt sie wieder fallen. Um 30, 40 Zentimeter steigen und fallen die Sahara, die Tundra und der brasilianische Regenwald hinauf und hinunter, genauso wie Berlin, New York und Peking. Im Takt des Mondes, zweimal am Tag nach oben, zweimal nach unten. Wir spüren es nicht, aber die Seismologen und Geophysiker sind sich da sicher und deuten uns mit ihren Erkenntnissen an, welche Kraft dem Mond innewohnt. Leidenschaftlich wird heute darüber gerätselt und gestritten, inwieweit der Mond darüber hinaus wirklich auf das Wetter, die Gesundheit, die Periode der Frau und vieles anderes mehr, über das so gesprochen wird, einwirkt. Mondpsychosen, Mondkrankheiten, Verhaltensänderungen auch im Tierreich – alles und nichts wird dem kleinen Bruder der Erde zugeschrieben. So oder so: Der Mond gilt uns als ganz außerordentlicher Himmelskörper, zu dem wir in enger Beziehung stehen.

Sobald er zum Sehen in der Lage war, hat der Mensch den Mond deshalb mit einem besonderen Blick angeschaut. Er hat ihn vergöttert und gefürchtet, hat sich von ihm in Trance setzen lassen, sein Wesen fantasievoll zu ergründen versucht, sich gefragt, was der Mond ihm Gutes oder Böses antut. Und irgendwann lag für den Menschen die Frage auf der Hand: Wie es dort oben wohl aussieht? Ob dort Wesen leben wie du und ich? Die nächste Stufe: Eines Tages oder Nachts, als den Menschen seine Träume einmal besonders weit trugen, weil die volle, silbergraue Scheibe am früheren Abend allzu deutlich und zum Greifen nah vom Horizont aufgestiegen war, hat er sich Bilderfolgen ausgemalt, in denen er selbst einmal – aufsteigt zum Mond. Zu den dunkelgrauen Flächen, die aussehen wie Meere. Oder zu den helleren Regionen, die wohl Berge sind, schneebedeckt vielleicht. Warum nicht?

Wann der Mensch begann, diese Überlegungen zu systematisieren, wann er versuchte, die Bewegungen des Mondes genauer zu erfassen, bleibt im Dunkel der Vorgeschichte. Megalithmonumente, gewaltige Steinringe, bei denen uns heute jede Vorstellung fehlt, wie die Menschen sie vor vielen Tausend Jahren haben aufstellen können, lassen Forscher aufgrund ihrer Anordnung vermu-

Der Mond – schon sehr früh ließ er die Fantasien erblühen.

ten, dass sie mit dem Lauf des Mondes in Verbindung stehen. In Stonehenge etwa oder in Callanish auf einer der äußeren Hebriden-Inseln, in Megalithkomplexen der Bretagne und anderswo in Europa, Asien und Amerika – sie alle lassen Archäologen vermuten, dass schon mehrere Tausend Jahre vor unserer Zeitrechnung gerade der Mond genauer verfolgt wurde. Der spektakuläre Fund aus dem Jahre 1999, die etwa 3600 Jahre alte »Himmelsscheibe von Nebra«, ausgegraben aus dem Untergrund Sachsen-Anhalts, deutet an, dass die Menschen auch in der Bronzezeit im Bilde waren über das Verhältnis des Umlaufs von Sonne und Mond. 5000 Jahre alte Kalender aus Ägypten sowie aus China belegen, dass all diese Erkenntnisse sich in mehreren Weltengegenden offenbar unabhängig voneinander herausbildeten.

Die Mondbeobachtung während der Antike schwankt zwischen gewagten Fantasien und genauen Beobachtungen. Plutarch, der griechische Schriftsteller und Historiker, sah den Mond voller Dämonen, die in Höhlen hausten. Der griechische Satiriker Lukian von Samosata wollte seinen Zeitgenossen weismachen, einst habe

ein Wirbelwind ein Schiff in die Höhe getragen, immer höher, bis
es nach sieben Tagen auf dem Mond gelandet sei. Auf der »leuchtenden Insel«, deren Bewohner über auswechselbare Augen verfügten wie auch angewachsene Bauchtaschen – obwohl im alten
Europa doch noch niemand etwas von Kängurus hatte ahnen können. Anaxagoras, der große griechische Denker, philosophierte
über die Ähnlichkeit von Erde und Mond, ihrer Berge und Täler,
und behauptete, selbstverständlich sei der Mond bewohnt. Andere Zeitgenossen meinten, der Mond sei in Wahrheit ein flacher
Spiegel, seine farblichen Strukturen seien nichts anderes als das
Abbild der Erde. Aristoteles dagegen stellte bereits einigermaßen
korrekte Behauptungen über den Lauf von Sonne, Mond und Erde
auf. Und der Mathematiker Aristarch von Samos schaute nächtens
bei einer Mondfinsternis einmal genau hin. Aus ihrer Dauer leitete
er halbwegs richtig das mathematische Verhältnis vom Umfang
der Erde zu ihrer Entfernung zum Mond ab. Als dann Eratosthenes
nur wenig später aus dem Sonnenschatten den Erdumfang ermit-
telte, lagen die Zahlen erstmals ungefähr auf dem Tisch. Da ahnten die Griechen sogar schon die absolute Entfernung zum Mond.
Sie gingen nun – umgerechnet auf die heutige Maßeinheit – von
300 000 Kilometern aus (die tatsächliche Entfernung beträgt
etwa 380 000 Kilometer). In den folgenden Jahrhunderten, ja,
das gesamte erste Jahrtausend unserer Zeitrechnung hindurch,
machte die Mondbeobachtung dann keine wesentlichen Fortschritte mehr. Im Mittelalter, als Furcht und Ehrfurcht gegenüber
allem, was aus der religiös besetzten Himmelssphäre auf die Erde
herunterstrahlte, die menschliche Seele dominierte, war für
nackte wissenschaftliche Erkenntnisse über Planeten und Erdtrabanten wenig Freiraum.

DER ERSTE BLICK DURCHS FERNROHR

Umso zügiger nahmen in der anschließenden Renaissance die
Visionen und Projektionen neue Fahrt auf. Leonardo da Vinci etwa
räumte gegen Ende des 15. Jahrhunderts mit allzu waghalsigen

Fantasien aus der Antike auf, zum Beispiel mit jener Behauptung, der Mond sei nichts als ein Spiegel. Auch beschäftigte sich das Genie bereits theoretisch mit der Idee eines Mondfernrohrs. Im *Codex Atlanticus*, der später herausgegebenen Sammlung seiner überlieferten Schriften, ist eine Notiz von ihm etwa aus dem Jahr 1512 erhalten: Er »mache Brillen, um den Mond groß zu sehen«. Linsen für Brillen waren da bereits 200 Jahre lang bekannt, das Fernrohr noch nicht. Darüber, dass er seiner persönlichen Ankündigung entsprechend tatsächlich Linsen angefertigt hätte, mit denen er den Mond »groß« sah, ist allerdings nichts bekannt, sie blieben wohl sein Traum, so wie seine Hubschrauber und andere Geistesblitze.

Von Johannes Kepler (1571–1630), dem deutschen Naturphilosophen, Astronomen und Astrologen, Optiker und Theologen stammt die erste ausführlicher überlieferte Vision einer Reise zum Mond, im beginnenden 17. Jahrhundert. In seinem Buch *Somnium*, dessen Entstehung sich über 40 Jahre erstreckte, sind die wesentlichen Bedingungen dafür bereits berücksichtigt. Kepler versetzt sich darin als Autor in den Schlaf und startet hinauf in den Himmel. Sehr stimmig geht er davon aus, der Mensch müsse für den Ausbruch aus der Zone der irdischen Schwerkraft eine immense Kraft aufwenden, etwa die einer Kanone. Und dass der Mondfahrer dabei wohl an seine Grenzen käme, wenn er diesen Kräften körperlich ausgesetzt würde. Er sah darüber hinaus sogar, dass er bald darauf die Sphäre der Schwerelosigkeit genieße, in ihrer Umgebung frei schweben könne – obwohl Isaac Newton die Gesetze der Schwerkraft erst Jahrzehnte später genauer skizzierte. Auch was den Aufenthalt auf dem Mond angeht, verwob Kepler die Realität mit seiner Fantasie: Hitze während des Tages, Eiseskälte in der Nacht. Allerdings irrte er, als er auch gewaltige Stürme über die Mondoberfläche fegen ließ. Carl Sagan, der 1996 verstorbene populärste Astronom der USA, sah Kepler als den ersten Science-Fiction-Schreiber der Literaturgeschichte.

Der Mond avancierte zur Projektionskugel für Ferne, Fluchten, Fantasien und Fiktionen. Wenige Jahrzehnte nach Kepler schrieb

WELTRAUMSTÜRMER

der französische Schriftsteller Cyrano de Bergerac (1619–1655) seinen Roman *Die andere Welt* über eine Reise zum Mond und über seine Begegnungen mit den dortigen Bewohnern. Dabei war Bergeracs Beweggrund für sein Buch von eher handfester Natur, ganz irdisch – und durchaus lauter: Er legte den Mondmenschen Worte in den Mund, die im Frankreich jener Zeit unter Strafe standen, und nutzte den Mond so quasi als strafunmündiges Echo für seine verbotenen Worte. Dennoch reiht sich auch Bergeracs Buch ein in die nun zunehmenden Überlegungen darüber, wie es denn dort oben so wäre.

Welch ein Glück für alle, die in jener Zeit an derlei Dingen arbeiteten, dass die innovationsfreudige Renaissance ihnen eine damals großartige Neuheit schenkte, und zwar eine, die eine völlig neue Sicht auf den Mond gestattete: das Fernrohr. Erfunden hatte es zwar bereits im Jahre 1608 ein Niederländer, doch Galileo Galilei (1564–1642) entwickelte es bereits im nächsten Jahr entscheidend weiter. Mit seiner Eigenkonstruktion entdeckte der Professor aus Padua denn auch gleich vier Jupitermonde, stellte fest, die Mondoberfläche sei außerordentlich rau, veröffentlichte die erste genauere Mondkarte. 1611 konstruierte Kepler das erste Fernrohr speziell für die Zwecke der Astronomie. Der Blick auf den Mond war nun frei, mit jeder weiteren Verbesserung der optischen Geräte rückte der Himmelskörper näher und näher.

Im 19. Jahrhundert dann, dem Säkulum von Carl Zeiss, machte die Wissenschaft der Optik gewaltige Fortschritte. Schon in den 1820er-Jahren trug der Münchner Joseph von Fraunhofer mit seinen neuartigen Teleskopen dazu bei, dass die deutsche Mondforschung international an die Spitze stürmte. Der Mond wurde populär, immer neue Erkenntnisse über seine Krater und »Meere« machten die Runde, natürlich auch Fragen und Spekulationen über seine der Erde ewig abgewandte Seite. All dies lud ein zum Disput und zu Fantastereien in den Salons, Klubs und Kabinetten. Manche heute unbekannte Genies hatten dafür immer wieder neue Nachrichten geliefert, waren daran beteiligt, das Bild des Mondes zu schärfen, allzu unspektakulär jedoch, weshalb sie unserer Tage fast in Vergessenheit geraten sind. Der Dresdner Geodät und Astronom Gotthelf Lohrmann etwa, der all die damals zirkulierenden Visionen von Städten und Getreidefeldern auf dem Mond, von Wasserfällen, Kanälen, Ozeanen und Dschungeln unbeachtet ließ und sich nur daran hielt, was er durch seine Fernrohre wirklich sah. Auch er arbeitete mit Fraunhofers Teleskopen, als er sein Opus Magnum erstellte: die *Mondkarte in 25 Sektionen*. Doch alle zeitgenössische Neugierde auf den Mond konnte nicht dafür sorgen, dass dieses Meisterwerk unter die Leute kam. Lohrmann starb 1840, und erst 38 Jahre später, 1878, wurde es veröffentlicht. Immerhin trägt das Observatorium der Technischen Universität Dresden seinen Namen.

Aus Lohrmanns Todesjahr stammt auch die erste Fotografie des Mondes durch ein Teleskop – eine bemerkenswerte Aufnahme, die sich angesichts dessen, dass der Fotograf während der 20-minütigen Belichtung das Fernrohr von Hand nachführen musste, in bemerkenswerter Schärfe präsentiert. Wen es interessierte, der war ab sofort nicht mehr auf Abbildungen von Hand, auf abenteuerliche Erzählungen oder andere Ausschmückungen angewiesen, der konnte den Mond durch die Daguerrotypie des Angloamerikaners John W. Draper selbst in Augenschein nehmen. Wissenschaftler und Techniker der USA begannen, sich in ihrer Neugier für den Erdtrabanten einen Namen zu machen.

MIT JULES VERNE AUF REISEN

Die Fortschritte in der Mondforschung erfuhren eine enorme Breitenwirkung, als sich die Autoren der damals populär werdenden Zukunftsromane des Themas annahmen. Früher oder später musste Jules Verne, der erste große Science-Fiction-Meister der Moderne, den Mond entdecken. Sein Fortsetzungsroman in zwei Teilen aus dem Jahr 1873, *Von der Erde zum Mond* und *Reise um den Mond*, gelten als die bekanntesten Fantasien über die Raumfahrt aus der Literatur des 19. Jahrhunderts, ja, wohl als die bekanntesten zeitgenössischen Bücher über die Mondfahrt überhaupt. Was sie

WELTRAUMSTÜRMER

bis heute beachtenswert macht: In den Fiktionen steckt eine beachtliche Portion »Science«, Wissenschaft pur. Jules Verne mag sich »nur« als Schriftsteller begriffen haben, doch seine Wirkung in die Wissenschaft hinein war frappant. Er war es, der durch seine fantastischen Erzählungen die erste Generation der modernen Raumfahrtwissenschaftler fesselte.

Die heutige Fachwelt zollt Verne denn auch großen Respekt, weil er über weite Strecken die Bedingungen für eine Reise in diese damals doch so unbekannten Sphären zutreffend voraussah – nicht nur technisch, auch gesellschaftlich. Welch eine Weitsicht von Verne, die Basis seiner Mondfahrt in die USA zu verlegen, in die Nähe Washingtons; in ein Land, das erst wenige Jahre zuvor begann, in den 6oer-Jahren des 19. Jahrhunderts, sich ähnlich überraschend wie heute China in den Vordergrund der wirtschaftlichen und technischen Globalisierung zu schieben. Wer will, kann Verne auch bescheinigen, dass er den engen Zusammenhang von Raumfahrt und Militär voraussah, der im 20. Jahrhundert so deutlich zutage treten sollte und die frühe Arbeit gerade Wernher von Brauns so umstritten machte. Es war der »Kanonenklub« von Baltimore in den USA, der in Vernes *Von der Erde zum Mond* die Initiative ergriff. Ein Klub, der während des Amerikanischen Bürgerkriegs gegründet wurde, um das Kanonenwesen zu fördern, und dessen Mitglieder nach Ende des Krieges neue Tätigkeitsfelder suchten. Kurz im Gespräch war deshalb die Idee, einen neuen Krieg anzuzetteln, doch dann kam die Stunde des Klubpräsidenten Impey Barbicane. Er hatte alle Mitglieder aus Baltimore und Umgebung eingeladen zu einer außerordentlichen Sitzung, auf der er große Worte fand.

»Vielleicht ist es uns vorbehalten, für diese unbekannte Welt die Rolle des Kolumbus zu spielen«, versuchte Barbicane, seine Kanonen-Kameraden aufzurütteln. »Begreifen Sie mich, unterstützen Sie mich mit allen Kräften, so will ich Sie führen, diese Eroberung zu machen, und der Name des Mondes wird sich denen der 36 Staaten anreihen, welche den großen Bund dieses Landes bilden.« Mal abgesehen von der anvisierten Eingliederung des Mondes als einer der Staaten der USA erinnern manche Worte, die Jules Verne dem Klubpräsidenten Barbicane da in den Mund legt, und auch sein Pathos an eine andere große Rede: an die John F. Kennedys, als er 1961 im Kongress in Washington ankündigte, noch innerhalb desselben Jahrzehnts einen Amerikaner auf den Mond zu schicken – und sicher wieder herunterzuholen. Der Unterschied: Mit seiner Rede gab Kennedy damals den Startschuss für das größte Wettrennen aller Zeiten, der Kanonenklub im 19. Jahrhundert dagegen wollte aus einem anderen Grund zum Mond – aus Langeweile.

Jules Verne ließ Barbicanes Vortrag in unbeschreiblichem Jubel enden und die Zeitungen am nächsten Tag weite Strecken davon nachdrucken, ganz Amerika kaufte sich Mondfernrohre. Eine gute Woche später wusste auch jedermann in Europa davon. Umgehend gab der Klub ein Gutachten an der Sternwarte der Universität Cambridge in Massachusetts in Auftrag. Die dortigen Astronomen teilten Barbicane wie erbeten mit, wie er am ehesten auf den Mond kommen könne. Auf 11200 Meter pro Sekunde müsse ein Geschoss von der Erde aus beschleunigt werden, um die Grenzen der Schwerkraft in großer Höhe zu durchbrechen – Verne traf damit ein Maß, das in der Raumfahrt bis heute gilt. Der Start müsse, um die Erdbeschleunigung optimal auszunutzen, in Äquatornähe, höchstens aber bei 28 Grad nördlicher oder südlicher Breite erfolgen. Barbicane entschied sich für Florida, jenen Bundesstaat, von dem aus in den 60er-Jahren des 20. Jahrhunderts von Cape Kennedy die Mondraketen starten würden. Noch weitere auffällige Details der heutigen Raumfahrt hatte Verne bereits vorweggenommen, etwa die Versorgung der Raumfahrer mit Sauerstoff, den er unterwegs aus chlorsaurem Kali herstellen wollte, oder die chemische Absorption des giftigen Kohlendioxidausstoßes der Besatzung oder die kleinen Bremsraketen, mit denen der Kurs eines Geschosses zum Mond, wenn nötig, angepasst werden könnte. Ein Leckerbissen in kulturhistorischer Sicht ist die Astronautennahrung, die Jules Verne bereits ins Spiel brachte: der wenige Jahre zuvor von Justus von Liebig erfundene

L'intérieur du projectile. (Page 154.)

Das Innere von Jules Vernes Mondgeschoss, wie es sich ein Illustrator
im 19. Jahrhundert ausmalte

Fleischextrakt; konzentriert, raumsparend, leicht – und nahrhaft. Warum nicht?

Umso krachender, das kann man wohl sagen, lag Verne daneben, als er die Überlegungen für den Start skizzierte. Kein Raketenantrieb würde das Raumfahrzeug in den Himmel tragen, vielmehr sollte es aus einer monströsen Kanone emporgeschossen werden, aus einer »Columbiade«, wie Barbicane sie nannte. Die drei Raumfahrer sollten in einer hohlen Granate Platz nehmen, die zehn Tonnen wog, gegossen als Aluminiumhülle, mit Wandungen von über einem halben Meter Stärke. Die notwendige Länge des Geschützrohres berechnete er mit 270 Meter, ein Viertelkilometer aus Gusseisen mit einer Wandstärke von 1,80 Metern. Alles in allem wäre es ein fulminanter Start gewesen, den in der realen Raumfahrt kein Astronaut hätte überleben können, trotz allen Beschleunigungstrainings.

Die eigentliche Reise, als sie dann endlich startete, ist aus Sicht der Raumfahrtgeschichte rückblickend weniger interessant, wohl aber skurril. Barbicane selbst bildete mit zwei Klubkameraden sowie zwei Hunden die Besatzung. Da ein Franzose dabei war, hatte man auch Burgunderwein gebunkert, sogar kleine Rebstöcke, um auch die Mondbewohner, die »Seleniten«, auf den Geschmack zu bringen. An einigen Herausforderungen der Raumfahrt scheiterte der Dichter. Zum einen an den kleineren Problemen, wie man sich etwa den Toilettengang hätte vorstellen sollen – ein Problem übrigens, das bei den Astronauten der ersten Stunde auch noch nicht gelöst war und Folgen hatte, wie wir noch sehen werden. Davon ist jedenfalls in Vernes Buch nicht die Rede, obwohl er sogar eine Lösung andeutete: Der Kadaver eines verstorbenen Hundes wurde auf halber Strecke durch eine Luke entsorgt. »Achten Sie darauf, dass dabei so wenig Luft wie möglich entweicht!«, hatte Kommandant Barbicane zuvor angeordnet.

Aber auch manch wesentliches Problem klammerte Verne aus, so zum Beispiel die wichtige Frage, wie wohl eine Landung auf dem Mond zu bewerkstelligen wäre. Und wie der Start von dort und die Reise zurück? Mit welchen Geräten? Wo eine ähnliche Kanone hernehmen, woher ein ähnliches Geschoss? Die Dialoge während der Reise offenbarten dem Leser: Sowohl die Besatzung als auch die Bodencrew hatten diese Frage bei der Planung schlicht verdrängt. Starten, ohne einen einzigen Gedanken an die Rückkehr zu verschwenden: Hatte Präsident Kennedy 1961 das Defizit dieser so berühmten fiktiven Mondreise vor Augen, als er bei seiner legendär gewordenen Rede vor dem Kongress mit der Ankündigung, einen Amerikaner auf den Mond zu schicken, den eigentlich doch selbstverständlichen Zusatz für nötig hielt: »... und ihn sicher wieder zurückzubringen ...«? Überraschend ist es schon, dass erst kürzlich Umfragen ergaben, die NASA würde »One-Way-Tickets« zum Mars massenhaft an den Mann bringen.

Verne wollte sich in die Niederungen dieser Fragen offenbar nicht begeben, deshalb ließ er sein Geschoss das Ziel, den Mond, vorsorglich verfehlen. Es trat stattdessen nur in den Mondorbit ein und flog aus ihm heraus wieder in Richtung Erde. Bei der Rückkehr landete es im Ozean – ganz zufällig, aber exakt so wie später alle US-amerikanischen Raumkapseln, von *Mercury* bis *Apollo*. Aus heutiger Sicht, gerade nach *Apollo*, ist verblüffend, wie der Dramaturg dieser fiktiven Mondfahrt auf halber Strecke zum Mond einen bedrohlichen Zwischenfall einbaute: Ein versehentlich zu weit offen stehendes Ventil des Sauerstoffspenders hätte seinem Verständnis nach alle Menschen und Hunde fast umgebracht. Nach heutiger Kenntnis hätte das zwar nicht geschehen können, weil man inzwischen weiß, dass Sauerstoff dem Menschen auch in größeren Mengen keine Probleme bereitet. Was im Hinblick auf die moderne Raumfahrt fast 100 Jahre später hingegen eine denkwürdige Parallele aufweist: Ebenfalls in die Mitte zwischen Erde und Mond verlegte im Jahre 1970 kein Dichter, sondern das ganz reale Geschick – als wollte es der Dramaturgie Jules Vernes folgen – den Beginn der Katastrophe bei der *Apollo-13*-Mission. Auch hier fiel die Landung im All aus, auch hier folgte nach der Mondumkreisung die Rückreise, ins Meer. Unglücksursache war eine Explosion – im Sauerstofftank.

Vernes Visionen einer Mondfahrt bleiben trotz ihrer Schwächen ein Meilenstein in der Geschichte der Raumfahrtwissenschaft. Rückblickend lesen sie sich streckenweise wie ein Lehrbuch, nicht nur in den Dialogen über Themen der Astrophysik, in denen Verne auch komplizierte, korrekte Formeln eine Rolle spielen lässt. Auch die Astrobiologie, die Lehre von den Lebensbedingungen im Weltraum, nimmt einigen Raum ein und ebenfalls die Beschreibung dessen, was für ein Bild sich den Raumfahrern außerhalb der irdischen Atmosphäre beim Blick aus ihren Luken heraus so geboten haben könnte, in der Mitte zwischen Sonne, Mond und Erde.

Vernes Romane von 1873 waren das Bindeglied zwischen den Mondfantasien einerseits sowie der Wissenschaft vom Mond andererseits.

Die verlachten Pioniere

Viel hat nicht gefehlt, und Konstantin Eduardowitsch Ziolkowski wäre als Autor von Zukunftsromanen in die Literaturgeschichte eingegangen, als jüngerer Kollege von Jules Verne. Der 1857, also 29 Jahre nach Verne, in der Nähe von Moskau geborene Russe verschlang als Kind die Mond-Romane des Franzosen, seines Vorbildes. Er begann, ihm nachzueifern, schrieb selbst fiktive Romane über Raumfahrer. Für ihn sollte es allerdings noch weiter weg gehen: »Es stimmt, die Erde ist die Wiege der Menschheit, aber der Mensch kann nicht ewig in der Wiege bleiben. Das Sonnensystem wird unser Kindergarten«, legt er einem seiner Protagonisten sein eigenes Motto in den Mund. Auch im Kindergarten kann der Mensch nicht ewig bleiben.

Ziolkowski hatte Glück, er wuchs in einer Mittelstandsfamilie eines gebürtigen polnischen Pfarrers und einer tatarischen Mutter wohlbehütet und kosmopolitisch auf. Allerdings litt er in seiner Kindheit unter einer psychischen Störung, die ihn zum Eigenbrödler machte, ihn hartnäckig fernhielt von anderen Menschen. Obendrein verlor er im Alter von zehn Jahren sein Gehör weitgehend. Er konnte nicht zur Schule gehen, lernte zu Hause als Autodidakt. Mit 16 begann er ein Mathematikstudium in Moskau, und obwohl er als Schwerhöriger den Vorlesungen nicht folgen konnte, legte er mit 22 Jahren sein Examen als Mathematiklehrer ab.

Seine Leidenschaft galt jedoch weiterhin dem Bücherschreiben, seine Romane reichten ihm bald schon nicht mehr. Ohnehin hatte Ziolkowski in seine Fantasien immer mehr ganz reale Details aus der Physik des Kosmos und der von ihm selbst errechneten Gesetze der Raumfahrtphysik eingeflochten. Er erdachte Ganzmetall-Zeppeline, als das Wort »Luftschiff« noch nicht geboren war, skizzierte stromlinienförmige Flugzeuge, Jahrzehnte bevor die Brüder Wright ihren wackeligen *Flyer* 1903 mühselig ein paar Meter in die Luft brachten. Als Physiklehrer an einer Schule konstruierte er den ersten russischen Windkanal, er grübelte, rechnete, tüftelte, ohne viel Ahnung, was andere Wissenschaftler so trieben. Seine persönlichen Kommunikationsprobleme machten ihn zu einem der innovativsten Autodidakten der Technikgeschichte. Sein großes Pech: Er war zu früh dran. Im zaristischen Russland hatte niemand Interesse an seinen hochfliegenden Ideen, in Europa bekam man nichts davon mit. Immerhin: 1930, fünf Jahre vor seinem Tod, wurde in der Sowjetunion ein Ganzmetall-Luftschiff gebaut, nach dem Zweiten Weltkrieg sollten stromlinienförmige Nurflügler als Jets in die Lüfte steigen, auch ein Gedankenspiel von Ziolkowski.

Erst recht ging es dem Vordenker so mit seinen Raumflugplänen, die er schon in den 1880er-Jahren nun auch in reinen Sachbüchern entwickelte. Er war es, der feststellte: Wenn es darum gehen sollte, Lasten oder einst sogar Menschen mit nötigem Gepäck ins All zu befördern, würde die bisherige Raketentechnik, als Feuerwerkskörper oder als Waffe eingesetzt, nicht reichen – nie im Himmel, auch wenn man sie in größeren Kalibern einsetzte. Ziolkowski erkannte, dafür sei wohl Flüssigtreibstoff nötig, Wasserstoff, Sauerstoff, Kohlenwasserstoffe; Material jedenfalls, das eine höhere Energiedichte aufwies und flexibler einzusetzen war. 1903, im Jahr des ersten Luftsprungs der Wrights, erschien sein Aufsatz »Erforschung des Weltraums mittels Reaktionsapparaten« in der russischen Fachzeitschrift *Wissenschaftliche Rundschau*. In der Geschichte der Astronautik gilt er heute als erste wissenschaftliche Veröffentlichung, die Details berücksichtigt, als sollte es morgen schon losgehen, hinauf zum Mond. Seit diesem Aufsatz steht sie im Raum, die Raketengrundgleichung, die heute noch der Berechnung der Geschwindigkeit von Raumfahrzeugen zugrunde liegt. Ziolkowski stellt darin das in China schon im ausgehenden Mittelalter bekannte Mehrstufenprinzip von Raketen auf eine mathematische Grundlage. Der Aufsatz schilderte die Bedingungen zur Kühlung der Triebwerke, brachte die Idee kleiner Steuerungsraketen ein und auch die der Kreiselstabilisierung, die verhindert, dass die Rakete kippt. Ziolkowski fand Lösungen für Probleme, die zwar existierten, die aber auch – ohne jede Empirie – erst einmal erkannt sein wollten.

Konstantin Ziolkowski, im Herzen ein Visionär, konnte sich weder für die Ideale der Russischen Revolution noch für das anschließende Sowjetsystem erwärmen. Diese Distanz trug gewiss dazu bei, dass seine späten – wissenschaftlich durchaus revolutionären – Ideen, die er vor und während des Umsturzes im Land entwickelte, weitgehend unbeachtet blieben. Dennoch, was seine mathematischen Grundlagen für die Raumfahrt, seinen Pioniergeist, seine visionäre Kraft angeht, bleibt festzuhalten: Der fulminante Start der russisch-sowjetischen Raumfahrt mit ihrem Sputnik hatte Wurzeln im eigenen Land. Allerdings galt ein ähnliches Verhältnis für die Konkurrenz im Westen in nicht geringerem Maße.

19. Oktober 1899. Der Schüler Robert Goddard hat diesen Tag in seinen Erinnerungen festgehalten und ihn später auch öfter als den wichtigsten Tag bezeichnet für das, was aus ihm wurde. Im elterlichen Garten in Worcester, Massachusetts, stieg der 17-Jährige in einen Kirschbaum, um verdorrte Äste abzuschneiden.

»Als ich über die Felder im Osten blickte, stellte ich mir vor, wie wundervoll es wäre, ein Fahrzeug zu erschaffen, das womöglich zum Mars aufsteigen könnte. Wie so etwas wohl aussehen würde, wenn es – stark verkleinert – von der Wiese unter mir aufstiege. Ich habe den Baum seither oft fotografiert, an den ich jene Leiter lehnte, mit der ich ihn bestiegen hatte.« Ein wenig pathetischer fährt Goddard fort: »Als ich an dem Tag herunterstieg vom Baum, war ich ein anderer Junge als beim Aufstieg.«

Jedes Jahr feierte er fortan den 19. Oktober, meist insgeheim, weil die anderen ihn und seine Fantasien für allzu versponnen hielten. Ende des 19. Jahrhunderts schon und auch später, als Goddard dann bereits begann, solch ein »Fahrzeug« zu konstruieren, auch wenn er dabei nicht weit kam. Ziolkowski war der Theoretiker, Goddard der Praktiker.

Die Kindheit von Goddard weist Ähnlichkeiten zu der Ziol-
kowskis auf. Auch der kleine Amerikaner kränkelte, war abgema-
gert und schwächlich. Doch Robert war 1882 in eine dynamische
Zeit und in ein dynamisches Land hineingeboren, die Elektrizität
begann gerade, alle gesellschaftlichen und wirtschaftlichen Berei-
che der USA zu durchdringen, sodass auch Goddard sich anste-
cken ließ vom wissenschaftlichen und technischen Fortschritt.
Sein Vater erkannte dies, schenkte ihm, um seinen Wissens-
durst zu befriedigen, ein Abonnement des *Scientific American*.
Seine Fantasien ließ er durch Schmöker wie *Krieg der Welten* von
H. G. Wells entflammen, in dem die Erde vom Mars aus angegriffen wird. Ein Jahr nachdem die Horrorgeschichte als Buch erschienen war, stieg Goddard dann in den Kirschbaum und hatte seine
Vision. Goddard sollte der erste Raumfahrtwissenschaftler sein,
der den durchschlagenden Nutzen von Raketen zur Kriegsführung
erkannte – und den Militärs diese Erkenntnis andiente. Bis die
allerdings zugriffen, sollten noch Jahre vergehen. Doch Goddard
machte sich schon mal ans Basteln.

Als Schüler noch baute er Drachen für größere Höhen, ließ
Ballons aufsteigen, die er aus Aluminium zusammenfügte. Seine
Mutter bekam es langsam mit der Angst zu tun, warnte ihn davor,
später einmal so weit aufzusteigen, dass er nicht mehr zurückkehren würde. Er sammelte erste Erfahrungen, verlacht zu werden,
zog sich daraufhin zurück, ähnlich wie Ziolkowski. Er wagte es gar
nicht erst, seine aus heutiger Sicht bemerkenswert genauen Überlegungen über eine Weltraumstation bekannt zu machen. Was
hätten die Leute denken sollen? Nach dem Beginn eines Physik-
studiums erhielt er 1910 den Master und promovierte anschließend. Seine Forschungsarbeit war nie rein theoretisch, er jagte Raketen in die Luft, zunächst noch wie bei den Chinesen von
Feststoffen angetrieben. Während er an seiner Doktorarbeit
schrieb, entwickelte er das Prinzip der Raketen-Teststände – eine
Versuchstechnik für Raketenmotoren, die ein halbes Jahrhundert

später entscheidend sein sollte: in den 60er-Jahren, als es dann losging mit dem eigentlichen Wettlauf zum Mond, als die Amerikaner durch ihre Tests dann ihre Schritte systematisch vorbereiteten, während die Sowjets in den Himmel schossen, was aus der Konstruktionshalle kam, weil ihnen die Versuche am Boden zu teuer waren, ihre Auswertung zu kompliziert schien.

Goddard wurde Dozent, konnte sich aber nicht in der Forscherszene etablieren, galt zunehmend als Exot, als Tüftler, als Fantast. Der Universität wurden die Raketentests auf ihrem Gelände zu laut und auch zu teuer; die Leitung begann, sich zu beklagen. Goddard musste sich um Sponsoren bemühen, bewies dabei Fähigkeiten als Organisator, als Geschäftsmann der Wissenschaft. Als Sponsor konnte er die renommierte Smithsonian Stiftung gewinnen, die heute das wohl bedeutendste Raumfahrtmuseum der Welt in Washington betreibt. Und Goddard erwarb mehrere Patente, für die Mehrstufenrakete zum Beispiel oder für die dann doch mit Flüssigtreibstoff angetriebene Rakete. In der Herstellung von Raketentechnik war er so weit wie niemand vor ihm. Doch als er dann einen träumerischen Brief an Smithsonian verfasste und darin die Möglichkeit ventilierte, in den Weltraum vorzustoßen und Botschaften an andere Zivilisationen mit an Bord zu nehmen, und als dies auch noch öffentlich wurde, begann die Öffentlichkeit, ihn für nahezu verrückt zu erklären. Diese Sicht wurde nicht abgemildert, als er seine große Idee veröffentlichte, eine Rakete auf den Mond zu schießen und deren Ankunft dort durch das Ausstreuen von Blitzpulver von der Erde aus sichtbar zu machen. Die USA, die große Nation der Erneuerer, der Erfinder, der Visionäre, der Mondfahrer – sie erwies sich bei der Raumfahrtforschung in den Anfangsjahren vorsichtig ausgedrückt als zurückhaltend; drastischer formuliert: als kleingeistig. Offenbar fehlte ihr die Herausforderung, das voraustrabende Rennpferd, das sie – wie Jesco von Puttkamer es ausdrückt – angestachelt hätte.

Als Vortragsreisender in Sachen Raketen war Goddard ab und zu noch gern gesehener Gast, doch hielt er sich beim Thema Raumfahrt fortan zurück. Die bemannte Mondfahrt erwähnte er nicht einmal mehr andeutungsweise, um sich nicht lächerlich zu machen. Gesundheitlich war er wieder angeschlagen. Mehrfach ging er, nachdem die USA in den Ersten Weltkrieg eingestiegen waren, auf das Verteidigungsministerium zu, versuchte, die Regierung aufmerksam zu machen auf seine Arbeiten, darauf, dass seine Raketen zur Luftaufklärung beitragen könnten, auch zum Luftangriff. Was im Zweiten Weltkrieg als Bazooka, als Raketengeschoss eingesetzt wurde und verheerende Wirkungen erzielte, hatte Goddard bereits zum Ende des Ersten Weltkriegs fertig entwickelt, aber niemand wollte es haben. Jules Verne und andere Science-Fiction-Autoren der Raumfahrt mochten weiterhin populär sein, doch was die ganz reale Forschung anging, so erdete der Erste Weltkrieg die Gedanken der Menschen. Er rückte andere, profane Probleme in den Vordergrund. Nach Wunderwaffen jedenfalls war, anders als unter Hitler 30 Jahre später im Deutschen Reich, niemandem zumute.

Goddard wurde vorsichtiger und misstrauischer, wandte sich von den Menschen ab, auch von seinen Kollegen. Seriöse Zeitungen wie die *New York Times* machten Stimmung gegen ihn.

»Eine Rakete steigt geradewegs auf«, so kommentiert das Blatt seine Ideen hausbacken und im Sinne der damaligen Meinung, »und fällt genauso geradewegs wieder zurück auf die Erde.«

Immerhin, so prominent war er, dass sich die *New York Times* mit ihm auseinandersetzte. Aber was nutzte es ihm, wenn der öffentliche Gegenwind ihm nun Probleme bereitete, auch mit seinen Sponsoren? Wenn nun auch die Smithsonian Stiftung, um ihren guten Ruf besorgt, auf Distanz zu ihm ging? Dass die Amerikaner weit später, in den 1970er-Jahren, seine Ideen aufgriffen und Raketen in die Tiefe des Weltraumes schickten mit Botschaften an andere Zivilisationen, dass die Russen 1959 schon mit ihrer *Lunik 2* den Mond erreichten und genau dies mit jenem *flash powder* von der Erde aus sichtbar machten – wer konnte all dies damals schon ahnen, als es noch allzu fantastisch klang, und die Presse sich die Skepsis des Volkes allzu wohlfeil zu eigen machte – auf Kosten der Pioniere, die sich zu ihren Visionen bekannten. Die Raumfahrtfor-

Robert Goddard neben einer der ersten Flüssigkeitsraketen.
Er entwickelte diese Technologie als Erster.

DIE VERLACHTEN PIONIERE

schung blieb vorerst eine exotische Angelegenheit, beschränkt auf das Erkenntnisinteresse einzelner Genies mit dem nötigen Weitblick, wie Ziolkowski oder Goddard.

Nach dem Russen Ziolkowski und dem US-Amerikaner Goddard sollte sich nun auch noch ein Deutscher zu den frühen großen Raumfahrtpionieren gesellen. Damit waren alle Nationen vertreten, deren Angehörige in den 1960er-Jahren, als das Wettrennen zum Mond die Welt fesselte, vornehmlich das Geschehen bestimmen sollten. Allesamt von Vorgängern inspiriert, die seit ihrer Jugend von der Mondfahrt träumten – und alle haben sie Jules Vernes Bücher von den Reisen zum Mond verschlungen.

DIE RAKETE ZU DEN PLANETENRÄUMEN

Wer auf der Autobahn A9 von Berlin nach München fährt, kommt an Nürnberg-Feucht vorbei. An der Tankstelle dort steht eine Rakete, die bis vor ein paar Jahren noch den Mittelstreifen zierte. Inzwischen ist sie etwas in den Hintergrund gerückt und steht hinter den Zapfsäulen. Stattlich ist sie, elf Meter hoch. Und damit fast so hoch wie die V2, die 1942 als erstes Geschoss der Geschichte den Weltraum erreichte – als Waffe der Wehrmacht im Dritten Reich auf einem Testflug, konstruiert von Wernher von Braun. Doch was da bei Nürnberg-Feucht hoch in die Luft ragt, soll eine ganz andere Rakete darstellen, im Maßstab 1:10, tatsächlich 111 Meter hoch und damit 15 Meter höher als die Türme der Münchner Frauenkirche. Auch diese Rakete hat Wernher von Braun konstruiert, 20 Jahre später, in den 60er-Jahren: die Saturn V, die Mondrakete, im Prinzip eine Nachfahrin der V2. Doch ihr Modell soll dort heute nicht an Wernher von Braun erinnern, sondern an den Mann, der wie kein anderer dazu beigetragen hat, dass sich von Braun als Jugendlicher für die Raumfahrt begeistern ließ, dass er zum Mond fliegen wollte und dies dann auch anderen ermöglichte. Der Mann hieß Hermann Oberth, wurde 1894 geboren und wohnte nach dem Krieg unweit jener Raststätte in Nürnberg-Feucht. Er lebte noch bis 1989, dreizehn Jahre länger als Wernher von Braun. Seit

1971 empfängt in Feucht auch ein Hermann-Oberth-Museum an der Raumfahrt interessierte Besucher. Oberth ist hierzulande wenig bekannt. Es könnte allerdings sein, dass die bemannte Raumfahrt, auch das Wettrennen zum Mond, hier und da ein wenig anders verlaufen wäre, wenn dieser Hermann Oberth den Beruf gewählt hätte, den sein Vater für ihn vorgesehen hatte.

Oberths Elternhaus stand in Hermannstadt in Siebenbürgen. Sein Vater, ein Chirurg, drängte den Sohn, nach dem Abitur Medizin zu studieren, an der Universität in München. Doch schon früh hatte Hermann Oberth sein Interesse für die Technik entdeckt. Technik und die menschliche Physis – die Kombination brachte ihn dazu, so erinnerte er sich später jedenfalls, dass er sich in seiner Jugend immer wieder vom Sprungbrett der Badeanstalt in die Höhe katapultierte und hinabfallen ließ, um für ein, zwei Sekunden das Gefühl der Schwerelosigkeit zu genießen. Nach dem Ersten Weltkrieg, in dem er an der Ostfront verwundet worden war, kehrte er bald schon der Medizin den Rücken und wandte sich allein der Physik zu, nacheinander erst im heute rumänischen Klausenburg, dann in München, Göttingen und Heidelberg. Heute würde man sagen, er ging der Raumfahrtphysik nach, doch ein solches Fach suchte man damals vergebens und fand es nicht einmal in fernen Zukunftsträumen der Professoren. Oberth beschäftigte die Frage, wie der Mensch die Schwerkraft überwinden könnte, um in den Weltraum vorzustoßen, ohne dabei Schaden zu nehmen. Dass Jules Vernes Riesenkanone dies mit einem Schuss nicht zu schaffen in der Lage war, hatte er schnell errechnet. Weder würde so die nötige Höhe erreicht werden, noch hätten bei einer derartigen Beschleunigung darin sitzende Menschen die geringste Überlebenschance. Die bemannte Kanonenkugel blieb eine Angelegenheit für den Baron von Münchhausen.

Doch dass der Bereich der Schwerelosigkeit, das Weltall, für den Menschen erreichbar war, war Oberth ebenso klar. Sein physikalisches Verständnis sagte ihm auch, dass die Schwerkraft nicht erst auf halber Strecke zwischen Erde und Mond aussetzen würde, wie Jules Verne dies noch voraussetzte. Um allerdings in die nötigen Höhen vorzudringen, bedürfe es eben Raketen, die über eine gewisse Mindestbrenndauer verfügen, eine nachhaltige Geschwindigkeit erlauben. Haben die Raketen einmal die Erdanziehungskraft überwunden, so fielen sie auch nicht wieder zur Erde zurück. Auch Menschen könnten mit ihnen aufsteigen. Und der Siebenbürger entwickelte in seiner Fantasie bereits, was uns seit 1990 den klaren, tiefen, von irdischer Atmosphäre und irdischem Licht ungetrübten Blick ins All ermöglicht: ein Weltraumteleskop.

Oberth forschte, rechnete, kalkulierte und testete auch kleinere Raketen mit Flüssigtreibstoff, Ethanol und Sauerstoff. Über weite Strecken arbeitete er parallel zu Goddard und Ziolkowski, ohne dass die drei Gleichgesinnten Näheres voneinander wussten. Die Raumfahrtwissenschaft war auch in Deutschland in jenen Jahren vor und nach dem Ersten Weltkrieg nicht wohlgelitten, auch hier-

Hermann Oberth bastelt Anfang der 1930er-Jahre an einer Ethanolrakete. Sein Buch *Die Rakete zu den Planetenräumen* entfesselte im Pennäler Werner von Braun die Leidenschaft für die Raumfahrt.

WELTRAUMSTÜRMER

zulande waren die Forscher in der Öffentlichkeit als Raketenfritzen, Träumer und Spinner abgestempelt, keine Rede von Tagungen oder Kongressen. Hermann Oberth scheiterte dann sogar im Bemühen, seine umfangreichen und anspruchsvollen Forschungen wissenschaftlich evaluieren zu lassen. Als er in Heidelberg seine Dissertation mit dem Titel »Die Rakete zu den Planetenräumen« vorlegte, stellte man dort fest, dass es dem gesamten Lehrkörper der Universität an der nötigen Expertise fehlte, um die Arbeit zu prüfen und zu bewerten; niemand in der so ruhmreichen Alma Mater verstand etwas davon.

Oberth gab es auf in Heidelberg. Er ging zurück an die Universität im Siebenbürger Klausenburg, legte sein Werk dort als Examensarbeit vor und bestand 1923 die Prüfung fürs Lehramt. Noch im gleichen Jahr wurde seine Arbeit dann im renommierten Münchner Wissenschaftsverlag Oldenbourg unter demselben Titel *Die Rakete zu den Planetenräumen* veröffentlicht – eine mutige Entscheidung, auf die man bei Oldenbourg noch heute stolz ist. Oberth selbst arbeitete fortan als Mathematiklehrer für die deutschsprachige Minderheit in seiner Heimat Siebenbürgen. Er betrachtete die Raumfahrt in den nächsten Jahren allenfalls als Hobby, erklärte hier dieses, trug dort jenes vor, wann immer er spürte, dass ihn einmal jemand ernst nahm.

Wenig später war es ein junger Mann, bei dem Oberths Buch auf ganz besonders fruchtbaren Boden stoßen, der dessen Ideen zu Weltgeschichte machen sollte. Zwei Jahre nach der Veröffentlichung, im Herbst 1925, schaltete der Verlag eine Anzeige für die zweite Auflage von Oberths Buch in einer naturwissenschaftlichen Fachzeitschrift. Die Ausgabe geriet in die Finger eines 13-Jährigen, der gerade im Internat von Schloss Ettersburg bei Weimar, einer Anstalt für die höheren Stände, untergekommen war. Der junge Adlige hatte sich immer mal wieder mit der Astronomie beschäftigt, auch er hatte sich von Jules Vernes Mondfahrt begeistern lassen. Regelrecht entflammt war er, seit ihm seine Mutter im März jenes Jahres ein Mondfernrohr zur Konfirmation geschenkt hatte, mit dem er in jeder geeigneten Nacht nach den Sternen sah.

Der Pennäler bestellte sich nun umgehend Oberths Buch. Als es dann aber angekommen war, erschrak er: »Die Seiten boten ein Durcheinander von mathematischen Formeln. Völlig unverständliches Zeug!«, erinnerte sich der junge Mann später als Erwachsener. »Ich rannte zu meinen Lehrern. ›Wie kann ich verstehen, was dieser Mann sagt?‹, fragte ich. Sie forderten mich auf, etwas für Mathematik und Physik zu tun, meine beiden schlimmsten Fächer.« Das Zitat stammt aus der Biografie Michael Neufelds über Wernher von Braun, jenen Internatsschüler und späteren Manager der Reise zum Mond.

Oberths Buch zählte zu den Schlüsselerlebnissen des jungen Wernher. Es überzeugte ihn von einem Umstand, der damals alles andere als allgemein anerkannt war: Die Reise ins All, auch zum Mond, ist möglich. Doch Oberths Buch prägte von Braun auch in anderer Weise. Der junge Freiherr sah sofort ein, dass er sich nun insbesondere in seinen ungeliebten Problemfächern stärker engagieren musste. Es war die Zeit, in der Wernher von Braun noch von Hermann Oberth lernte, das Wissen aus seinen Schriften aufsog. Später änderten sich diese Vorzeichen im Verhältnis beider. Oberth und von Braun würden zusammenarbeiten, vor, im und nach dem Zweiten Weltkrieg – allerdings setzte nun Wernher von Braun die Maßstäbe.

Aufgewachsen im Raketenrummel

Das Jahr 1912, in dem Wernher Magnus Maximilian Freiherr von Braun am 23. März zur Welt kam, war für viele noch eines aus der »guten alten Zeit«, eines der allerletzten. Weitgehend unbeschwert vom Fluch der Moderne, nahmen viele die Gefahr des sich abzeichnenden Krieges noch nicht ernst. Die alten Werte hatten Gültigkeit, und die neue Zeit begeisterte mit vielfältigen – und nachvollziehbaren – Innovationen. U-Bahnen unterquerten Berlin und Hamburg, Zeppeline kreuzten am Himmel, die Tram und die Automobile veränderten das Straßenbild in den Städten. Elektrizität drang ins öffentliche wie private Leben ein, das Telefon verband die Menschen über beliebige Entfernungen.

Es gab auch schlechte Nachrichten. Die angeblich unsinkbare *Titanic* sank schon auf ihrer Jungfernfahrt, Robert Falcon Scott kam mit seiner Mannschaft am Südpol ums Leben, und düstere Wolken zogen über Europa auf: Die Flottenverhandlungen zwischen dem Deutschen Reich und Großbritannien scheiterten, beide Seiten rüsteten zum Waffengang. Der Adelsstand und die Wohlhabenden, die viel zu verlieren hatten, beobachteten die gesellschaftlichen und politischen Verwerfungen mit Sorge. Bei den Reichstagswahlen verdoppelte die SPD ihren Stimmenanteil. In Russland erschien die erste Ausgabe der bolschewistischen *Prawda*, der Marxist Lenin wurde der starke Mann der Bewegung. Als Wernher zwei Jahre alt war, begann der Erste Weltkrieg. Die Familie von Braun lebte nicht weit entfernt von der Grenze zum Feind, zum russischen Zarenreich.

Wernhers Geburtsort ist Wirsitz, ein heute polnisches Städtchen in der damaligen Provinz Posen. Zur Zeit seiner Geburt war sein Vater, Magnus Freiherr von Braun, dort Landrat. Der Weltkrieg brachte gehörige Unruhe in dessen berufliche Laufbahn, die Familie führte fortan ein »unstetes Nomadenleben«, wie Michael

Neufeld schreibt, pendelnd zwischen Wirsitz und der Reichshauptstadt. Magnus von Braun, deutschnational eingestellt und später auch Mitglied der Deutschnationalen Volkspartei (DNVP), war bestens vernetzt, war – nebenbei immer noch Landrat – nacheinander engster Mitarbeiter beim Staatssekretär im Reichsinnenministerium, dann, ab 1917, Pressechef unter Reichskanzler Georg Michaelis, erster Pressechef eines Kanzlers im Reich überhaupt, heute würde man Regierungssprecher sagen. Auch in der Weimarer Republik blieb der Vater wohlsituiert: Er wurde Polizeipräsident in Stettin, Personalchef im preußischen Innenministerium, Regierungspräsident in Ostpreußen, stets ein höherer politischer Beamter mit erklecklichem Einkommen – bis er 1920 öffentlich für den rechtsextremen Putschisten Wolfgang Kapp eintrat, einen alten Bekannten. Der berühmte Kapp-Putsch aber, eine der ersten großen Krisen der jungen Republik, scheiterte schon im Ansatz. Von Braun wurde gefeuert, verlor seinen Beamtenstatus und alle Rentenansprüche. Wieder halfen ihm seine Verbindungen. Er, der Sprössling einer Familie preußischer Junker, wurde zweiter Mann im Reichsverband der Landwirtschaftlichen Genossenschaften. 1932 dann der Höhepunkt seiner Karriere: Reichskanzler Franz von Papen holte ihn in sein Kabinett. Wernhers Vater wurde Reichsminister für Ernährung und Landwirtschaft der Weimarer Republik und blieb es auch unter dem letzten Kanzler der Republik, Kurt von Schleicher.

Nach der Machtergreifung Hitlers verlor Magnus von Braun seinen Ministerposten und zog sich zurück auf sein 1930 erworbenes Gut Oberwiesenthal in Schlesien. Auch wenn er der Weimarer Republik stets skeptisch gegenüberstand – seine bevorzugte Alternative wäre die Monarchie gewesen, nicht der Faschismus. So sollte er in den nächsten Jahren zwar den Lebensweg seines Sohnes Wernher, der nach und nach Teil der Maschinerie des Dritten Reichs werden würde, mit familiärer Loyalität begleiten, sogar bisweilen mit Stolz, was seine technischen Leistungen anging, aber eben auch mit gewisser politischer Distanz. Später erzählte Wernher von seinem Vater einmal: »Er warnte mich, es werde alles in eine Tragödie münden für Deutschland und auch für viele andere Völker. Aber ich war zu sehr mit meinen Raketen beschäftigt, um seine Warnung zu beachten.« Ähnlich entwickelte sich auch das Verhältnis Wernhers zu seinem älteren Bruder Sigismund, der in Diensten des Auswärtigen Amtes Diplomat im Vatikan war. Christoph von Braun, Sigismunds Sohn, erinnert sich heute aus Familienerzählungen, dass es darüber mindestens einmal – noch vor dem Krieg – eine sehr harte politische Auseinandersetzung zwischen seinem Vater und seinem Onkel Wernher gegeben habe. Ganz anders gestaltete sich Wernhers Beziehung zum jüngsten der drei Brüder, Magnus. Beide sollten später, in der Endphase des Krieges, weite Strecken gemeinsamen Weges gehen.

DIE MUTTER BRACHTE DEN SOHN AUF MONDKURS

Die beruflichen Wechsel des Vaters mögen der Entwicklung der Familie die äußeren Bahnen vorgegeben haben. Wernhers Mutter Emmy von Braun aber übte den bedeutenderen Einfluss auf seinen Werdegang aus. Auch sie, eine geborene von Quistorp, stammte aus einer Familie von Gutsbesitzern, die allerdings auch Politiker und Gelehrte hervorbrachte. Emmys Vater Wernher war es, von dem der Enkel die außergewöhnliche Schreibweise seines Vornamens erbte. Später dann, als Sohn Wernher 24 Jahre alt war, kam noch mehr hinzu. Emmy war bei Greifswald aufgewachsen, in der Nähe der Insel Usedom. In der Umgebung dort war Großvater Wernher regelmäßig auf Entenjagd gegangen. Und so war es später Mutter Emmy, die den entscheidenden Tipp gab, als ihr Sohn Wernher für seine Raketenentwicklung im Jahr 1936 ein geeignetes Gelände am Meer suchte: Peenemünde. Die frühere Entenjagd des Großvaters Wernher, mit leichtem Kaliber, sorgte also letztlich dafür, dass in Peenemünde später Hitlers gewaltige »Vergeltungswaffen« gebaut wurden und infolgedessen die Streitkräfte der DDR anschließend einen ihrer bedeutendsten Stützpunkte unterhielten.

1920, nach Kapp-Putsch und Entlassung des Vaters aus dem

Staatsdienst, war Familie von Braun nach Berlin gezogen; nach all dem beruflichen Hin und Her des Vaters endlich wieder vereint. Ab sofort hatte sie ein Haus in der Tiergartenstraße, eine der ersten Adressen im aufstrebenden Diplomatenviertel am Rande des großen Stadtparks. Anders als im vorherigen Wohnort in der tiefsten preußischen Provinz war Wernhers Umgebung in der Viermillionenmetropole nun bestimmt von der Moderne, von Technik, von Dynamik.

Im Gegensatz zu vielen anderen Familien war es bei den von Brauns nicht der Vater, sondern die Mutter, die in ihrem Sohn die Faszination für die Naturwissenschaften weckte, besonders für die Astronomie, der sie selbst mit Leidenschaft nachging. Ohnedies war Wernher Emmys Liebling. Zu ihm hatte sie von ihren drei Söhnen die engste Bindung. Sie brachte ihm das Klavierspielen bei, schärfte nach Kräften seinen Sinn für Fremdsprachen, selbst beherrschte sie sechs. Und sie war es auch, die ihm die guten Manieren anerzog, für die er später auch bekannt werden sollte. Die Mutter erinnerte sich nach dem Krieg vor allem an seine ungemeine Neugier als Kind, was technische Details anging:

»Er war wie ein trockener Schwamm und nahm jede Spur von Wissen begierig auf. Seine Fragen nahmen kein Ende.«

Vater Magnus, der geborene Gutsherr, geriet über die für einen Junkerspross so untypischen Vorlieben ins Grübeln:

»Diese technische Begabung, mit der Wernher so reichlich ausgestattet zu sein scheint, ist eine völlig neue Eigenschaft in unserer Familie. Ich weiß wirklich nicht, woher er sie hat.«

Die Mutter wollte den jungen Wernher zu einem geistvollen Gesprächspartner in ihren Lieblingsgebieten heranziehen und schaffte das auch, unter anderem mit Geschenken wie den Mondromanen von Jules Verne, die Wernher begeisterten. Geradezu elektrisiert haben dürften beide die großartigen Nachrichten aus dem Universum, die das erste Drittel des 20. Jahrhunderts brachte. Was mag die Nachricht von Edwin Hubbles bahnbrechendem Nachweis in ihnen ausgelöst haben? Der Andromedanebel, so hatte Hubble herausgefunden, lag weit außerhalb der Milchstraße.

Erst seither steht fest, dass es mehr als nur eine Galaxie, vielleicht eine unfassbare Menge von Galaxien gibt.

Wenn Hubbles Erkenntnis das Universum unendlich groß machte, so rückten der Mond und die Planeten vergleichsweise umso näher. Es waren die Jahre, in denen Wernher sein inniges Verhältnis zum Mond aufbaute. Vermittelt durch das Teleskop, das er von der Mutter zur Beobachtung der Sterne geschenkt bekommen hatte, hatten es ihm besonders die »Meere«, Krater und unergründlichen Zeichnungen oben auf der großen sichtbaren Scheibe am Firmament angetan. Fortan brachte er es an jedem klaren Abend am Fenster in Stellung oder gleich auf dem Hof. Noch war das Gebiet draußen, vor dem Brandenburger Tor, weitgehend frei von Lichtverschmutzung. Beste Bedingungen, den Himmel zu erforschen.

1925 dann bestellte sich Wernher jenes Buch von Hermann Oberth, *Die Rakete zu den Planetenräumen*. Dass ihm dieses Buch gerade in dieser Zeit in die Finger kam, ist schon fast als Fügung zu bezeichnen, als eine zeitlich genau abgepasste vor allem. Im selben Jahr war er auf das Internat in Ettersburg bei Weimar gekommen, weil er unmittelbar zuvor sitzen geblieben war – Grund dafür waren schlechte Noten ausgerechnet in den Fächern Mathematik und Physik. Nun aber, in Oberths Schrift, offenbarte sich ihm das ganze innere Wesen der Weltraumforschung: Es bestand aus Mathematik und Physik, aus Formeln und Gleichungen. Logischer, aber trockener Stoff allüberall. Dinge, die ihn gleichermaßen neugierig stimmten, ihm Respekt einflößten, ihn abschreckten. Zu denen hatte er bis dahin jedenfalls kein rechtes Verhältnis entwickeln können. Technik, die begeisterte ihn natürlich. Er bastelte und schraubte an den Autos seiner wohlhabenden Familie so weit es eben ging. Doch nun wusste er, dass er sich auch theoretisch anzustrengen hatte. Immerhin, er war in Ettersburg, in bewährt anregender Atmosphäre des Rokokoschlosses, in dem auch Goethe 150 Jahre zuvor Schaffenskraft fand für nichts Geringeres als seinen *Faust*. Für jene Tragödie ganz nebenbei, in der viele Essayisten später so ausdrückliche Parallelen zu Wernher von Braun und seinem faustischen Pakt mit dem Teufel sehen sollten.

Im Internat wie bei seinen Besuchen zu Hause hantierte Wernher mit Feuerwerkskörpern, experimentierte hier und da mit Ingredienzien aus dem Chemielabor. Für die Nachbarn der Familie entwickelte sich die Tiergartenstraße deshalb zum unsicheren Pflaster; immer dann jedenfalls, wenn der junge Wernher aus der Hausnummer 20 mit selbst gebastelten Feststoffraketen Versuche anstellte und damit klapprige Bollerwagen ins Rollen brachte. Oder auch sein altes Tretauto aus Kinderzeiten: Die Pedale und das Lenkrad nahm er heraus, arretierte die Steuerung, kaufte sich sechs Feuerwerksraketen, die größten, die er auftreiben konnte, befestigte sie an den Seiten des Fahrzeugs und zündete sie.

»Ich war ganz außer mir. Der Wagen lief, gefolgt von einem riesigen Kometenschweif, nach etwa hundert Metern geradem Lauf gegen die Bordschwelle, machte eine wilde Drehung, lief gegen die gegenüberliegende Schwelle und folgte weitere vier Sekunden einem erratischen Kurs.« So zitiert Erik Bergaust, ein Freund, in seinem Buch aus den 70er-Jahren, *Wernher von Braun. Ein unglaubliches Leben*, die späteren Erinnerungen des Raketeningenieurs: »Das Nächste, das ich sah, war ein Polizist, der mich sogleich in Gewahrsam nahm. Da glücklicherweise niemand verletzt worden war, wurde ich auf Fürsprache des Ernährungsministers entlassen, und das war ja mein Vater.«

Auch andere, Beteiligte wie Beobachter, erinnern sich später mit amüsiertem Schaudern. Bruder Sigismund zum Beispiel, dem ein Raketeneinschlag in die Bäckerei ein paar Häuser weiter im Gedächtnis geblieben war. Oder ein von Raketen demoliertes Treibhaus im Nachbargarten, mit von Glassplittern übersätem Blumenkohl. »Es war das erste Mal«, so Wernher später, »dass mein Vater für die Raketenentwicklung eine Rechnung bezahlen musste.« Zwei Tage Hausarrest waren die Folge. Auch Neufelds Biografie über die Jugendjahre von Brauns nennt Zeugen seiner haarsträubenden Experimente. Sein Lehrer in Ettersburg berichtete, wie drei von Wernhers Mitschülern auf dem Schulhof eine Rakete um die Ohren flog, »genau in dem Moment, als oben im Lehrerzimmer der Erfinder, Wernher von Braun, bei mir Starterlaubnis einholen wollte«. Jugendliche Skrupellosigkeit? Sicher eine gehörige Portion Draufgängertum und die lebenslang währende Gabe, nach vorn, nach oben zu schauen – und nicht allzu viel nach rechts und links.

Dabei waren Raketen zu dieser Zeit längst keine Spielerei mehr allein für vorwitzige Jugendliche oder träumerische Spinner. Gerade Deutschlands Tüftler hatten die solide Technik weit vorangebracht, diesseits der Raumfahrtforschung, der zur selben Zeit die scheuen Goddard und Ziolkowski in ihren stillen Kammern nachgingen. Schwäbische Feuerwerksfabriken trieben ihre Erzeugnisse – lange noch nicht genormt und gedrosselt wie in unseren Tagen – auf 1500 Meter Höhe. Der sächsische Ingenieur Alfred Maul, »Vater der Luftaufklärung« genannt, hatte sich bereits 1903 seine Fotorakete patentieren lassen: eine Kamera, die von Feststofftreibsätzen auf 600 bis 800 Meter Höhe geschossen und oben mit Selbstauslöser zum Knipsen gebracht wurde, um anschließend am Fallschirm sanft niederzugehen. Was heute fast vergessen ist: Im Ersten Weltkrieg bereits flogen unbemannte Prototypen von Jagdflugzeugen mit Feststoffraketen, Siemens arbeitete an raketengetriebenen »Lufttorpedos«. Es war die große Zeit der Forscher und Feuerköpfe, die alle nur ein Ziel kannten: schneller, höher, weiter.

Noch während Wernhers Schulzeit, im Jahr 1927, gründete Johannes Winkler, ein technikbegeisterter Theologe, gemeinsam mit dem späteren Raumfahrtjournalisten Willy Ley in Breslau den Verein für Raumschifffahrt (VfR), mitsamt der Vereinszeitschrift *Die Rakete*. Auch Oberth wurde Mitglied, zum Stolz aller: Kaum jemand, der damals die Raketenidee in Deutschland vorantreiben wollte, hatte seine Initialzündung nicht durch Oberths Buch dafür erhalten. Nach dem Umzug 1929 nach Berlin zog der Verein weitere Kreise. Auch der Raketenenthusiast Max Valier trat bei, ein Freund von Fritz von Opel. Gemeinsam mit dem Spross der Automobilfamilie hatte er da schon einige Zeit lang die Entwicklung von Ra-

Fritz von Opel in seinem Raketenfahrzeug »RAK2« am 23. Mai 1928
auf der Avus in Berlin bei einem seiner Geschwindigkeitsrekorde

ketenautos betrieben, stellte serienweise Geschwindikeitsrekorde
auf, zuletzt mit über 200 Stundenkilometern auf der Berliner Auto-
mobil-Verkehrs- und Übungs-Straße (Avus). Der »Schnelle Fritz«
finanzierte 1928 auch den ersten bemannten Flug eines Raketen-
flugzeugs, der »Lippisch-Ente«. Dieser jedoch endete beinahe in
einem Fiasko, sodass die Versuche damit eingestellt wurden. Man
sprach inzwischen vom »Raketenrummel«, der auch die Kultur-
schaffenden erfasste. 1929 brachte Fritz Lang seinen Stummfilm
Die Frau im Mond über eine fiktive Mondmission heraus. Der
scheue Hermann Oberth, der dem Trubel an sich reserviert gegenüberstand, bildete mit Willy Ley das wissenschaftliche Berater-
team. Raketen waren gegen Ende der 20er-Jahre gewissermaßen
der »letzte Schrei«.

Wernher von Braun bereitete sich während dieser Zeit auf das
Abitur vor. Inzwischen war er auf ein anderes Internat gewech-

selt, auf die Nordseeinsel Spiekeroog, wo sich nicht nur seine Neigungen, sondern bereits seine ganz besonderen Fähigkeiten herausschälen sollten. Kaum angekommen, hatte er dort mit seinem Vorstoß zum Kauf eines Schulteleskops schon Erfolg beim Direktorium – mit einem kostspieligen Objektiv von immerhin 12,69 Zentimetern Durchmesser. Gewiss war dies ein Zeichen der Aufgeschlossenheit der Schulleitung, ganz bestimmt aber auch von Wernhers sich früh abzeichnendem Talent, Ideen zu kommunizieren, Leute zu begeistern, sich durchzusetzen. Schon ganz der Teamleiter, hatte er zuvor eine Gruppe von Schülern zusammengestellt, die nach seinen Vorgaben die Sternwarte der Schule mauerten, zimmerten und zusammenschraubten. Von Brauns Persönlichkeit profilierte sich, sein Engagement für die Raumfahrt nahm ernsthafte Züge an. Vorbei war die Zeit der rasenden Raketenbollerwagen, es begann der Einstieg in die profunde Ingenieurtechnik, auch in die Forschung; alles wohlgemerkt noch in der Schulzeit. Weil er inzwischen in den entscheidenden Fächern Mathe und Physik zu Bestleistungen abhob, gestattete die Schulleitung Wernher, sich während des Unterrichts zurückzuziehen, um eigene raumfahrttechnische Berechnungen anzustellen. Sein Papier »Zur Theorie der Fernrakete« entstand zu dieser Zeit – eine Sammlung von Gleichungen für die Flugbahn. Darin machte er sich bereits Gedanken über die Rentabilität von Raketenflügen, auch zur Beförderung von Post und Passagieren; damals eine verbreitete Vision all jener, die den Raketenrummel wirtschaftlich unterfüttern wollten.

Wernher durfte sein Abitur wegen »ungewöhnlicher Leistungen« ein Jahr vorzeitig ablegen und bestand es mit »gut«. Seine Laufbahn war unterdessen längst aufs Gleis gesetzt. Nach Kräften arbeitete er daran, seine jugendlichen Schwärmereien zum Beruf zu machen. Schon mit 17 war er beim Verein für Raumschifffahrt als zahlendes Mitglied registriert und suchte den Kontakt zum Raumfahrt-Gott Oberth. Nach einem Jahr endlich, im Frühjahr 1930, kam die Nachricht: »Kommen Sie nur!« Oberth bereitete gerade eine Ausstellung im Berliner Kaufhaus des Westens

(KaDeWe) vor, über Raketen, Raumfahrt, den Mond, den Kosmos, alles, was von Brauns Herz höher schlagen ließ. Von Braun half Hermann Oberth beim Aufbau, betreute die Ausstellung, stand dem Publikum im Kaufhaus wortreich Rede und Antwort.

»Von Braun fühlte sich bereits als Weltraumexperte«, schreibt Erik Bergaust, so wie er es in diesem Fall von Wernher von Braun wohl etwas selbstironisch persönlich gehört hatte. Den Hausfrauen, die im KaDeWe einkauften, eher zufällig durch die Ausstellung schlenderten und neugierig bei den Raketen stehen blieben, versicherte er damals überlegen wie kühn: Der erste Mensch, der den Mond betreten würde, sei bereits auf der Welt. Das war einfach dahingesagt, aber so falsch lag von Braun damit nicht: Buzz Aldrin, der zweite Mann, der nur wenige Minuten nach Armstrong jenen »großen Sprung für die Menschheit« auf den Mond tat, war tatsächlich bereits im vorangegangenen Januar geboren worden. Und Armstrong, der erste Mann auf dem Mond, nur wenige Wochen später, im August 1930. Wernher von Brauns etwas gewagte Behauptung ist 39 Jahre später wahr geworden, letztlich durch seine eigene Tat.

Von Braun machte nun Ernst und immatrikulierte sich an der Technischen Hochschule Berlin in Charlottenburg für das Studium zum Luftfahrtingenieur. Nun kam ihm der noch junge Verein für Raumschifffahrt gerade recht. Auch hatte Hermann Oberth, inzwischen Wernhers Mentor, auf dem Gelände der Chemisch-Technischen Reichsanstalt (CTR) in Plötzensee ein Gelände zugesprochen bekommen, auf dem er seine Versuchsreihen veranstalten durfte – mit einer weitreichenden technischen Neuerung, die von Braun sich später erfolgreich zu eigen machen sollte. Professor Oberth wollte der interessierten Welt zeigen, dass flüssige Treibstoffe, Wasserstoff mit Sauerstoff oder auch Ethanol, weitaus effizienter waren als der bisher gängige Feststoffantrieb. Mit Flüssigtreibstoff konnte man die Brenndauer erheblich verlängern, wenn nötig unterbrechen, und die Raketen mit gezielten Auslassventilen lenken. Wernher von Braun, Oberths Assistent, war es, der sich in der Raketentechnologie gut zehn Jahre später genau damit durchsetzen sollte.

DIE ERSTEN STARTS VON TEGEL

Von Braun war nicht der einzige Assistent Oberths. Rudolf Nebel, ein früherer Feuerwerksfabrikant, und Klaus Riedel, ein weiterer Raketenenthusiast, waren schon vor ihm bei den Feldversuchen mit von der Partie. Sie waren dann auch die Wortführer, als Oberth sich aus Geldmangel entschloss, nach Siebenbürgen zurückzukehren. Nebel riss nun die Initiative an sich, übernahm es, ein größeres Gelände für die Raketenversuche des VfR zu akquirieren; in Plötzensee fehlte es an Platz. Und der »Raketenrummel« brachte ihnen nun auch mehr Zaungäste, als ihnen und ihrem Bedürfnis nach Sicherheit lieb sein konnte. Nebel war erfolgreich, er fand einen unbenutzten Schießplatz in einem Vorort im Norden Berlins, den der Magistrat von Reinickendorf kostenlos zur Verfügung stellte, ein Gelände, das später Teil des heutigen Flughafens Berlin-Tegel wurde. 120 Hektar groß, verwahrlost, überwuchert, aber bestückt mit Buden, Schuppen und Bunkern. Von ihnen aus konnte man gefahrlos die immer wieder unsicheren Raketenstarts beobachten. Die erste bauliche Maßnahme der Pioniere war es, ein unübersehbar großes Schild am Zugang anzubringen: »Raketenflugplatz Berlin«.

Diese frühen Enthusiasten waren es letztlich, die Tegel für den Luftraum öffneten. Wernher von Braun war dabei. Immer wieder jagten sie raketengetriebene Geschosse in den Himmel, zunächst mit Festtreibstoff, später immer häufiger von explosiven Flüssigkeiten gezündet. Manches davon ging mehrere Hundert Meter hoch, manches schwebte sogar erfolgreich mit dem Fallschirm unversehrt wieder zu Boden. Davor lagen viele Fehlversuche. Einmal schlug eine Rakete in eine nahe Polizeikaserne ein – wie einst von Brauns Geschoss in die Backstube in der Tiergartenstraße. Die Ordnungskräfte rückten an und legten fest, in welche Richtungen fortan nicht mehr gestartet werden durfte.

Das eigentliche Problem des Vereins war Geldmangel. Die Mitglieder verfügten nicht über die Mittel, um Materialien und Geräte zu besorgen, die sie für eine systematische Beobachtung und Aufarbeitung ihrer Raketentests benötigten. Doch findig waren sie. Nebel konnte einen Direktor von Siemens & Halske überreden, ihm einen größeren Posten an Metallen zu überlassen, mit dem die Vereinsmitglieder ins Tauschgeschäft einstiegen und sich Handwerkerleistungen einhandelten. Die Wirtschaftskrise hatte die Industriestaaten inzwischen fest im Griff, was ihnen letztlich sogar zugutekam: Sie hatten auf dem weitläufigen Gelände Räumlichkeiten anzubieten, die von arbeits- und wohnungslosen Technikern gern auf Vordermann gebracht wurden, um sich darin häuslich einzurichten. Im Gegenzug halfen diese den Raumfahrtpionieren bei den Bastel-, Schraub- und Fummelarbeiten. Nebel hatte ein Händchen dafür, auch größere Unternehmen zu Materialspenden zu bringen. In den Führungsetagen schwärmte er von neuartigen Antrieben für Raketen, vom Weltraum, von Überschallflügen rund um die Welt, vom Mond. Die Angesprochenen waren teils amüsiert, teils beeindruckt, manche halfen schließlich. Branchenferne Unternehmer fanden sich darunter wie der Hutfabrikant Hugo Hückel, der von der Raumfahrt schlichtweg überzeugt war, aber auch Siemens, wo man womöglich künftige Geschäfte witterte. Das Unternehmen finanzierte auf dem Raketenflugplatz eine Art Catering, mit dem der Verein für Raumfahrt die Handwerker bei der Stange halten konnte.

Von Braun fand sich zu dieser Zeit nur ein, zwei Mal pro Woche in Tegel ein, mehr ließ sein Studium nicht zu. Im Jahr 1931 verbrachte er das Sommersemester an der Eidgenössischen Technischen Hochschule (ETH) in Zürich. Ganz Pionier, widmete er sich an der weltberühmten ETH der Grundlagenforschung für die bemannte Raumfahrt, stellte in seiner Studentenbude Tierversuche an, mit denen er die Wirkung sehr hoher Raketenbeschleunigung auf Organismen simulieren wollte: In einer horizontal befestigten Fahrradfelge, angetrieben von hoch übersetzter Pedalkraft, setzte er angeschnallte Mäuse einer irrwitzigen Zentrifugalkraft aus; Strapazen, die die späteren Mondfahrer, wenn auch in menschlicherem Maß, ebenfalls durchleben mussten. Ein befreundeter amerikanischer Kommilitone, ein Medizinstudent, machte mit und diagnostizierte bei den Mäusen starke Hirnblutungen – eine Erkenntnis, die von der US Air Force in den 50er-Jahren bei ihren luftfahrtmedizinischen Forschungen bestätigt wurde. Als die Zimmerwirtin in Zürich Spritzer von Mäuseblut an der Tapete entdeckte, bereitete sie dem Spuk ein Ende.

Im Herbst 1931 kehrte von Braun nach Berlin zurück und ließ sich wieder öfter in Tegel blicken. Noch immer war er keine 20 Jahre alt und gehörte anfangs nicht zu den Wortführern bei den Raketentests. Dennoch hatte er sich durch seine charmante, bisweilen forsche witzig-optimistische, vor allem aber eloquente Art eine ganz besondere Rolle in der Gruppe der Raketenfreunde erworben: Er war der »Sonnyboy«. Er war es, den die anderen baten, allfällige Besuchergruppen, die sich auf das Gelände verirrten, zu führen und zu begeistern. Dies tat er so einnehmend, dass die Vereinsführung eines Tages, als der erste Start einer »Mirak« (Minimumsrakete) anstand, daranging, Eintritt zu verlangen. Für von Braun war der Raketenflugplatz mit der lockeren, nicht auf formalen Hierarchien basierenden Gesellschaft von Amateuren ein trefflicher Trainingsparcours. Nicht nur für seine technischen Fertigkeiten und Kenntnisse, mehr noch für seine Zukunft als Manager: Menschen einfangen, sie motivieren, für die eigenen Zwecke einspannen, sich durchsetzen. Von Braun erinnerte sich später an das damalige Motto auf dem Raketenplatz: »Kühn behauptet ist halb bewiesen.«

Manches von dem, was hier auf dem Raketenflugplatz im zwischenmenschlichen Bereich vorexerziert wurde, trug später, beim Mond-Wettlauf, zum Erfolg der Amerikaner bei: Von Braun konnte sie auch da alle einfangen, vom US-Präsidenten über den Astronauten bis hin zu den Frauen, welche die Leitungen in den Saturn-Raketen knüpften. Oberth, dessen Wissen und Berechnungen für alles eigentlich die Grundlagen lieferten, war dieser Forschheit in seiner scheuen Art nicht gewachsen. Dies war, neben dem Geldmangel, ein weiterer Grund dafür, dass er dem Raketenschießplatz den Rücken gekehrt hatte. Von Braun wuchs im Gegenzug hinaus aus seiner Rolle des smarten Unterhalters, hinein in die eines kundigen Wissenschaftlers, der wusste, wohin er wollte bei all der Beschäftigung mit den Raketen: zum Mond, wohin sonst?

Der erste Startversuch einer Mirak in Tegel scheiterte. Die Zuschauer murrten, weil Rudolf Nebel sich weigerte, die eine Mark, die er ihnen abgenommen hatte, zurückzuzahlen. Sie kamen trotzdem wieder. Ein paar Fehlversuche folgten, bevor einige Raketen endlich wenigstens ein paar Hundert Meter hoch flogen. Es waren diese ersten Erfolge, die dem VfR die Aufmerksamkeit von anderer Seite bescheren sollte – der Militärs, die den Verein, insbesondere Wernher von Braun, auf einen ganz anderen Kurs bringen sollten.

DIE REICHSWEHR KOMMT INS SPIEL

Wernher von Braun übte sich derweil weiter in Veröffentlichungen, vorzugsweise populärwissenschaftlicher Art, mit denen er vor allem eines erreichen wollte: Begeisterung. In der Zeitschrift *Umschau* erklärte er allgemein verständlich, wie eine Flüssigkeitsrakete funktionierte, übertrieb hier und da ein wenig in seinem Optimismus. Im Frühjahr 1932 machte er sein Diplom als Luftfahrtingenieur, im Alter von 20 Jahren. Doch er spürte: Für sein Ziel, den Mond, waren seine Kenntnisse über den Flugzeugbau nur ungenügend. Im Herbst 1932 schrieb er sich daher erneut an der Technischen Hochschule in Berlin ein, nun im Fach Physik, denn ein anderes Fach, das näher an der Raumfahrtforschung war, gab es nicht. Jetzt wollte er promovieren. Einer der Professoren der Fakultät, Karl Becker, Inhaber des Lehrstuhls für Ballistik, verschaffte Wernher von Braun ein Stipendium, mit dem er den empirischen Teil seiner Doktorarbeit, zu dem eben auch Abschussversuche gehörten, finanzieren konnte.

Becker hatte einen Nebenberuf – und diese Konstellation war es, die von Brauns Leben in näherer Zukunft eine Wendung geben sollte. Becker war Chef der Abteilung Forschung und Entwicklung im Heereswaffenamt (HWA) der Reichswehr. Sein Mitarbeiter in diesem Amt, der Physikprofessor Erich Schumann, wurde

Wernher von Brauns Doktorvater, die Dissertation eine Arbeit im Dienste des Militärs. Das wiederum stand seinerzeit noch in Diensten einer parlamentarischen Demokratie, doch Becker sollte von Braun aus dieser Zeit, aus der Endphase der maroden Weimarer Republik, in das kommende Staatswesen hinüberbegleiten, in Hitlers Drittes Reich, von Braun persönlich auch in die Wehrmacht. Man könnte es auch anders ausdrücken: Hier hörte der Spaß auf.

Der Professor und seine Mitarbeiter hatten längst ein Auge auf die jungen Leute auf dem Startplatz Tegel geworfen. Becker selbst war vom Raketenrummel ergriffen worden, seit den Raketenautos von Opel und seit er in die Schriften Goddards und Oberths hineingeschaut hatte. Doch ging es bei ihm um mehr als ein persönliches Faible. Für die Reichswehr der Weimarer Republik stellte die Raketentechnik ein Schlupfloch aus den Zwängen des Versailler Vertrages dar, waren alle gängigen Waffentypen und Waffengattungen doch strengen Restriktionen ausgesetzt. Mannschaftsstärke, Kaliber, Schiffstonnage, Panzerwaffen, Forschung – alles war begrenzt, der Flugzeugbau war gleich insgesamt verboten. Raketen hingegen fanden im Versailler Vertrag keine Erwähnung. Diese hatten die Alliierten ganz offenbar vergessen. Oder sie gering geschätzt.

Schon im Frühjahr 1930, zwei Jahre zuvor also, hatte das HWA dem Verein für Raumschifffahrt einen geheimen Zuschuss von 5000 Mark zukommen lassen, vereinbart mit Nebel, der die Vereinsmitglieder nicht informierte. Im Mai 1931 hatte Becker sich im Zusammenhang mit dieser Kreditvergabe in einem Bericht an die HWA-Spitze noch enttäuscht gezeigt, dass »Oberths Rakete« nicht so recht zündete. Doch nun, nach den ersten erfolgreichen Versuchen in Tegel und jenem Aufsatz in der *Umschau*, in dem von Braun die Möglichkeiten der Raketen beschrieb, wenn auch ein wenig übertrieben dargestellt, hatte Becker ein positiveres Bild von den begeisterten jungen Leuten gewonnen. Auch das HWA hatte längst Versuchsreihen mit Raketen gestartet, aber eben nur mit Feststoffraketen. Und auch im HWA hatte sich herumgesprochen,

Flüssigtreibstoff sei effizienter, könne die Raketen erheblich weiter tragen. Auch im HWA hatte die Entwicklung der eigenen Raketen Rückschläge zu verkraften, daher kamen für das HWA die Forschungen, die der Verein in Tegel betrieb, gerade zur rechten Zeit. Erneut startete das HWA einen Annäherungsversuch. Mitte April 1932 fuhren Vertreter des Amtes mit einer schwarzen Limousine vor: Becker und der Leiter seiner Abteilung für Ballistik und Munition, Walter Dornberger. Vor der Bürobaracke in Tegel stiegen sie aus, in ihren langen Mänteln, und von Braun war schnell klar, dass es sich um Militärs handelte. Man zog sich zu Besprechungen zurück. Becker und das HWA hatten Wind davon bekommen, dass die Raketenfreunde in Tegel eine Weiterentwicklung ihrer Mirak betrieben, die länger war als die erste Rakete. Und sie wussten auch, dass der VfR kein Geld hatte, um solche Entwicklungen systematisch vorantreiben zu können.

Becker und Dornberger wurden sich in der Baracke mit Nebel schnell einig. Der Verein würde den Militärs einen Start der Mirak II vorführen, unter der Bedingung, dass das HWA die Kosten übernähme. Kostenlose Zusatzofferte des Vereins: Von Braun könnte dabei einen erklärenden Vortrag halten. Becker und Dornberger stimmten zu, hatten aber auch ihrerseits eine Bedingung: Der Start müsse unter absoluter Geheimhaltung stattfinden, und zwar nicht in Tegel, sondern auf dem Heeresversuchsgelände bei Kummersdorf südlich von Berlin. Und außerdem machten die Herren in den Mänteln deutlich, dass Publikationen wie die von Brauns in der *Umschau* künftig zu unterbleiben hätten, wenn ihnen an einer weiteren Zusammenarbeit gelegen sei. Auch hier stimmte Nebel zu und hielt die Vereinbarung erneut – wie beim früheren Zuschuss über die 5000 Mark – vor dem übrigen Vereinsvorstand geheim.

Es war der 22. Juni 1932 um 4 Uhr morgens, als sich Nebel mit seiner Rakete und den Helfern am Eingang zum weitläufigen Gelände in Kummersdorf einfand, mitsamt Startgerüst im Anhänger eines der Autos. In einem zweiten befanden sich die Tanks für Benzin und Sauerstoff und für den Stickstoff, der den nötigen Druck in den Tanks erzeugen sollte, um den Flüssigtreibstoff in die Raketenmotoren hineinzupressen und ihn unter Druck zu setzen. Auch von Braun war dabei. Über sandige, holprige Strecken ging es noch kilometerweit über den ehemaligen Truppenübungsplatz zum abgelegenen Startplatz. Der Tag dämmerte bereits heran. Und so sahen von Braun und Nebel, etwas schemenhaft noch, die Bunker, die Startrampen, die dicht an dicht stehenden Geräte und Messinstrumente für die wissenschaftliche Erfassung von Raketenstarts. All diese Gerätschaften stimmten sie neidisch, zeigten ihnen aber auch, mit welch potentem Partner sie sich gerade anschickten, sich zu verbünden. In einem Aspekt allerdings wähnten sie sich besser: Ihre Flüssigstofftriebwerke waren den hier getesteten Feststoffraketen überlegen.

Um 14 Uhr erfolgte dann die Zündung der Rakete – und die Enttäuschung: Der Start der Mirak II, die eigentlich zwischen dreieinhalb und acht Kilometer weit aufsteigen sollte, missglückte, die Rakete schoss quer. Eine Schweißnaht am Treibstofftank war brüchig, was die Experten auf die Erschütterungen beim langen, holprigen Transport der Rakete im ungefederten Anhänger zurückführten. Doch hierbei handelte es sich um vermeidbare Feh-

Die Überreste der Raketenversuchsstände auf dem Heeresversuchsgelände Kummersdorf bei Berlin, wo auch von Braun arbeitete, sind heute noch zu besichtigen.

Am 22. Juni 1932 starten Wernher von Braun (rechts) und Mitstreiter
vom Verein für Raumschifffahrt ihre erste Rakete auf dem Gelände
der Heeresversuchsanstalt Kummersdorf bei Berlin. Es war ein Fehlstart.

lerquellen, die Enttäuschung war dementsprechend nicht von
Dauer. Man blieb in Verbindung. Nebel und auch von Braun ließen
sich nun ab und zu auf dem Testgelände in Kummersdorf oder
auch in der Zentrale des HWA in der Berliner Jebensstraße hinter
dem Bahnhof Zoo blicken.

Die Militärs begannen, die Raketenbastler unterschiedlich zu
bewerten. Becker hielt nichts von Nebel, traute ihm keine systematische Entwicklungsarbeit zu, erst recht nicht die nötige Ver-
schwiegenheit. Von Braun dagegen machte auf das Heereswaffenamt einen glänzenden Eindruck, vor allem auf Walter Dornberger,
der später sein engster Partner und Vorgesetzter werden sollte.
Becker und Dornberger machten dem Vorstand des VfR formell
das Angebot, im HWA mitzuarbeiten, was ernsthaft letztlich nur
an von Braun gerichtet war. Biograf Neufeld vermutet, dass auch
Wernher von Brauns Vater Magnus als frisch vereidigter Reichsminister ab Sommer 1932 bei zuständiger Stelle ein gutes Wort für
seinen Sohn eingelegt hatte.

WELTRAUMSTÜRMER

DIE DEBATTE ÜBER DIE MORAL

Der Vereinsspitze war der differenzierte Blick der HWA auf einzelne seiner Mitglieder nicht verborgen geblieben. Die Diskussion über das Angebot wurde nun auch überlagert von politischen Debatten, gab es im Verein doch Anhänger der Nationalsozialisten, der Sozialdemokraten und der Kommunisten. Von Braun sagte später, nach dem Krieg, das politische Moment sei für ihn belanglos gewesen, der moralische Aspekt des Baus von Raketen für militärische Zwecke in den Debatten im Verein nie angesprochen worden. Andere Teilnehmer konnten sich sehr wohl an solche Diskussionen erinnern.

Ab Herbst 1932 stand Wernher von Braun in einem Vertragsverhältnis zum Heereswaffenamt. Nur er. Das letzte halbe Jahr der Weimarer Republik hatte begonnen. Von Brauns Raketenversuche im Rahmen seiner Dissertation, die er nun begann, fanden in Kummersdorf statt. Hin und wieder schaute er noch bei seinem Verein vorbei. Nebel hatte ihn inzwischen in den Vorstand bugsiert, was manchen Mitgliedern angesichts seines jugendlichen Alters wenig schmeckte. Offenbar setzte Nebel darauf, dass auch der VfR von Wernhers neuen Beziehungen profitieren könnte, womöglich auch weitere Vereinsmitglieder in ein formelles Verhältnis zum HWA treten könnten. Unproblematisch war dies nicht, hatte das Amt Wernher von Braun doch klipp und klar zu verstehen gegeben, er sei nun zum Geheimnisträger aufgestiegen.

In einigen Fällen hätte es durchaus delikat werden können, wären weitere Vereinsmitglieder ins HWA eingestiegen. Zumindest von einem – Rolf Engel, einem Freund von Brauns, der später allerdings schlecht auf Wernher zu sprechen war – wurde nach der Wende in Moskau bekannt, dass er den sowjetischen Geheimdienst damals auf dem Laufenden gehalten hatte mit einem Bericht über die deutsche Raketenforschung. Zur selben Zeit reifte in Moskau bereits jener Gegenspieler heran, der später, als nach dem Krieg der Wettlauf zum Mond gestartet war, der große Unbekannte hinter den Kulissen sein sollte: Sergej Koroljow.

Treffer »auf dem falschen Planeten«

Die herrschaftlichen Zeiten, die der Ort sichtlich einmal erleben durfte, sind Jahrzehnte vorbei. Noch nimmt das stolze Backsteingebäude in der Heidelandschaft etwa 40 Kilometer südlich von Berlin seinen vollen Raum ein, aber die Natur holt sich das Areal zurück, Stein für Stein. Das Laub, das an diesem goldenen Spätherbsttag auf die acht Stufen aus rotem Ziegel herabrieselt, die zwischen gemauerten Brüstungen zur Vorterrasse führen, kommt vom Dach herunter. Es löst sich von den Zweigen der hohen Birken, die dort schon vor vielen Jahren Wurzeln schlugen. Von oben fallen die Blätter zwischen den Zinnen herunter, mit denen die wilhelminischen Baumeister das Dach einst schmückten. Unter den schlanken Kiefern in der menschenfernen Heide herrscht Stille. Das Gekrächze der Wildgänse, die am klaren Himmel ihrem Winterquartier entgegenziehen, ist der einzige Laut. Eine Szene ganz zur Wonne romantischer Gemüter. Niemand hat hier heute noch etwas zu suchen, auf den acht Treppenstufen, die hinaufführen zur Terrasse und gleich dahinter hinein in die Ruinen eines einstigen Ballsaales.

Es gibt ein Schwarz-Weiß-Foto, das an derselben Stelle vor gut einem dreiviertel Jahrhundert aufgenommen wurde. Es findet sich in mehreren Büchern abgedruckt. Wer die Abbildung zu diesem Ort mitnimmt, kann die Verlassenheit heute überblenden mit einer bizarren Gesellschaft, die an jenem Frühjahrstag 1934 die Backsteintreppe bevölkerte; 40 Männer, die meisten in Uniform und mit ernster Miene. Vorne, noch vor der ersten Stufe und genau in der Mitte: Adolf Hitler, die Offiziersmütze so tief ins Gesicht gezogen, dass er kaum geradeaus schauen konnte, die Hände in den Taschen seines Ledermantels versenkt. Auf der ersten Stufe, unmittelbar hinter Hitler, sein Stellvertreter Rudolf Heß und dessen rechte Hand Martin Bormann. Ganz oben, unscheinbar unmittelbar vor dem Eingang in den Salon, als einer der ganz wenigen Anwesenden ohne Uniform, der wohl Jüngste auf der Treppe: Wernher von Braun.

Der rote Ziegelbau ist das Offizierskasino auf dem weitläufigen Heeresversuchsgelände Kummersdorf – heute eine Ruine, damals Schauplatz jenes hohen Besuchs. Rundum im Wald stehen über viele Quadratkilometer verstreut und halb zugewachsen massive, meterdicke Überreste von Betonbunkern als stumme Zeugen dafür, dass man hier einst mit großen Kalibern experimentierte. Das Foto auf der Treppe des Offizierskasinos – aufgenommen wohl nach dem Mittagessen – ist eines der vielen Bilder, welches die Diskussion der Historiker in der Streitfrage untermalen, inwieweit Wernher von Braun seit den Anfangsjahren in den Nationalsozialismus verstrickt war.

Eineinhalb Jahre waren da vergangen, seit sich Wernher von Braun in die Hände der Reichswehr begeben hatte. Am 1. November 1932 hatte er offiziell seinen Dienst im Heereswaffenamt angetreten, als Raketeningenieur, drei Monate vor Hitlers Machtergreifung. Sein Monatslohn: etwa 350 Reichsmark. Gewiss, Becker, Dornberger und andere Herren des Heereswaffenamtes waren auf den Verein für Raumschifffahrt zugegangen, hatten bei Wernher von Braun und den anderen Enthusiasten des Raketenschießplatzes in Berlin-Tegel um eine Zusammenarbeit geworben. Doch nach dem monatelangen Hin und Her, nach allem Abtasten, nach all den Diskussionen war es Wernher von Braun selbst gewesen, der bei Becker vorstellig wurde, um die Zusammenarbeit auszuloten – letztlich bewarb er sich selbst.

Hat sich der 20-Jährige damit auf moralische Abwege begeben? Man müsste sich wohl auf den Standpunkt eines konsequenten Pazifisten begeben, um moralische Vorwürfe erheben zu können, allein eine solch rigorose Ablehnung alles Militärischen könnte diese Haltung rechtfertigen. Rückblickend erfolgte der Eintritt in den militärischen Dienst am Vorabend des Faschismus, der dunkelsten Zeit der deutschen Geschichte, in der später die zur Wehrmacht umbenannte Reichswehr zum entscheidenden Instrument von Hitlers Politik werden sollte. Doch was Deutschland und Europa in den nächsten zwölf Jahren blühen sollte, davon ahnte Ende 1932 noch niemand etwas. Und drei Monate später, bei der Machtergreifung, wohl ebenfalls nicht.

Der Spross der deutschnational eingestellten Junkerfamilie jedenfalls sah in der Zusammenarbeit mit dem deutschen Militär – gedemütigt durch den Vertrag von Versailles – nichts Verwerfliches. Was ihn auch immer dazu motiviert haben könnte: Der frisch diplomierte Flugzeugingenieur dürfte die Schlüsselrolle erkannt haben, welche die Rüstung in der Entwicklung der Luftfahrt spielen sollte. Ohne die Forschung im Dienste der Kriegsministerien in vielen Ländern würden jetzt, 1932, wohl noch immer stoffbespannte Holzgestelle durch die Lüfte schweben wie zu Zeiten der Brüder Wright.

Mit Enthusiasmus allein kommt niemand zum Mond. Das war Wernher von Braun nach zwei Jahren im Verein für Raumschifffahrt klar. Viel mehr als Kinderspielzeug für Erwachsene konnte nicht herauskommen in Tegel. Für die Forschung und Entwicklung von Raketenlenkung, von Kreiselstabilisatoren, Hilfsantrieben und Abschaltmechanismen für die Treibstoffpumpen, von Servomotoren für die Steuerung, Strahlrudern und anderen betriebswichtigen Instrumenten zeichnete sich mit den mageren Spenden und den kargen Eintrittsgeldern für Raketenstarts keinerlei realistische Perspektive ab. Genau in dem Moment bot sich das Heereswaffenamt an, gewissermaßen als Deus ex Machina.

Die unermesslichen technischen und wissenschaftlichen Möglichkeiten des HWA waren dem jungen Luftfahrtingenieur schnell deutlich. Es ging nicht nur um Geld. Die Perspektive, die sich ihm, dem Unbekümmerten, dort auftat, wurde umso attraktiver, als zu der Zeit ein Lehrstuhl, Institut oder gar eine Fakultät für Raumfahrttechnologie noch in den Sternen stand, bis weit in die Zeit nach dem Zweiten Weltkrieg hinein. Auch dem alerten und eloquenten Wernher von Braun, der mit seinen Vorträgen in Tegel

Hoher Besuch im Heeresversuchsgelände Kummersdorf im Frühjahr 1934:
auf der Treppe zum Offizierskasino Adolf Hitler (unten, zweiter von links) und,
als einer von zwei Zivilisten, zweitoberste Reihe, Mitte: Wernher von Braun

und anderswo über die Perspektiven der Raumschifffahrt so viel Begeisterung wecken konnte, war es nicht entgangen, dass Raketenpioniere wie Oberth, Ziolkowski und Goddard von den Meistern der herrschenden Lehre als hilflose Träumer angesehen wurden. Jetzt aber kamen Becker und Dornberger mit der ganzen Wucht ihres Amtes, des deutschen Militärs, und machten ihn, den berufsunerfahrenen 20-jährigen Wernher von Braun auf einmal zum Leiter einer neu eingerichteten Versuchsstelle für Flüssigkeitsraketen.

»Das war schon faustisch«, sagt sein Neffe Christoph heute, »man kann sagen, dass er seine Seele an das Böse verkaufte. Aber das kam wohl nicht an ihn heran, er sah sich selbst als Nutznießer des Heeres und nicht umgekehrt.«

DER GEHEIMNISTRÄGER UND SEINE ALTEN FREUNDE

Gegen Jahresende 1932 besuchte er noch einmal den Raketenschießplatz in Tegel, wohl in aller Freundschaft und aus Zuneigung zu seiner gewohnten Umgebung. Seinen alten Freunden gegenüber klagte er, das Heer sei allzu ignorant und habe ihn anfangs noch mit Feststoffraketen experimentieren lassen, die es nie zum Mond schaffen würden. Er plauderte aber auch darüber, dass selbst diese Raketen immerhin eine Weite von knapp 30 Kilometern erreichten, und auch über manch anderes Detail – bis ihm ganz plötzlich bewusst wurde, dass er all dies gar nicht hätte erzählen dürfen. Er hatte ein anderes Leben begonnen, das mit seinem alten nicht mehr vereinbar war. Er war militärischer Geheimnisträger. Er verstummte. Es war sein letzter Besuch in Tegel.

Bald darauf schon hatte er in Kummersdorf sein Labor für Flüssigkeitsraketen, einen U-förmigen Teststand aus dickem Stahlbeton im eigens neu erschlossenen Testgelände West. Durch winzige Panzerglasscheiben gestatteten die Betonwände den Blick auf die vor scheinbar überirdischer Kraft strotzenden Raketenmotoren. Die höllischen hervorquellenden Abgase mussten mit kräftigen

Ventilatoren abgesaugt werden, damit man überhaupt Messbares beobachten konnte, die Rolldächer mussten jedes Mal geöffnet werden, um den Druck entweichen zu lassen.

Anfangs nur mit einem Mechaniker als Hilfskraft zur Seite, legte Wernher von Braun bereits im Frühjahr 1933 einen allseits unerwartet erfolgreichen Versuch hin. Aus dem Stand hatte er in wenigen Wochen ein neu entwickeltes Aggregat zum Einsatz gebracht. Indirekt war dies auch der erste Triumph für den Altmeister Hermann Oberth. Von Braun hatte den Raketenmotor nach den Berechnungen aus dessen *Die Rakete zu den Planetenräumen* konstruiert, die dabei erstmals in die Praxis umgesetzt worden waren. Sechzig Sekunden brannte der wassergekühlte Motor mit einer Schubkraft von 120 bis 140 Kilogramm – ein Ergebnis, das ihm bei Becker, Schumann und Dornberger gehörigen Respekt einbrachte. Prahlen konnte von Braun damit bei seinen Freunden jedoch nicht mehr, er stand unter militärischer Kuratel.

Einer erfuhr dennoch vom ersten Durchbruch des Flüssigkeitsprinzips: der »Führer«. Am 21. September 1933 stattete er Kummersdorf wohl auch deshalb einen ersten Besuch ab. Es war noch nicht jener Tag, an dem er sich gemeinsam mit von Braun auf der Treppe des Offizierskasinos fotografieren ließ, allerdings begegnete man sich an diesem Tag das erste Mal, noch ohne direkt miteinander zu sprechen. Es gibt widersprüchliche, Jahrzehnte später gefallene Äußerungen von Brauns über seine ersten Eindrücke von Hitler. Er gestand ein, vom Kult um den »Führer« beeindruckt gewesen zu sein, insbesondere in den Anfangsjahren. Er erwähnte aber auch sein »schlampiges Äußeres«, eine für das nationalkonservative Bürgertum und den Adel damals nicht untypische Einschätzung. In diesen Kreisen galten die Nazis oftmals als Pöbel, als primitiv, und man sah sie als nützliche Idioten, die man für die eigene Sache einspannen und anschließend loswerden konnte. Nützlich waren sie, so dürfte es von Braun gesehen haben, jedenfalls für seine eigene persönliche Sache, die Mondfahrt. Umso mehr, als er nach dem Treffen hörte, dass Hitler das Budget für die Raketenforschung nun deutlich erhöhen ließ. Gelder sollten fließen, die dem 21-Jährigen die eigenen Träume von der Raumfahrt realistischer werden ließen.

Von Braun durfte nun die Zuarbeit von Metallurgen, Schweißexperten, Armaturenbauern, Pyrotechnikern, Ventilfabrikanten und vielen anderen Experten anfordern und konnte so einen nennenswerten Apparat um sich aufbauen. Auch griff die Reichswehr nun doch auf die Expertise mancher alter Kameraden vom Raketenschießplatz in Tegel zurück.

Der nächste große Erfolg ließ zwar noch ein gutes Jahr auf sich warten, war dann aber umso durchschlagender: der perfekte Start der flüssigkeitsgetriebenen Zwillingsraketen *Max* und *Moritz* am 19. und 20. Dezember 1934. Es waren von Brauns erste Raketen, die eine Höhe von zwei Kilometern erreichten, abgeschossen von Borkum. Auf die Nordseeinsel war man ausgewichen, weil man nun auch noch befürchtete, dass selbst Kummersdorf nicht genug Geheimhaltung für einen solchen Start gewährleisten könne.

Von Braun war begeistert. Fast kindlich schwärmte er später: »Die beiden waren mein eigenes Werk. Ich habe sie selbst konstruiert, jede ihrer Schrauben am Zeichenbrett entworfen, den Druckregler konzipiert – kurz und gut, ich habe sie von A bis Z zusammengebastelt.« Wernher war im Raketenrausch. War es doch für ihn zudem ein Triumph fast an alter Stätte, Borkum war in der Kette der Ostfriesischen Inseln wenn auch ein etwas entfernter, so doch immerhin ein Nachbar von Spiekeroog, wo er es so glänzend vermocht hatte, Schulleitung und Mitschüler von der Faszination des Weltraums zu überzeugen. Wieder war er dem All ein Stück näher gekommen.

Die politischen Verwerfungen rings um von Braun schienen ihn nicht zu interessieren. Reichstagsbrand, Bücherverbrennnung, Röhm-Putsch – alles ließ er, der flotte Sohn eines Ministers der Weimarer Republik, an sich abprallen. Es wäre nicht abwegig, ihn als unpolitischen Menschen zu bezeichnen. Seinen Eltern waren die Ereignisse um den sogenannten Röhm-Putsch und die mörderischen Begleiterscheinungen immerhin Anlass genug, die Hauptstadt zu verlassen und sich auf das jüngst erworbene

Gut Oberwiesenthal bei Löwenberg in Schlesien zurückzuziehen.

Wernher von Braun aber schraubte sich von Erfolg zu Erfolg höher, näher heran an sein Ziel am Himmel. Wieder gab es mehr Geld von der Reichswehr. Nun musste er völlig neue Lebenserfahrungen sammeln. Er, seine Person, seine Fähigkeiten und seine inzwischen auf etwa 80 Personen angewachsene Mitarbeiterschar weckten Begehrlichkeiten bei zahlungskräftigen und mächtigen Instanzen aus anderen Bereichen der Reichswehr, aus der Rüstungsindustrie und später dann auch aus der SS. Ganz abgesehen von den Avancen junger Frauen, die in sein Leben traten. Wernher von Braun war ein gefragter Mann.

Zunächst war da die Luftwaffe, die von der NS-Führung und ihren Kriegsstrategen wie dem zuständigen Minister Hermann Göring gehätschelt wurde wie keine andere Waffengattung. Das zahlte sich nicht nur in finanziellen Zuwendungen aus. Neuerungen ließen sich dort auch deshalb schneller durchsetzen, weil in der Luftwaffe weniger Bürokraten im Spiel waren als im Heer und in der Marine. Görings Leitungsetage erkannte schnell, welche Chancen die neuen Flüssigkeitsraketenmotoren auch für Flugzeuge bieten könnten. Die notorische Unterlegenheit gegenüber der britischen Konkurrenz im Hinblick auf die Geschwindigkeit der deutschen Jagdflieger wäre mit Strahlantrieb auf einen Schlag zu überwinden.

Im Januar 1935 kam Wolfram von Richthofen, ein Neffe des Fliegerasses und »Roten Barons« aus dem Ersten Weltkrieg, Manfred von Richthofen, nach Kummersdorf, um Wernher von Braun zu besuchen. Der Entwicklungschef aus Görings Reichsluftfahrtministerium wollte eine Zusammenarbeit mit den Raketenexperten des Heeres ausloten. Und von Braun womöglich zu sich herüberholen? Unter der Hand jedenfalls winkte von Richthofen, von Freiherr zu Freiherr gewissermaßen, mit einem Etat von 5 Millionen Reichsmark zum Aufbau entsprechender Versuchseinrichtungen. Wernhers Budget betrug bis dahin nie mehr als 80 000 Mark. Eine Woche später kam der Flugzeugkonstrukteur

Ernst Heinkel aus Rostock mit großer Mannschaft zu von Braun, um den Einbau eines Raketenantriebs in eines seiner Flugzeuge vorzubereiten.

Wernher von Brauns Chef Karl Becker tobte. In der Tat war von Richthofens Vorstoß, aus der Luftwaffe heraus im Personalstand der Entwicklungsabteilung des Heeres zu wildern, ungewöhnlich. Von Braun erfuhr bei dieser Gelegenheit zum ersten Mal, welches Konkurrenzdenken zwischen Luftwaffe, Heer und Marine herrschte – eine Bewandtnis, die nicht nur im Deutschen Reich galt. Später, in den 50er-Jahren, während seiner Tätigkeit in den USA, wird ihn dieser Dreikampf viele Jahre kosten, in denen er auf seinem Weg ins All regelrecht in den Startlöchern festgehalten wurde.

Im Jahr 1935 sollte dem Raketeningenieur die Konkurrenz nicht zum Nachteil gereichen, ganz im Gegenteil.

»Das sieht den Emporkömmlingen von der Luftwaffe ähnlich!«, gibt Erik Bergaust von Brauns Erinnerung an die Reaktion Beckers wieder, als der von den Avancen von Richthofens hörte. »Aber sie werden sehen, dass sie im Raketengeschäft nur die zweite Geige spielen.« Und dann sagte er auch noch: »Ich werde Richthofens fünf Millionen meine sechs Millionen entgegensetzen.«

Von Braun war aus dem Häuschen. Unversehens profitierte er davon, dass alle drei Waffengattungen in den Zeiten der Kriegsvorbereitung mit fantastischen Mitteln ausgestattet wurden. Dabei war es längst nicht ausgemacht, dass von Braun gewechselt hätte. Der junge Adelsmann wollte Raketen bauen. Und jetzt verfügte er – im Alter von 23 Jahren – über einen Etat von 6 Millionen Reichsmark für seine Raketenforschung.

So konnte es weitergehen, dachte sich Wernher von Braun, allerdings nicht in Kummersdorf. Zwar war das Gelände des traditionsreichen Schießplatzes gut geeignet für Raketenteststände – weitläufig, bewaldet und uneinsehbar. Doch von Kummersdorf aus konnte er – abgesehen von »Minimumsraketen« – keine anderen Raketen starten. Ein solches Unterfangen wäre in dem bewohnten Gebiet zu unsicher gewesen. Und auch die Geheimhaltung wäre schwierig geworden. Das Heereswaffenamt suchte einen neuen, zweckmäßigeren Standort. Von Braun war es, der – aufgrund der Entenjagd seines Großvaters – Peenemünde ins Spiel brachte. Vier Wochen später stand in der Nähe des kleinen Küstenorts eine Baracke mit einem Ingenieurbüro, in dem ab sofort aus nunmehr reichhaltigem Etat an dem Projekt »Raketenstartplatz« gearbeitet wurde. Und dieser wuchs schnell heran. Nach zwei Jahren, im April 1937, zog schließlich der größte Teil der Raketenforschung um nach Peenemünde, die gesamte Abteilung des inzwischen 25-jährigen von Braun. Wernher hatte inzwischen mit der Auszeichnung »summa cum laude« promoviert. Der unverfängliche Titel seiner Doktorarbeit lautete »Brennversuche« und unterlag der militärischen Geheimhaltung.

Geld war nun kein Thema mehr, sodass er dann doch bald manchen Enthusiasten vom alten Raketenschießplatz Tegel zu seinem neuen Standort holen konnte. Alles im Land, was Interesse an Raketen hatte, an technischen Lösungen interessiert war und zu den Bedingungen des Militärs zu arbeiten bereit war, fand sich letztlich in Peenemünde ein. Wernher von Braun arrangierte sich, im November stellte er einen Mitgliedsantrag für die NSDAP, wurde angenommen und bekam die Mitgliedsnummer 5738692. Später, nach seiner Übersiedlung in die USA, wo er trotz aller Willkommensbekundungen nach seiner Stellung im Dritten Reich befragt wurde, sagte er dazu im Jahr 1947, er sei offiziell zum Beitritt aufgefordert worden.

»Meine Weigerung hätte bedeutet, dass ich mein Lebenswerk aufgeben müsste. Ich beschloss deshalb einzutreten.« Im Übrigen habe seine Parteimitgliedschaft zu keinerlei politischen Aktivitäten geführt. Solche sind Historikern auch nicht bekannt.

Die Raketentests verliefen vielversprechend. Von Braun hatte inzwischen eine ganze Serie von Raketenaggregaten mit steigender Leistung konstruiert. Auch bekam er die Stabilisierung im Flugverhalten und die Steuerung immer besser in den Griff. Inzwischen war man bei der laufenden Typennummer A5 angelangt, die eine Schubkraft von eineinhalb Tonnen leistete. Die A4, die aussichtsreichste Variante, die später in die V2 münden sollte, war allerdings noch nicht serienreif. In dieser Situation schaffte es Karl Becker, inzwischen Chef des Heereswaffenamtes und damit auch oberster Dienstherr des Testgeländes von Peenemünde, Hitler zum erneuten Besuch eines Testlaufs eines der Raketentriebwerke zu gewinnen. Die Peenemünder erhofften sich Anerkennung – und noch mehr Geld. Wieder verabredete man sich in Kummersdorf, was näher an Berlin lag und wo die meisten Raketenmotoren auch immer noch Probe liefen, während sie in Peenemünde vor allem abgeschossen wurden.

VON BRAUNS FÜHRUNG FÜR DEN »FÜHRER«

Hitler kam am 23. März 1939, an jenem Tag wurde Wernher von Braun 27 Jahre alt. Falls er dies als Geburtstagsgeschenk angesehen haben sollte, wurde es ihm schon im Vorfeld vergällt: Generalmajor Walter Dornberger, militärischer Kommandeur von Peenemünde und inzwischen fast sein väterlicher Freund, machte ihm vor Hitlers Ankunft unmissverständlich klar, er solle auf keinen Fall sein heimliches Lieblingsthema Raumfahrt und den Mond ansprechen. Es gehe darum, so führte er ihm deutlich vor Augen, Gelder für die weiteren Forschungen an Raketen vom »Führer« bewilligt zu bekommen. Falls beim »Führer« der Verdacht aufkomme, er investiere hier nicht in militärische Zwecke, sondern in den Mondfahrt-Spleen eines adligen jungen Mannes, so könnte es für alle Beteiligten schnell unangenehm werden.

»Der junge Ingenieur ist sicher gern zu allen technischen Auskünften bereit.«

Mit diesen Worten führte Dornberger die beiden zusammen. Von Braun geleitete den Besuch zu den Testständen, die man hier eigens für den Forscher gebaut hatte, als er vom Tegeler Verein nach Kummersdorf gewechselt war. Beobachter des Rundgangs seien erstaunt gewesen, berichtet Bergaust, weil Hitler sich offenbar so nah wie niemand sonst an die auf Höchstleistung laufenden

Aggregate heranwagte, sodass ihm eigentlich das Trommelfell hätte Schmerzen bereiten müssen. Und weil er sich dennoch – zum Kummer der anwesenden Peenemünder Führung – bis auf ein paar gelangweilte Fragen zu keiner Begeisterung über die kraftstrotzenden Motoren hinreißen lassen wollte. Hitler wirkte geradezu abwesend.

Jeden anderen Besucher hätte von Braun wohl zwischen den Betonwänden der Versuchsbunker stehen lassen und wäre anschließend in sein Labor in Peenemünde zurückgekehrt. Doch er blieb geduldig, auch als klar wurde, dass der »Führer« trotz mehrfacher langer Ausführungen nicht bereit oder in der Lage war, einen entscheidenden Unterschied zur Kenntnis zu nehmen: zwischen den ihm bekannten, granatenähnlichen Feststoffgeschossen und den Flüssigkeitsantrieben, die Lenkbewegungen erlaubten.

»Ich musste annehmen, dass meine Erklärungen bei einem Ohr hinein und beim anderen wieder hinausgegangen waren«, erzählte von Braun nach dem Krieg. In der Situation habe er fast die Befürchtung gehabt, Hitler lächerlich zu machen, als er ihm, dem »Größten Feldherrn aller Zeiten«, die simpelsten Dinge der Raketentechnik immer wieder von Neuem erläuterte.

Nach den Vorführungen ging es in die Halle des Offizierskasinos zum Mittagessen, wo Hitler sich zu seinem wohl kräftigsten Spruch an diesem Tage hinreißen ließ. »Es war doch gewaltig«, raunte er der Tischgesellschaft zu. Und dann gab es eine fast brenzlige Situation, die von Braun innerlich zu schaffen machte. Als man etwas schwerfällig ins Plaudern geraten war, sprach Hitler das Thema Raumfahrt selbst an. Er gab zum Besten, dass er in München den Raketenexperten Max Valier kennengelernt habe, der ihm etwas von Raumschiffen erzählt habe. Doch ihn halte er für einen Fantasten. Wernher von Braun war stark in Versuchung, Hitler nun auch noch eine Einführung in die Möglichkeiten bemannter Raumfahrt, seinem Faible, zu geben. Doch als er auch nur Luft holte, ahnte Dornberger das Vorhaben wohl, sah seinem Chefingenieur über den Tisch hinweg tief in die Augen, sodass dieser den Gedanken sofort vergaß. Als Hitler nach dem Essen die kurze Ziegeltreppe des Kasinos hinabging, um in seine gepanzerte Limousine zu steigen, grämte sich von Braun. So eine Chance – Hitler selbst hatte die Raumfahrt angesprochen – würde so schnell nicht wiederkommen. Dornberger tröstete ihn, für zivile Langstreckenraketen gebe es derzeit einfach keine Chance. Und von Braun musste einsehen, dass er in Kummersdorf und Peenemünde technisch bisher zwar denkbar große Sprünge hatte vollziehen dürfen, die aber gingen eben nicht in Richtung Mond.

Für Hitler war nicht nur die Raumfahrt Fantasterei, auch die Rakete als Waffe war vorerst Zukunftsmusik. Weder in Peenemünde noch in Kummersdorf konnten ihm die Experten serienreife Systeme vorführen, und in einem halben Jahr würde er den Krieg vom Zaun brechen – mit konventioneller Kriegstechnik, etwas anderes stand ihm nicht zur Verfügung. Dornberger registrierte, dass man Hitler für die eigene Arbeit nur mit militärischen Visionen bei Laune halten konnte, doch selbst dies scheiterte. Ganz unerwartet kam es für ihn deshalb nicht, dass im Frühjahr 1940, als sich der Weltkrieg ausweitete, die Raketentechnik aus der höchsten Dringlichkeitsstufe der Rüstungspolitik gestrichen wurde.

Seit 1937 lebte Wernher von Braun in Zinnowitz an der Ostsee, einem der mondänen Badeorte auf Usedom, die zur Kaiserzeit ihren Glanz bekommen hatten. Von Braun war viel unterwegs, nicht nur auf dem weitläufigen Gelände zwischen den Testständen und Raketenstartplätzen, auch im ganzen Land, um etwa mit Zulieferfirmen Details abzustimmen. Dafür stand ihm ein eigenes Flugzeug zur Verfügung, eine Messerschmitt Taifun, eine damals hochmoderne Maschine, die er selbst flog. Im Alter von 20 Jahren hatte er den Pilotenschein gemacht. Wenn er zwischendurch Zeit hatte, setzte er die Segel seines Bootes und kreuzte durch den Greifswalder Bodden, gab seinem Pferd am Strand die Sporen oder ließ sich in den Tanzlokalen von Zinnowitz blicken. Hier und da ließ er sich auf kurze Affären ein, spielte seine jugendliche Unbekümmertheit und seinen Charme aus, unterfüttert vom selbstsicheren Gefühl, als Mittzwanziger der Chef einer Technikertruppe zu sein, deren Kopfstärke sich in Hunderterschritten vergrößerte. Darunter befand sich auch eine zunehmende Anzahl gut ausgebildeter Akademiker. Dorette Schlidt, von Brauns Sekretärin, die ihn nach dem Krieg nach Amerika begleitete und heute als eine der letzten Überlebenden aus Peenemünde in Huntsville, der Hauptstadt Alabamas, lebt, wo von Braun in den 60er-Jahren die Mondrakete baute, schwärmte noch vor wenigen Jahren von ihrem Chef der 30er-Jahre:

»Er hatte eine Ausstrahlung, eine äußere Erscheinung wie ein griechischer Gott.« Und wer, wenn nicht er, war damals in der Lage, darüber nachzudenken, wie man die Sterne vom Himmel herunterholt? Wer hätte beim abendlichen Blick auf den Mond realistischere Fantasien einsetzen können? Ob er so etwas tat, werden wir nie erfahren.

DIE SS STAND VOR DER TÜR

Nicht nur Verehrerinnen bedrängten ihn, auch die finstersten Mächte jener finsteren Zeiten. Im Frühjahr 1940 tauchte SS-Standartenführer Müller aus der Nachbarstadt Greifswald im Peenemünder Büro von Wernher von Braun auf. Der Reichsführer der SS, Heinrich Himmler, so sagte Müller, habe ihn geschickt und fordere ihn, von Braun, auf, in die SS einzutreten. Letzterer wich zunächst aus, er habe für so etwas keine Zeit, doch Müller ließ nicht locker. Die SS werde ihn schon keine Zeit kosten. Und im Übrigen: Es sei Himmlers klarer Wunsch, dass er der Einladung nachkomme.

So berichtete Wernher von Braun 1947 nach seiner Übersiedlung in die USA dem dortigen Kriegsministerium. Weiter gab er zu Protokoll, er habe sich mit Dornberger darüber beraten, wobei der ihm erzählt habe, die SS habe schon länger versucht, »die Finger in den Teig zu bekommen«. Auch dieses Mal, wie schon bei der Parteimitgliedschaft, war Dornbergers eindeutiger Rat: Wenn er die gemeinsame Arbeit fortsetzen wolle, gebe es zum Beitritt keine

Alternative. Immerhin, so viel sagte Dornberger auch: »Beitreten ist sehr schlecht. Aber ablehnen ist noch schlechter.«

Zwei Mahnbriefe kamen von Müller noch, dann unterschrieb von Braun seine Beitrittserklärung. Im Mai 1940 war er SS-Mann. Hinzuzufügen ist, dass von Braun schon einmal Mitglied war, und zwar als er zwischen Herbst 1933 und Sommer 1934 der studentischen Reiterschule der SS in Berlin-Halensee angehörte.

Himmler forderte die Mitgliedschaft von Brauns allerdings weniger wegen dessen »arischen« Augen; wie ein Krake versuchte die SS vielmehr, auch die Entwicklung und Produktion von Hitlers Geheimwaffen in ihren Griff zu bekommen. Dazu war die Mitgliedschaft von Brauns durchaus dienlich. Später, als Himmler am 28. Juni 1943 nach Peenemünde zu Besuch kam, band er den Freiherrn noch stärker an sich, indem er ihn zum Sturmbannführer seiner Organisation beförderte – ausgerechnet nach dem katastrophalen Fehlstart einer Rakete, dem er beiwohnte. Der Raketeningenieur stand unter Himmlers Weisung, so sah es der SS-Führer jedenfalls, auch wenn er in Peenemünde nicht von Brauns Vorgesetzter war. Während Himmlers Besuch entstand die einzige Fotografie, die den führenden Raketeningenieur in seiner SS-Uniform zeigt. Durch von Brauns Mitgliedschaft hatte die SS nun auch weitergehenden Zugriff auf seine Person. Zum Beispiel als er – ebenfalls im Sommer 1943 – drauf und dran war, eine Berliner Sportlehrerin zu heiraten und die SS deshalb sein Leben und vor allem das seiner Braut intensiv durchleuchten durfte. Die Affäre von Brauns, die einzige, die bis kurz vor eine geplante Hochzeit gelangte, war dann allerdings schnell beendet. Der Grund dafür ist unbekannt.

Den Fuß in die Peenemünder Tür bekam die SS dadurch, dass sie im Frühjahr 1943 bereits Arbeitskräfte für die Raketenproduktion zur Verfügung stellte, zunächst vor allem Kriegsgefangene, später KZ-Häftlinge, viele »Fremdarbeiter«. Sie traten in Peenemünde an die Stelle der Deutschen, die nun sogar aus der Rüstungsproduktion herausgenommen und an die Front geschickt wurden. Zu Jahresbeginn 1943 hatte sich das Glück von Hitlers Armeen endgültig verabschiedet, in Stalingrad war die sechste Armee eingekesselt und vernichtet worden. Der Kriegsverlauf hatte die Gegenrichtung eingeschlagen. Nun war Hitler auch Wunderwaffen gegenüber aufgeschlossen. Die verzweifelte Lage des Reichs hatte die Chancen der Raketen verbessert, weitere Mittel, weitere Zuwendungen zu erhalten, ihr Entwicklung genoss fortan höchste Priorität, nun sollte er kommen, der Durchbruch. Auf einmal bestand die Aussicht auf eine umfassende technische Erforschung der Raketen – jetzt wollten Dornberger und von Braun es wissen, das war ihre »Chance«. Doch damit traten sie nun auch ein in die finstersten und meistumstrittenen Jahre ihres Lebens.

Im Frühjahr 1942 waren die ersten Startversuche mit der A4 erfolgt, jener Rakete, die später als die von Joseph Goebbels so genannte Vergeltungswaffe V2 in die Geschichte einging. Bei einem besonders erfolgreichen Start am 3. Oktober, als die Rakete nach einer Brenndauer von fast einer Minute die dreifache Schallgeschwindigkeit erreichte, 190 Kilometer weit flog und mit einer Gipfelhöhe von weit über 80 Kilometern am Weltall kratzte, vergaß selbst General Walter Dornberger seinen Auftrag und dachte begeistert in anderen Dimensionen: »Sind Sie sich klar darüber, was wir heute vollbracht haben?«, fragte er anschließend jubelnd in die Runde der zufriedenen Ingenieure. »Heute wurde das Raumschiff geboren.« Insgesamt neun Prototypen hoben im ersten Jahr mehr oder weniger erfolgreich ab, gut 30 gingen im Jahr 1943 in den Himmel.

Endgültig vermochten es Dornberger und von Braun, sich Hitlers Förderung ihrer Raketen zu sichern, als sie auf ihre eigene Bitte hin im Juli 1943 mit einem Farbfilm jenes Starts vom 3. Oktober 1942 ins Führerhauptquartier bei Rastenburg, in die »Wolfsschanze« geladen wurden. Hitler verfolgte die Vorführung still – und war danach begeistert, fast entfesselt. Schauspielerisch, mit ausladenden Handbewegungen und imitierten Explosionsgeräuschen wie aus Kindesmund schoss er in der Kinobaracke Dutzende von Raketen ab und stellte unversehens Forderungen. Von der Waffe, die noch in der Testphase war und für deren Massenproduktion noch keinerlei Logistik bestand, sollten ab sofort 2000 Stück pro Monat hergestellt werden, und die Nutzlast – sprich die Sprengwirkung am Einschlagsort – müsse augenblicklich verdoppelt, verdreifacht werden. Führerbefehl. »Ich will vernichtende Wirkung!«, rief Hitler in den Vorführraum.

Später, in Amerika, gestand von Braun ganz offen den enormen Eindruck ein, den Hitler bei diesem Treffen auf ihn gemacht habe, sprach von einer »Brillanz« des Diktators, von seiner »Persönlichkeit«: »Man konnte sich ihr nicht entziehen.«

Unheimlich indes seien »seine dunklen Seiten« gewesen, die sich unter seiner Fassade abzeichneten. »Er war skrupellos, ein Mensch ohne Gott.«

Und dann hatte der »Führer« noch eine Frage. Die unglaublich hohe Aufschlagsgeschwindigkeit am Ziel, von der von Braun gerade bei der Vorführung des Films geschwärmt hatte, gab Hitler zu denken. Da brauche sie doch einen überaus empfindlichen Zünder, damit der Sprengkopf wirklich exakt beim Aufprall explodiere.

»Sonst bohrt sie sich doch nur tief in die Erde«, bemerkte der »Führer«, »und die Explosion wirbelt lediglich Dreck auf.«

Von Braun wurde bewusst: Daran hatte er schlechterdings noch gar nicht gedacht – etwa weil die Rakete seiner Träume gar keine Sprengsätze, keine Zünder brauchen würde, sondern Module für die Mondlandung, Versorgungseinheiten für die Besatzung? Tatsache ist, von Braun ließ umgehend eine Studie zu dem von Hitler aufgeworfenen Einwand anfertigen.

»Ich fresse einen Besen, wenn er nicht recht gehabt haben sollte«, entfuhr es ihm. »Auf der Grundlage von Hitlers Idee wurde ein neues Zündsystem entwickelt, ohne das die V2 nicht sehr effektiv gewesen wäre«, sagte von Braun später. »Hitler mag ein schlechter Mensch gewesen sein, aber dumm war er ganz sicher nicht.«

Dornberger und von Braun erzielten mit der Präsentation ihres Filmes bei Hitler den erwünschten Erfolg. Die Kehrseite: Der Diktator, einmal entflammt von der V2, legte mit seinen Planvorgaben für die Massenproduktion von V2-Raketen postwendend eine Unersättlichkeit an den Tag, welche die beiden Peenemünder und die inzwischen mehreren Tausend Techniker gehörig unter Druck setzten. Noch standen ja überhaupt keine Einrichtungen für eine Massenfertigung, und ein Plansoll von 2000 Raketen pro Monat war sowieso vollkommen unrealistisch, selbst wenn Himmler und seine SS noch weitere Arbeitskolonnen aus seinen Konzentrationslagern abordnen würden. Das wusste jeder in Peenemünde.

Was weder Hitler, Himmler, von Braun noch die Belegschaft in Peenemünde ahnte: Im Frühjahr 1943 sollten sich langsam, aber sicher dunkle Wolken am Himmel über Peenemünde, dem Übungsraum der Raketenmänner, zusammenziehen.

Im September 1939, kurz nach Kriegsbeginn, hatte der Generalstab der britischen Luftwaffe in seiner Spionageabteilung eine naturwissenschaftliche und technische Unterabteilung eingerichtet, welche die Möglichkeit geheimer Waffenpläne des Deutschen Reichs prüfen sollte. Noch tappte man völlig im Dunkeln, hatte keine Ahnung von den jahrealten Raketenplänen der Deutschen. Fortan aber setzten die Experten ihre Quellen im Reich eigens auf dieses Thema an. Hitler habe, so stellte sich jetzt heraus, am 19. September 1939 in Danzig von einer neuen deutschen Waffe getönt, die sich aller Abwehrmaßnahmen entziehen würde. Das Papier erwähnte auch bakterielle Kriegsführung, von neuen Kampfstoffen war die Rede, auch von Marschflugkörpern (die deutsche Luftwaffe entwickelte mit der strahlgetriebenen V1 tatsächlich solche Vorläufer der amerikanischen Cruise-Missiles). Und es ging in den Spionageberichten auch um eine neuartige Raketenwaffe. Am 2. November 1939 erhielt der britische Marineattaché in Oslo einen anonymen Bericht mit beängstigenden Informationen über eine große Versuchsanstalt auf der deutschen

Von Braun 1944 inmitten von Wehrmachtsoffizieren, in dem Jahr,
als seine ersten V2-Raketen zum Einsatz kamen

WELTRAUMSTÜRMER

Ostseeinsel Usedom, in Peenemünde – unterschrieben mit: »Ein deutscher Wissenschaftler, der auf Ihrer Seite steht«. Der Bericht wurde nach dem Krieg bekannt als »Oslo-Report«, der auch viele andere Rüstungsprojekte offenbarte, während einer Dienstreise nach Norwegen verfasst von dem deutschen Physiker und Siemens-Mitarbeiter Hans-Ferdinand Meyer.

Es verdichteten sich einzelne Hinweise auf emsige Raketenforschung im Reich, aber wie ernst musste man sie nehmen? Im November 1942 schließlich sah sich der Physiker R. V. Jones, Chef jener Spionageabteilung bei der britischen Luftwaffe, veranlasst, seine Regierung mit einem Alarmbrief wachzurütteln:

»Es besteht äußerste Gefahr, dass etwas Entscheidendes versäumt wird. Wenn wir nicht irgendwelche Unterstützung erhalten, können wir die Verantwortung für Überraschungen, die der Feind uns wahrscheinlich plötzlich bereiten wird, nicht mehr übernehmen.« Es lag etwas in der Luft, aber was?

Eine V2 bei ihrer Aufrichtung in die Startposition. Sie konnte – als flüssigkeitsgetriebene Rakete – nur senkrecht gestartet werden.

Sechs Jahre nachdem das Heer seine Raketenversuche nach Peenemünde verlagert hatte, und ein halbes Jahr nachdem von dort Wernher von Brauns erste Rakete bis zur Grenze des Weltraums aufgestiegen war, starteten die Briten Anfang 1943 endlich ihre Luftaufklärung über Usedom. Den hoch fliegenden Aufklärern offenbarte sich ein riesiges militärindustrielles Gelände; Fotos Dutzender Fabrikhallen, Abschussrampen, eines eigenen Kraftwerks und vieler anderer Dinge brachten den Experten der Royal Air Force manche Sorgenfalte bei. Die Informationen fügten sich auch durch Aussagen von in Gefangenschaft geratenen Offizieren zu einem stimmigen Gesamtbild zusammen.

Dann kam der 17. August. Riesige Bombergeschwader der Alliierten zogen in der Abenddämmerung Großbritanniens in Richtung Deutsches Reich, ganz offenbar lag ein neuer Großangriff auf Berlin in der Luft. Die Bewohner der Reichshauptstadt hatten also Fliegeralarm. In Peenemünde saß man nach einem anstrengenden Tag in einer Runde um Wernher von Braun im Offiziersklub und hörte im Volksempfänger die Luftwarnungen für die Reichshauptstadt, nichts Neues. Doch als sich die Ingenieure aufmachten in ihre Quartiere, wurden sie plötzlich von einem hell leuchtenden Etwas am Himmel angestrahlt, viele Hundert Meter breit und hoch, das den in dieser Nacht ohnedies so hellen Mond gleißend überstrahlte: ein sogenannter Christbaum aus vielen Hundert Leuchtgeschossen, der von vorausfliegenden Pfadfinderflugzeugen eines Bombergeschwaders abgeworfen wurde, um den nachfolgenden Piloten das Ziel für ihre Tausende Tonnen von Sprengsätzen zu weisen. Da wussten die Peenemünder Bescheid. Sofort versuchten alle, sich so schnell sie konnten in die Bunker zu retten.

Die Bombenflugzeuge waren vom Kurs auf ihr vorgebliches Ziel Berlin abgeschwenkt, sie hatten das Kommando, die Raketenschmiede an der Ostsee auszulöschen. Knapp 600 Flugzeuge hatte der Chef der britischen Bomberflotte, Arthur Harris, in der Vollmondnacht eingesetzt. Die »Operation Hydra« war angelaufen. Ein Inferno brach über Peenemünde herein, als die Piloten knapp 1900 Tonnen Bomben über dem Gelände ausklinkten. Viele der

Hallen und Wohnhäuser standen innerhalb weniger Minuten in Flammen, insgesamt 123 der Wissenschaftler und Techniker und ihrer Familienangehörigen kamen bei dem Luftangriff ums Leben. Durch einen Markierungsfehler eines jener Pfadfinderflugzeuge fielen allerdings auch Hunderte Tonnen der Sprengladungen auf die Lager der Zwangsarbeiter und töteten 612 von ihnen. Hans Jeschonnek, Generalstabschef der deutschen Luftwaffe, erschoss sich am nächsten Tag wegen des erneuten Versagens der Luftabwehr, Göring musste zu der Zeit bereits seit mehreren Monaten seine Ablösung als Luftwaffenminister fürchten.

PRODUKTION IN DEN HARZ-HÖHLEN

Einerseits war Peenemünde nicht so stark zerstört, dass die aufwendige und kostenträchtige Raketenentwicklung dort infrage gestellt war. Klar war nach dem Bombenangriff aber auch: Eine große Flächen erfordernde und deshalb umso leichter anzugreifende Massenproduktion der Raketen war in dem offenen Gelände nicht möglich. In dem für die Bomber gefahrlos anzusteuernden Küstenort musste nun ständig mit neuen Luftangriffen gerechnet werden. Schnell, wenige Tage später bereits, kam ein kürzlich stillgelegtes Stollensystem im Harz ins Gespräch, das genügend Platz bot und geschützt war: Mittelbau-Dora bei Nordhausen. Zügig wurde dort die Produktion eingerichtet. Für das Personal stand in den ersten Tagen nach dem Luftangriff noch eine weitere Aufgabe an: die Sicherung der technischen Unterlagen, Zeichnungen, Berechnungen, Tabellen, neuen Projekte. Viele Zentner Papier wurden in jenen Tagen kopiert und ausgelagert. Nur eineinhalb Jahre später sollten sich die geretteten Aufzeichnungen als einer der großen Trümpfe Wernher von Brauns für die nächste Runde seines Lebens erweisen.

Die Produktion im Bergwerk brachte nun wieder Heinrich Himmler auf den Plan, der offenbar die Idee mit dem Stollen gehabt hatte und sich nun andiente, ihn durch viele Tausend Insassen seiner Konzentrationslager in eine Fabrik umwandeln zu lassen. So konnte der »Reichsführer SS« seinen Einfluss auf die Entwicklung der Wunderwaffen weiter vergrößern. Wernher von Braun, der zivile technische Direktor der Heeresversuchsanstalt, war nun abhängiger denn je von einer der schlimmsten Mächte des Dritten Reichs. Doch schaffte er es, all dies zu verdrängen, zum damaligen Zeitpunkt schon und auch darüber hinaus. Seit seinem unschuldigen Eintritt in die Reichswehr hatten sich schon in den letzten Tagen der Weimarer Republik die Zeiten gewandelt. Und nun war er selbst in der SS. Die Uniform allerdings zog er fast nie an. Viele Fotografien sind bekannt, auf denen Wernher von Braun inmitten jeweils Dutzender Uniformträger aus Heer, Luftwaffe oder SS zu sehen ist. Allein der Freiherr sticht darauf als Zivilist hervor, mal in der ersten, mal in der letzten Reihe. Er hätte seine Uniform anziehen können, zumal bei den absehbaren gesellschaftlichen Terminen. Warum er es nicht tat, ob aus Eitelkeit, um sich gegenüber einer letztlich doch verpönten SS abzugrenzen, oder schlicht aus Versehen – er gab der Nachwelt hierzu keinen überlieferten Hinweis.

Die Einrichtung der Stollen von Mittelbau-Dora im Harz gehört zu den abgründigsten Kapiteln der Rüstungsproduktion im Dritten Reich. Eigens zu ihrem Zweck wurde ein Konzentrationslager vor und in dem Berg etabliert, in dem in den verbleibenden Jahren des Reichs wegen der inhumanen unterirdischen Arbeits- und Lebensbedingungen zwischen 12000, so die offizielle Zählung der SS, und 15000 Insassen, wie Historiker schätzen, ums Leben kamen. Am 28. August, keine zwei Wochen nach dem Luftangriff auf Peenemünde, waren die KZ-Häftlinge bereits dabei, die Stollen für die Raketenproduktion herzurichten. Insgesamt erweiterte man die unterirdischen Räume um 125000 Kubikmeter Fels, die aus dem Berg gesprengt und hinaustransportiert werden mussten, Kilometer an Gleisen wurden neu verlegt. In den ersten Monaten blieben die Arbeiter durchgehend unter Tage, zum Schlafen auf dem nackten Gestein oder auf Stroh, zum Essen, zum verrichten der Notdurft, aber vor allem natürlich zum Arbeiten. Und zum Sterben, von Anfang an.

Ein überlebender Häftling, der Niederländer Albert van Dijk, erinnerte sich in einem Fernsehbeitrag der ARD Ende der 90er-Jahre: »Die Leichen waren da so hoch aufgestapelt und lagen ausgebreitet an der Ecke des Schlafstollens, dass die Gesellschaft um die Leichen herumgehen musste. So viele Leichen lagen da, es waren ganze Leichenberge. Sie müssen es gesehen haben, so viele waren es, und so wurde mit den Toten umgegangen. Manchmal wurden sie noch lebend oder bewusstlos auf den Leichenstapel geschmissen.« Van Dijk fragte sich damals: »Wo bin ich hier, ist das die Hölle?«

5975 Raketen wurden hier zwischen dem Beginn der V2-Massenfertigung im Januar 1944 bis März 1945 produziert, weit weniger als jene 2000 pro Monat, die Hitler bei seinem letzten Gespräch mit von Braun gefordert hatte, und dennoch erstaunlich viele unter diesen Bedingungen. Allzu nahe am Tod geschundene Häftlinge waren dabei nicht in der Lage, die Geräte mit ihren vielfältigen Präzisionsteilen zu produzieren, weshalb die Gefangenen, die an den Raketen arbeiteten – es handelte sich zum Teil um eigens ausgesuchte qualifizierte ausländische Techniker und Arbeiter –, in ihren Lebensumständen ein wenig privilegiert waren gegenüber denen, die den Ausbau der Stollen ausführten und unter denen die Todesrate mit Abstand am höchsten war. Die Fachkräfte durften von Anfang an außerhalb des Bergwerks leben. Im März 1944 ließ man auch die Überlebenden der anderen Gruppen in ein Barackenlager außerhalb der Stollen umziehen. Im Interesse der Rüstungsanstrengungen sollte es sich um ein Arbeits- und nicht um ein Vernichtungslager handeln.

NICHTS GEWUSST ODER WEGGESEHEN?

Was wusste von Braun von den Zuständen in Mittelbau-Dora? Es ist dies die entscheidende Frage für alle Biografen des Raketengenies. Er selbst nahm offenbar teil an der Auswahl der Fachkräfte unter den ausländischen Insassen des KZ Buchenwald. Dabei handelte es sich nicht um die am schlimmsten gemarterten, die das Bergwerk in den Anfangsmonaten ausbauen mussten. Einem regelrechten Verhör zu diesem Thema musste sich von Braun nie stellen. Als sich die Öffentlichkeit in Deutschland für die Gräuel des Dritten Reichs ernsthaft im Detail zu interessieren begann, in den 60er-Jahren, stand er als Star längst im Zentrum des großen Wettstreites der Supermächte, dem Rennen zum Mond, und war in der Lage, selbst zu steuern, wann und in welchem Ausmaß er zu den Erkenntnissen über die Verbrechen des Dritten Reichs Stellung bezog. In einem Zeitungsinterview gestand er einmal ein, die Zwangsarbeiter in Dora-Mittelbau seien in einem »erbarmungswürdigen Zustand« gewesen, er sprach von Scham und der dadurch ausgelösten Belastung der Seele jedes anständigen Mannes. Jesco von Puttkamer, in den 60er-Jahren einer der engsten Mitarbeiter von Brauns, sagt:

»Wernher von Braun sprach nicht gern über diese Zeiten.«

Er zog sich auf die Position zurück, dass er zu seinen Pflichten zur Landesverteidigung stand, er habe seine Befehle ausgeführt – wie viele andere damals, mal mit größerer, mal mit geringerer Berechtigung.

Die Behauptung, von Braun habe bei seinen Besuchen in Mittelbau-Dora, wie er selbst aussagte, nie einen Toten gesehen, nehmen ihm Überlebende nicht ab. Laut van Dijk gab es bereits am Eingang zu den Stollen für jeden Ankommenden unübersehbar einen Leichenberg. Und Wernher von Braun war mehrfach Besucher dort, zu Zwecken der Qualitätskontrolle. Bereits Ende August 1943, zu Beginn der Bauarbeiten, dann wieder im Oktober, im November und im Januar 1944 kam er an die Produktionsstätte seiner A4, also auch noch zu Zeiten, als dort die fürchterlichsten Zustände herrschten. Dass die SS aus Menschenfreundlichkeit den Aufwand betrieben hätte, den technischen Direktor aus Peenemünde eigens vor dem Anblick des Grauens bei der Produktion seiner Raketen zu verschonen, ist kaum anzunehmen. Sein jüngerer Bruder Magnus, mit dem er seit 1943 in Peenemünde zusammenarbeitete, wohnte und arbeitete als sein Beauftragter durchgehend vor Ort im Harz – wenn auch erst ab März 1944, als fast alle Zwangsarbeiter bereits ins Barackenlager umgezogen waren.

Aus heutiger Sicht ein moralisch nach allen Seiten abgesichertes Urteil über von Brauns Tätigkeit, sein Wissen und seine Verstrickungen zu fällen, ist nicht einfach. Es gibt viele Wahrheiten. Zumindest war er über das Ausmaß des Grauens halbwegs im Bilde, kein Zweifel. Er hätte seinen Dienst quittieren und sich an die Front versetzen lassen können; was er sogar einmal angedroht hatte, nicht jedoch aus menschlichen Skrupeln, sondern wegen Kompetenzstreitigkeiten mit der SS. Ob er über diesen oder einen anderen Weg erfolgreich die schlimmsten Qualen der Lagerinsassen hätte lindern können, darf bezweifelt werden. Himmler mit seinen SS-Schergen – zu denen man von Braun trotz seiner Mitgliedschaft gewiss nicht zählen kann – verbat sich jede Einmischung in sein mörderisches Geschäft. 1943 war von Braun als 31-Jähriger schon kein besonders junger Mann mehr, hatte aber seit seiner Teenagerzeit in atemberaubender Geschwindigkeit einen Aufstieg in immer bedeutendere Positionen erfahren. Und er steckte noch mittendrin in der Entwicklung seiner Mittel- und auch Langstreckenraketen, mit denen er auch in den heftigsten Kriegszeiten nach wie vor hauptsächlich seinen Traum von der Mondfahrt verband – dies ist vielfach belegt. Wäre er ausgestiegen, hätte er sich und der Nachwelt die Diskussion über seine Integrität erspart. Eine solche hätte dann allerdings schon deshalb gar nicht erst stattgefunden, weil von Braun dann unbekannt geblieben und wohl kaum zum Meister der Mondfahrt, zu einem Star des Jahrhunderts aufgestiegen wäre. Auch dies ist eine der vielen Wahrheiten, ob sie zur Entlastung des Raumfahrtpioniers beiträgt, ist eine andere Frage.

Dass von Braun im schlimmsten Krieg des letzten Jahrhunderts eine tödliche Waffe für Deutschland entwickelte, tritt bei allen Vorwürfen an ihn in den Hintergrund. Vielleicht zu Recht, denn würde diese Frage in ihrer Grundsätzlichkeit behandelt, gelangte man schnell zu einer Diskussion etwa über die Behauptung »Soldaten sind Mörder«. Dass von Brauns Glanz eher durch die Fließbandproduktion der V2 unter SS-Regie als durch ihre Verwendung als Waffe angekratzt bleibt, ist auch durch ein in der Rüstungsgeschichte wohl einmaliges Verhältnis untermalt: Erheblich mehr Menschen, nämlich mindestens die oben erwähnten 12000, kamen im Zusammenhang mit der Produktion der V2 ums Leben als bei ihrem Einsatz, durch den etwa 8000 Menschen den Tod fanden.

Erik Bergaust war der Publizist, der von allen menschlich wohl am nächsten an von Braun herankam, der seinen Lebensweg über Jahre begleitete, der später in Amerika viele Stunden im Flugzeug neben dem Piloten von Braun und noch mehr Zeit mit ihm bei Jagd- oder Angelausflügen in der Wildnis verbrachte, der zu den engeren Freunden der Familie zählte. In seiner Biografie von vor 35 Jahren schildert er in einem eigenen ausführlichen Kapitel einen gemeinsamen Abend am Lagerfeuer aus dem Jahr 1970, fast genau ein Jahr nach der ersten Mondlandung von *Apollo 11*. Bis spät in die Nacht bohrten sich beide tief hinein in religiöse Fragen, in Debatten über die Bibel, Ethik und Moral, über die Zehn Gebote, die Vergangenheit und Zukunft der Menschheit, über ihre »Versklavung« durch die Technik. Bergaust fragte ihn dann, wann er zu beten pflege, an welche besonders intensiven Gebete er sich erinnern könne, an welche besonders bewegten Zeiten. Von Braun offenbarte sich dabei als religiöser Mensch. »Ich bete, sooft ich das Gefühl habe, Hilfe von einer höheren Instanz zu brauchen«, antwortete Wernher von Braun da im Feuerschein. »Sicher habe ich vor und während der entscheidenden Apollo-Flüge viel gebetet, ebenso in den letzten Kriegstagen in Deutschland, als alles um mich herum in Trümmer ging. Und natürlich auch während der Stunden der Entscheidung, als wir uns zur Übergabe an die Amerikaner entschlossen hatten. Meine Angst ließ mir damals das Herz bis zum Halse klopfen. Ich betete darum, dass man uns unsere freiwillige Übergabe glauben würde.«

Hatten auch Gebete oder wenigstens doch ethische Reflexionen stattgefunden, als ihm klar wurde, unter welchen Umständen seine Raketen hergestellt wurden? Auszuschließen ist es nicht. Im Gespräch am Kamin aber, zumindest nach Bergaust zu urteilen, war davon nicht die Rede. Womöglich ja auch deshalb, weil der Gesprächspartner nicht danach fragte. Das Ausklammern des Themas, das von Brauns Kritiker ihm zu Recht vorhalten, hatte seine Ursache eben oftmals auch darin, dass Journalisten und Buchautoren das Thema im Dialog mit dem großen Star gar nicht erst ansprachen.

VON BRAUN IN GESTAPO-HAFT

Eines ist unbestreitbar: Genügend Stress hatte von Braun, um seine Skrupel, so weit sie vorhanden waren, zu verdrängen. Die Serienproduktion der V2 startete zu Jahresbeginn 1944. Ende Januar wurde die erste Rakete in Peenemünde angeliefert, doch ihr Test schlug fehl, wie auch bei den folgenden Modellen. Sie waren schlampig gearbeitet, aufgrund der Hektik allerdings auch noch unausgereift in der Entwicklung, weshalb der Perfektionist von Braun lieber noch länger gewartet hätte. Sowohl in Peenemünde als auch bei den ersten Probeschüssen über eine größere Distanz in Ostpolen krepierten die meisten Exemplare noch auf der Startrampe oder bereits nach wenigen Metern. Immer mehr technisches Personal musste zur Qualitätssicherung aus Peenemünde in den Harz geschickt werden. Von Braun hetzte – oftmals selbst im Pilotensitz seines Taifun-Dienstflugzeugs – zwischen Peenemünde, Nordhausen, Ostpolen und den weit verstreuten Zulieferbetrieben hin und her. Im August 1944 gab Peenemünde die erste Rakete zum Einsatz frei. Unter normalen Umständen eine Bravourleistung, in den Augen der ungeduldigen Heeresleitung eine unverzeihliche Verzögerung. Zumal auch längst nicht die befohlenen Mengen geliefert wurden, sondern ab September gerade einmal ein knappes Drittel, 600 Stück pro Monat.

In der Zwischenzeit hatte von Braun seine gefahrvollste Situation während des gesamten Dritten Reichs zu überstehen. Wenig hatte gefehlt, und er wäre nicht lebend aus ihr herausgekommen. Himmler arbeitete weiterhin hartnäckig daran, die neue Wunderwaffe und deren klugen Schöpfer in seinen Machtbereich zu ziehen. Im Februar komplimentierte er von Braun in seine Kommandozentrale nahe der »Wolfsschanze« Hitlers in Ostpreußen. Gleich am nächsten Morgen hob der Raketeningenieur von Peenemünde aus mit seiner Taifun ab. Kaum angekommen, eröffnete ihm der »Reichsführer SS« seinen Wunsch, die gesamte Peenemünder Mannschaft möge doch in seinen Einflussbereich überwechseln:

»Ich kann mir vorstellen, dass Sie in einer elenden Lage sind: Ein armer Erfinder, der sich in der Heeresbürokratie verheddert hat! Warum kommen Sie nicht zu uns? Sie wissen, dass die Tür des Führers für mich jederzeit offen steht, nicht wahr!«

So erinnerte sich von Braun jedenfalls im Nachhinein an die Unterredung und hatte auch seine Antwort noch im Ohr: Sein militärischer Vorgesetzter, General Dornberger, sei der beste denkbare Vorgesetzte, den er nicht verlassen wolle.

»Ich wagte sogar, die A4 mit einer kleinen Blume zu vergleichen, die Sonnenschein, fruchtbaren Boden und die Pflege eines Gärtners brauche – und sagte, wenn man das Blümchen mit einem kräftigen Strahl Jauche übergösse, damit es schneller wüchse, könne man es umbringen.« So zitiert Michael Neufeld aus von Brauns »Entwurf eines Erinnerungsartikels« aus dem Jahr 1950.

Wollte von Braun sich da reinwaschen von seiner SS-Mitgliedschaft, moralische Integrität erheischen? Hatte er die SS wirklich mit Jauche verglichen, noch dazu im Gespräch mit dem »Reichsführer SS«? Ausgeschlossen ist es nicht und Tatsache auch, dass am 22. März 1944, einen Tag vor seinem Geburtstag, morgens um 2 Uhr Gestapo-Männer an von Brauns Zimmertür in Peenemünde hämmerten und ihn festnahmen, gleichzeitig mit ihm seinen Bruder Magnus sowie zwei weitere leitende Ingenieure, Klaus Riedel und Helmut Gröttrup. Der Vorwurf den Verhafteten gegenüber lautete, unter Alkoholeinfluss hätten sie in einer Gesellschaft Anfang März Zweifel am Endsieg geäußert und dargelegt, ihre Arbeit an den Raketen sei viel mehr die Vorbereitung zur Weltraumfahrt als ein Beitrag zur Landesverteidigung. »Äußerungen über schlechten Kriegsausgang und über ihre Waffe«, stand in dem Erinnerungsprotokoll eines Zuträgers, das ihm zur Last gelegt wurde, »Hauptaufgabe sei, ein Weltraumschiff zu bauen«. Von

Braun verfolge außerdem Pläne, nach Großbritannien zu fliehen, stets halte er ein Flugzeug dafür startbereit. Bezeichnenderweise war in dem Protokoll auch vermerkt, von Brauns Mitarbeiter Gröttrup träume von einem gemeinsamen Europa »unter sowjetischer Führung« – war es doch Gröttrup, der später, als von Braun mit gut 100 Peenemündern unmittelbar nach dem Krieg in die USA zog, mit mehreren Dutzend übrig gebliebener Kollegen tatsächlich in die UdSSR übersiedelte, um das dortige Raketenprogramm aufzubauen und den Wissenschaftlern zu helfen, die von Braun, den Amerikanern und der NASA dann Ende der 50er-Jahre die ersten Schnippchen schlugen.

Die Vorwürfe gegen die vier Inhaftierten hätten unter anderen Umständen in diesen Zeiten ohne Weiteres zu Todesurteilen gereicht. Beteiligte von damals wollten anschließend auch nicht abstreiten, dass die Anschuldigungen in der Sache durchaus zutreffend gewesen sein könnten, von der Weltraumfahrt bis hin zum Alkohol; von Braun war kein Abstinenzler. Erneut aber durfte er nun erfahren, welches Gewicht seine Person und das seiner Mitarbeiter für die Machthaber hatte. Dornberger, vor allem aber auch der Rüstungsminister und langjährige Freund von Brauns, Albert Speer, arbeiteten einenhalb Wochen auf allen Ebenen, sogar bis hin zum »Führer«, bis Letzterer schließlich sein Plazet für die Freilassung aus dem Gefängnis von Stettin gab. Dornberger, von Speer umgehend in Kenntnis gesetzt, machte sich dann mit einer Flasche Schnaps zur Haftanstalt auf, sagte dem noch nicht instruierten oder informierten Wachpersonal – fast im Stile des Hauptmanns von Köpenick, jedoch in seiner Funktion als tatsächlicher General –, die Männer seien freizulassen, und nahm Wernher von Braun gleich mit. Gröttrup blieb vorerst weiter hinter Gittern, musste noch einige Tage weiter um sein Leben bangen.

Von Braun war frei. Hitler hatte nur unter Vorbehalten zugestimmt, wollte ihn weiter beobachten lassen, Himmler hingegen hatte eine empfindliche Niederlage erlitten; in ihm hatte von Braun nun einen mächtigen neuen Feind. Der Raketeningenieur war nun zu größter Vorsicht angehalten, seine Entfremdung zum System indes sprungartig gestiegen, was sich fortan in vielen verdeckten und offenen Spitzen in kleineren und größeren Kreisen niederschlug. Was ihm in dem Moment wohl noch nicht klar war: All seine späteren Äußerungen über seine Distanzierung zum Nationalsozialismus, zu dessen Kriegszielen, zur Unmenschlichkeit sollten durch seine rund 10-tägige Gestapo-Haft enorm an Glaubwürdigkeit gewinnen. Rückblickend gesehen hätte ihm in den letzten Monaten des Dritten Reichs nichts Besseres passieren können.

Am 6. September 1944 kamen die ersten V2-Raketen zum Einsatz. Von mobilen Startrampen auf Eisenbahnwaggons aus wurden sie abgeschossen, zunächst auf Antwerpen, am 8. September traf die erste Rakete London. Über die unmittelbaren Reaktionen von Brauns auf die Nachricht der ersten tödlichen Einschläge gibt es widersprüchliche Berichte. Seinen viel zitierten Satz, die Rakete habe den falschen Planeten getroffen, äußerte er etwa zehn Jahre später in Amerika. Von allen, die sich später über jenen Moment am 6. September zu Wort meldeten, stand ihm seine Sekretärin Dorette Schlidt wohl am nächsten. Sie hat ihn dabei alles andere als triumphierend, eher nachdenklich in Erinnerung, wie sie in einem Interview später erklärte. »Das habe ich nicht gewollt«, habe er gesagt, er sei sehr bedrückt gewesen. Überhaupt habe er in all den Monaten zuvor stets gehofft, der Krieg sei aus, bevor ein lebendes Ziel getroffen würde. Diese Hoffnung war vergebens, das war nun klar. Inwieweit Jubelfeiern stattfanden an diesem Tag in Peenemünde und wer im Zweifel daran teilgenommen hat, darüber herrscht Ungewissheit. Einige wollten es später nicht ausschließen, keiner aber sprach davon, selbst anwesend gewesen zu sein und womöglich sogar darauf angestoßen zu haben. Dass in Peenemünde allgemein eine bedrückte Stimmung geherrscht haben soll, wäre indes eine weltfremde Annahme in einer Zeit, als Flächenbombardements auf deutsche Städte und Wohngebiete alltäglich wurden.

Insgesamt schossen die Raketeneinheiten des Heeres rund 3200 Raketen ab, etwa 1360 gingen auf London nieder, 1610 auf Antwerpen, dem bedeutendsten Hafen für die Anlandung von

Die zerstörte Stratford Street in London nach dem Einschlag
einer deutschen V2-Rakete 1945

Kriegsmaterial für die alliierten Truppen. Insgesamt kamen etwa
8000 Menschen bei den Einschlägen ums Leben. Wer die zynische
Rechnung aufmachen will, der kommt zu dem Ergebnis, dass die
Tötungseffizienz dieser Wunderwaffe recht gering war: Sie lag bei
2,5 Menschenleben pro Rakete. Jeder Bombenangriff hätte verhee-
rendere Wirkung erzielen können, erst recht auf kriegswichtige
Anlagen.

Freeman Dyson, britischer Physiker und Professor in Princeton,
USA, analysierte bis 1945 den Bomberkrieg für die britische Air
Force. Er machte 2007 in seinem Aufsatz »Rocket Man« eine Rechnung auf, in der er die V2-Raketen als militärischen Unsinn hin-
stellt: Mit jedem Kampfflugzeug hätte die deutsche Luftwaffe der
britischen Kriegsführung einen vielfach größeren Schaden zufü-

gen können als mit den Raketen. Da aber »jede Rakete die Deutschen genauso viel an Arbeitskraft und Material kostete wie ein modernes Kampfflugzeug«, hätte die V2 unterm Strich eher den Briten genutzt als den Deutschen: »Es schien mir, dass ein unbekannter Gönner in Deutschland unfreiwillig die deutsche Luftwaffe dezimierte.« Wernher von Braun – objektiv ein Diener der britischen Sache? Diese Interpretation wird nicht der Grund dafür sein, dass Dyson seinen Aufsatz mit den Worten beschließt: »Letzten Endes bewundere ich von Braun, dass er seine gottgegebenen Talente nutzte, seine Vision wahr zu machen, auch wenn er dafür den Pakt mit dem Teufel schloss. Er band Hitler und Himmler stärker für seine eigenen Zwecke ein als umgekehrt.«

Schlimmer als der militärische Schaden war die psychologische Wirkung der V2-Raketen auf die Einwohner Londons. Das unheimliche Geräusch des Raketenmotors, sein plötzlicher Stopp, Sekunden später die Detonation des Einschlags – und vor allem die Gewissheit, dass gegen das mit fünffacher Schallgeschwindigkeit heranjagende Geschoss keine Flugabwehr etwas ausrichten konnte. Die Nachricht, dass eine V2 das Londoner Woolworth-Kaufhaus verwüstet und dort 160 Menschenleben ausgelöscht hatte, ließ böse Visionen für den weiteren Kriegsverlauf entstehen. Sollte Hitler doch über Wunderwaffen verfügen?

RAKETENANGRIFF AUF NEW YORK

Für den tatsächlichen Kriegsverlauf spielten Wernher von Brauns Raketen keine Rolle, erst recht nicht die Pläne, an denen er während des halbjährigen Einsatzes seiner A4-Raketen noch arbeitete: Pläne für die A9 und auch die A10, die doppelt so groß war wie die A4 und bis nach New York fliegen sollte – eine Langstreckenrakete. Bei diesen Plänen dachte von Braun in den letzten Kriegsmonaten mehr und mehr an einen ganz anderen Abnehmer: die USA. In vertrauter Runde, auch bereits in Peenemünde, sprach er Anfang 1945, als die Front aus dem Osten näher an Peenemünde heranrückte, von solchen Szenarien, konnte seine engsten Mitarbeiter bei einem geheimen Treffen einhellig darauf einschwören. Sein Traum von der Weltraumfahrt war nicht ausgeträumt, ganz im Gegenteil. Warum sollte er nicht weiterhin vom Glück begünstigt sein?

Der Krieg war verloren. Am 3. März wurde eine Abschussbasis für die V2 von Bombenflugzeugen zerstört, 510 Soldaten kamen dabei ums Leben. Am 27. März hob die letzte Rakete ab, obwohl noch fast 3000 Exemplare für die Endmontage und den Abschuss bereitlagen, allein die Logistik war nicht mehr vorhanden. Die Fronten rückten näher, von Ost wie von West. Peenemünde, wo man den Geschützdonner aus Richtung Stettin hören konnte, war da längst aufgegeben. Im Februar schon war man umgezogen nach Bleicherode im Harz. Insgeheim hatte von Braun vorher schon nach und nach wichtige Konstruktionsunterlagen in Richtung Harz verfrachten lassen, als Teil seines Plans, überzulaufen. Der Standort bei Nordhausen war dabei eine gute Tarnung für die Frachten. Dennoch, wäre er aufgeflogen, hätte ihn dies den Kopf gekostet, auch Speer hätte ihm da nicht mehr helfen können. Doch die Zeiten waren zunehmend unsicher, ihm wurden gerade während der Evakuierung von Peenemünde nach Bleicherode derart viele unerfüllbare Befehle erteilt und Anforderungen herangetragen, von der SS, vom Generalstab des Heeres, von den letzten Resten der Regierung, dass die Angst davor, wegen ein paar Dokumentenschmuggeleien aufzufliegen, an Gewicht verlor:

»Zehn Befehle lagen auf meinem Schreibtisch. Fünf davon drohten uns sofortige Hinrichtung an, wenn wir uns von der Stelle rührten, und fünf lauteten, dass ich erschossen werde, wenn wir nicht fortgingen«, erinnerte er sich später. Das Resultat: Evakuierungsbefehle für viele Tonnen wichtiger Papiere und gleichzeitig strenge Straßensperren für nicht militärischen Verkehr. »Wir sahen uns an wie Bulldoggen«, erzählte er einmal über ein Zusammentreffen mit dem Wachmann an einer solchen Sperre. Eines hatte sich in den letzten Kriegstagen geändert: Die SS hatte nach einem Kräftemessen mit dem Heer die Befehlsgewalt über die Raketenabschusskommandos erobert und weitete ihre Herrschaft eigenmächtig auch auf Peenemünde aus. Von Braun hatte mit dem Kapitel Drittes Reich inzwischen abgeschlossen.

Die ständigen Fahrereien tags wie nachts überforderten alle Beteiligten. Am 16. März war von Brauns Fahrer bei einer Nachtfahrt auf der Autobahn eingeschlafen, der Wagen stürzte einen Abhang hinunter, von Braun brach sich die rechte Schulter und den rechten Arm. Nur gerade eben konnten beide Insassen gerettet werden, lange lagen sie bewusstlos im Autowrack – bis eine Stunden später zwei Kollegen aus Peenemünde, die zufällig dieselbe Strecke befuhren, die Verunglückten entdeckten und in ein Krankenhaus schaffen ließen. Wernher von Braun musste halbseitig eingegipst werden, vom rechten Unterarm bis zur oberen Brusthälfte.

Sehr zu seinem Verdruss war die von der SS angeordnete Flucht vor der Ostfront jedoch in Bleicherode nicht beendet, wo von Braun ursprünglich auf die Amerikaner warten wollte. SS-Obergruppenführer Hans Kammler, der sich nun als Befehlshaber der Peenemünder Techniker sah, ordnete den weiteren Rückzug nach Süddeutschland an. Was er damit bezweckte, ob er allein die Distanz zu den heranrückenden Russen erhöhen wollte, ob er seinerseits Pläne zum Überlaufen zu den Amerikanern hegte und dabei die Männer um von Braun als Verhandlungsmasse ansah, ist unklar. Immerhin war in der Nähe des neuerlichen Ziels Oberammergau schon ein weiteres Bergwerk requiriert und in einer Blitzaktion wiederum von Zwangsarbeitern für eine mögliche Weiterproduktion von Raketen ausgebaut worden. Dass dort tatsächlich wieder A4-Raketen in Serie gebaut würden, daran glaubte nun freilich niemand mehr, offenbar selbst die SS nicht, wie ein Befehl aus dem Hauptquartier zeigte: Alle Unterlagen, die mühevoll aus Peenemünde in den Harz geschafft worden waren, mussten nun vernichtet werden, um sie nicht der anrückenden Roten Armee in die Hände zu spielen. Vernichten, verbrennen, man brauchte sie nicht mehr. General Dornberger als ehemaliger militärischer Chef Peenemündes übernahm hierfür anstelle des schwer verletzten von Braun die Koordination. Heimlich versteckte er mit ein paar Vertrauten die Papiere in alten Bergwerkstollen fern von Bleicherode

und von Mittelbau-Dora. Auch Dornberger gehörte zu der einge-
schworenen Gruppe, die überlaufen wollte.

Ende März oder Anfang April bestiegen etwa 500 Raketenexperten aus Peenemünde und Nordhausen in Bleicherode einen
Sonderzug nach Oberammergau. Die Familien der Männer durften nicht mitfahren, die Abschiedsszenen waren entsprechend bewegt. Von allen Seiten näherten sich die feindlichen Fronten, die
weiteren Schicksale der Angehörigen waren denkbar unsicher.

ÜBER DAS OBERJOCH ZU DEN AMERIKANERN

Angekommen in ihrem Quartier in Oberammergau, eine ehemalige Kaserne, waren die Raketenbauer nicht wenig beeindruckt
von der Umgebung.

»Die Landschaft war hinreißend, die Unterkünfte fast luxu-
riös«, sagte von Braun später einmal.

Beklemmend waren allein ihr Ausgehverbot und der Stacheldraht, der sie stets daran erinnerte. Von Braun fürchtete nun, dass
er und seine Männer Geiseln waren für Kammler, mit denen er
wuchern wollte, wenn die Amerikaner nach Oberammergau ein-
rückten und ihn, den hohen SS-Mann, festsetzen wollten; dass
er womöglich vorhatte, freies Geleit oder doch eine bevorzugte
Behandlung herauszuschlagen – und dass Kammler bei einem et-
waigen Scheitern der Verhandlungen seinen Schatz, die für die
Amerikaner so kostbaren Experten, kurzerhand erschießen lassen
würde. Von Braun baute daher vor. Kammler selbst war nicht anwesend, er hatte noch im Harz zu tun. So war es für Wernher von
Braun nicht schwer, den diensthabenden Wachführer der SS zu
überreden, die Raketenmänner doch auf die umliegenden Dörfer zu verteilen. Ein einziger Bombenangriff, so argumentierte er,
könnte sie sonst alle gleichzeitig treffen, das Geheimwaffenpro-
jekt des »Führers« wäre in dem Fall zunichte, und er, der SS-Mann,
müsse dann die Verantwortung dafür tragen. Von Braun hatte damit Erfolg, wieder einmal. Und er selbst hatte einmal mehr das
große Los gezogen. Hoch oben am Oberjoch bei Hindelang durfte

er Quartier beziehen, gemeinsam mit seinem Bruder Magnus, Walter Dornberger und einem guten Dutzend weiterer Kollegen – in einem Luxushotel, *Haus Ingeburg*. Seine alten Mauern und alten Zimmer stehen noch heute. Auf allen Seiten ist inzwischen das raumgreifende *Alpenhotel Oberjoch* um das ursprüngliche Haus herum gewachsen, doch in der König-Ludwig-Stube im Altbau erinnert eine Bronzetafel an den Aufenthalt der Raketenmänner aus Peenemünde vor 67 Jahren.

Hier konnten die »Internierten« noch im Krieg die beste Küche genießen, die Vorräte schienen unerschöpflich, der Weinkeller war erlesen gefüllt, im besten Frühlingswetter bestaunten sie tagsüber auf der Terrasse die schneebedeckten Alpengipfel. Das Echo fernen Kanonendonners weckte bei von Braun widersprüchliche Gefühle, derweil im Unterland die Welt zusammenbrach. Die Franzosen standen im Westen, die Amerikaner im Süden, in Tirol. Sollen sie nur kommen, dachte von Braun. Hoffentlich sind die Amerikaner die Ersten, zu den Franzosen hatten sie kein Vertrauen. Am 1. Mai, am Abend um 22:26 Uhr, hörten die Männer in der heute sogenannten König-Ludwig-Stube des Hotels im Volksempfänger den Reichssender Hamburg, als die Meldung kam: Der »Führer« ist in Berlin gefallen, »bis zum letzten Atemzug gegen den Bolschewismus kämpfend«. Der Wachmann der SS verdrückte sich, sein Eid war nichts mehr Wert. Er konnte nur noch verlieren und versuchte, unerkannt unterzutauchen, wohl ohne Erfolg.

Die Amerikaner standen unten, auf der anderen Seite des Oberjochs, in Reutte am Lech, so viel war oben im Hotel inzwischen bekannt. Man einigte sich darauf, einen Emissär zu ihnen hinunterzuschicken, gleich am 2. Mai. Magnus sollte es sein, er sprach am besten Englisch. Wernhers junger Bruder schnappte sich ein Hotelfahrrad, trat ein paar Kilometer in die Pedale bis hinauf zur Passhöhe und ließ sich die steilen zehn Kilometer Schotterpiste nach Tirol hinunterrollen.

Sie alle gingen davon aus, dass die ersten Amerikaner, auf die jemand von ihnen stoßen würde, höchst elektrisiert wären von der Nachricht, dort oben säßen die Männer, welche die V2 gebaut hätten, und sie gern bereit seien, fortan für die Amerikaner zu arbeiten. Doch wollten sie auch ihre Forderungen stellen. Genauso hatte es Magnus vereinbarungsgemäß den ersten Posten unten im Tal übermittelt, doch nach seiner Rückkehr sieben Stunden später berichtete er, die GIs unten, beim ersten Posten im Tal, seien höchst misstrauisch gewesen – in der leisen Vermutung, da sei ihnen wohl ein Spinner zugelaufen. Und so wurde Magnus von einer Wachstation zur nächsten gefahren, bis ihn die Amerikaner anwiesen: Magnus sollte wieder hinauffahren und ein übersichtliches Vorauskommando der Raketenmänner herunterschicken. Dann werde man weitersehen.

So geschah es. Es wurde schon dunkel, als drei Pkw die Vorfahrt von *Haus Ingeburg* verließen und langsam den Bergweg in Richtung Reutte hinabfuhren. Ob Wernher von Braun, vorn im ersten Wagen sitzend, den Anblick des Mondes, der an dem Tag hoch am Himmel stand, in diesem Moment besonders genießen konnte? Es ist anzunehmen, dass er in dem Augenblick an seine Zukunft dachte, sich schon in den USA sah, von der Weltraumfahrt träumte und von seinem nächsten Leben. New York wahrscheinlich. Washington? Mal sehen. Der Weg dorthin war nun jedenfalls frei. Seine Berechnungen, seine Träume schienen fürs Erste in Erfüllung zu gehen. Bei Schattwald trafen die Männer, wie von Magnus angekündigt, auf den ersten amerikanischen Posten. Von Braun stieg aus. Es war in der Situation ein kleiner Schritt für ihn, aber ein großer Sprung für sein Leben als spätere Lichtgestalt, als Star, als Himmelsstürmer. Man sei die Mannschaft, die Hitlers Raketen erfunden habe, bekamen die Amerikaner von ihm zu hören. Und nun wolle man am besten gleich zu General Eisenhower gebracht werden, damals Oberbefehlshaber der alliierten Truppen, um über die künftige Zusammenarbeit zu sprechen. Die Männer wurden in ihren Wagen weiter hinuntergeleitet bis ins Hauptquartier nach Reutte.

Bei den Befragungen an den nächsten Tagen nahm von Brauns Redefluss wieder Fahrt auf wie in seinen besten Zeiten als Jugendlicher, und er ließ sich aus über seine Raketen, über Pläne, über den

Weltraum. Mit den GIs, Offizieren und Generälen, auch bei Vernehmungen durch den US-Geheimdienst redete er stets mit klarer Sprache und heller Stimme, mit Begeisterung. Herbeigeeilte amerikanische Presse, Schnappschüsse im Schnee mit Soldaten – das lebhafte Interesse an den deutschen Raketenbauern war für von Braun eine Bestätigung für seine zunehmende Sorglosigkeit beim Frontwechsel.

»Ich habe nicht erwartet, als Kriegsverbrecher behandelt zu werden«, sagte er später in Amerika über diesen Moment, »wir hatten die V2 und ihr nicht, deshalb wolltet ihr natürlich alles wissen, war doch klar.«

Bizarr mutete der Auftritt manchen Zeugen dennoch an: »Wie ein Kongressabgeordneter beim Frontbesuch, freundlich von oben

Der bei einem Autounfall verletzte Wernher von Braun (Mitte) am Tag nach seinem Übertritt zu den Amerikanern in Reutte, Tirol; links Charles Stewart vom militärischen Abwehrdienst der USA, Zweiter von rechts Wernhers Bruder Magnus

herab«, fand ihn ein GI. Ein anderer machte sich lustig über den Deutschen und meinte, wenn man schon nicht den bedeutendsten Wissenschaftler des Dritten Reichs geschnappt habe, dann doch wenigstens den größten Aufschneider.

Einem Reporter verriet von Braun in Reutte: Noch zwei Jahre und seine V2 hätte wohl den deutschen Sieg gebracht. Zwei Welten prallten aufeinander. Hier der quirlige Deutsche, der nach dem endlich erfolgten Überlaufen meinte, seine Gegenüber mit großen Würfen beeindrucken zu können, dort die unerwartet doch nachdenklicheren Amerikaner.

Von Brauns großes Selbstbewusstsein aber, seine smarte Überheblichkeit, verhinderte keineswegs, dass er Eindruck machte bei den Amerikanern, im Gegenteil. Sein einnehmendes Wesen und seine Überzeugungskraft verhalfen ihm schon nach wenigen Tagen zu Freundschaften, auch unter den US-Offizieren. Und auch wenn es zunächst nichts wurde aus dem sofortigen Besuch bei Eisenhower: Seinen Wert als Ingenieur hatten sie erkannt, das ließen ihn die Amerikaner schon in Reutte und in den nächsten Tagen in Garmisch spüren. Längst hatte er auch auf ihren Listen der besonders begehrten Deutschen gestanden.

Glatter hätte sich der Raketenmann seinen Übergang selbst nicht ausmalen können. Seine Zeit als NSDAP-Mitglied, als SS-Mann, als Erfinder todbringender Waffen, die von Zwangsarbeitern unter der Erde montiert wurden, lag hinter ihm, er hatte sie leicht abgestreift. Vorbei seine Arbeit im Imperium des Ewiggestrigen, bei der von Braun gute Miene zum bösen Spiel machte. Vorbei und vergessen. Im Land der unbegrenzten Möglichkeiten würde er dessen Bewohnern und der ganzen Welt endlich zeigen, wie man Träume wahr macht: die Reise in Richtung Sonne, Mond und Sterne. Es konnte losgehen, abermals.

Doch von Braun war nicht der Einzige, der die Idee der Weltraumfahrt, über die bisher nur theoretisch geschrieben und gedacht worden war, endlich praktisch umsetzen wollte, jetzt, nach dem Krieg. Er war auch nicht der Einzige, der hierfür auf den Rückhalt einer großen Nation setzte.

DER GEGENSPIELER: SERGEJ KOROLJOW

Rückblick: Weder Rudolf Nebel, Wernher von Braun noch irgendwer sonst im Verein für Raumschifffahrt hatte eine Ahnung davon, dass in jenen Jahren, als ihre ersten Raketen von Tegel und wenig später von Kummersdorf aus in den Himmel jagten, 1600 Kilometer weiter östlich gleichgesinnte junge Leute an denselben Problemen arbeiteten. Auch in Moskau gab es einen Verein, allerdings mit mehr Mitgliedern, der sich der Raketenidee widmete: Gruppe zum Studium der Rückstoßtechnik (GIRD) nannte er sich und stand – natürlich – anders als sein deutsches Gegenstück von Anfang an unter der Aufsicht von Staat und Partei. Es war dies kein Freizeitklub, angewiesen auf die Hilfe von arbeits- und wohnungslosen Tüftlern wie der Tegeler Verein, sondern trug von Anfang an professionelle Züge.

1932, als der mit 20 Jahren schon frisch diplomierte Wernher von Braun von Karl Becker und Walter Dornberger aus dem VfR zum Heereswaffenamt herübergezogen wurde, stand ein nur wenig älterer Mann in Moskau bereits an der Spitze des GIRD: Sergej Koroljow, 26 Jahre alt, von ähnlich jugendlichem Drang in den Weltraum geprägt. 1930 hatte er, wenige Jahre nur vor von Braun, seinen Pilotenschein gemacht und an der Moskauer Universität sein Diplom abgelegt, ebenfalls im Fachbereich Flugzeugbau. Sein erstes Segelflugzeug hatte er mit 17 Jahren zusammengebaut. Seit 1930, unmittelbar nach seinem Diplom, war er einer der führenden Ingenieure des sowjetischen Flugzeugbauers Tupolew. Doch ähnlich wie Wernher von Braun war auch Koroljow in jenen Jahren von der Vision getrieben, die Flugzeuge würden nur eine Zwischenstation auf dem Weg in den Weltraum markieren. Zur selben Zeit wie im deutschen VfR erkannten auch die Enthusiasten im Moskauer GIRD die Vorteile des Raketenantriebs mit Flüssigtreibstoff. Und im selben Jahr konnte man dort so erfolgreiche Versuche starten, dass auch in Moskau in eben jenem Jahr 1932 das Militär auf GIRD aufmerksam wurde, welches die vormals zivil ausgerichtete Truppe von Technikern und weitsichtigen Genies zunehmend für seine Zwecke einspannte, viele Rubel in sie investierte.

Unterschiedlich sollten über die nächsten Jahrzehnte die Informationen der beiden Raumfahrt-Enthusiasten übereinander sein. Insbesondere in der ersten Zeit, als sie beide Protagonisten der deutsch-sowjetischen Konkurrenz waren, aber auch später, als dieselben Männer die Kontrahenten im großen Wettlauf der USA und der UdSSR zum Mond werden würden: Sergej Koroljow war der Name seines späteren Kontrahenten womöglich schon vor 1938 untergekommen. Vertreter der Reichswehr hatten damals in der Nähe von Moskau, vermittelt durch etwas dubiose Kooperationsabkommen der beiden Systeme, mit sowjetischen Triebwerkexperten zusammengearbeitet. Gewiss aber nach seiner Entlassung aus dem Gulag 1944 und dem baldigen Kriegsende war Koroljow über von Braun und dessen Raketen im Bilde. In der anderen Richtung galt das genaue Gegenteil.

Ansonsten aber wiesen die Werdegänge beider Männer frappante Parallelen auf. Koroljow war, wie von Braun, Ende der 20er-Jahre ein Senkrechtstarter in der Raketenszene. Doch nicht nur in technischer Hinsicht glichen sich die Karrieren: Beide waren sie der Willkür totalitärer Systeme ausgesetzt, beide hätten sie ihnen zum Opfer fallen können. Wernher von Braun war Anfang April 1944 von der Gestapo verhaftet worden, viel hätte nicht gefehlt, und er wäre im Machtkampf zwischen der SS und der Heeresspitze an den Galgen oder vor ein Erschießungskommando gekommen. Als er nach eineinhalbwöchiger Haft freikam, hatte Koroljow sechs quälende Jahre in unterschiedlichen Lagern Stalins hinter sich. Im Jahre 1938 war er, wie so viele andere in dieser schlimmen Zeit, unter die Räder von Stalins Willkürjustiz geraten.

Stalin hatte damals in der Mannschaft der Raketenexperten und beim stellvertretenden Verteidigungsminister Michail Tuchatschewski, der die Technologie förderte, Pläne für einen Putsch gewittert – Gerüchte, die damals obendrein von führenden Nationalsozialisten in Moskau erfolgreich lanciert werden konnten. Einer der Kollegen, mit denen Koroljow eng zusammenarbeitete,

Walentin Gluschko, ein Triebwerksbauer, hatte ihn denunziert, wenngleich aus einer verzweifelten Situation heraus. Gluschko war selbst verhaftet, gefoltert, mit dem Tode bedroht worden. Koroljow hatte letztlich noch Glück, dass er nicht wie Tuchatschewski und einige andere führende Raketeningenieure erschossen wurde. Ansonsten allerdings blieb Koroljow nichts erspart: Gulag, Folter, Umerziehung, Demütigung hatte er zu erleiden. Ende Juni 1944 erst ließ man ihn wieder frei, wie auch Gluschko – und baute beide sogleich wieder in die Raketenentwicklung der Sowjetunion ein, ebenso überraschend und unerklärlich, wie es ihre Verhaftung einst war. Unmittelbar danach avancierte Koroljow zum führenden Raketeningenieur des Landes. Gleichzeitig wurde er damals allerdings auch der große Unbekannte, das Phantom, der Held, den es eigentlich gar nicht geben durfte in einem Land, das nach offizieller Lesart nur einen Akteur kannte: die Arbeiterklasse.

Die sechs Jahre Haft ihrer führenden Raketenforscher tilgte die kommunistische Welt aus ihrer Technikgeschichte. Später, als nach Koroljows Tod die Geheimnistuerei um seine Person beendet war, brachte sein sowjetischer Biograf es in den 70er-Jahren fertig, in seinem Buch, das fast jede Lebenswoche des Raketengenies minutiös beschreibt, die sechs Haftjahre schlicht zu vernebeln: »Durch verschiedene Umstände konnte der Konstrukteur an den Flugerprobungen seiner Flügelrakete aber nicht teilnehmen.« Und: Koroljow »lebte und arbeitete weit von Moskau, weit von seiner Familie entfernt. Er übersiedelte von einer Stadt in die andere, und so plötzlich, dass er nicht einmal Zeit hatte, die notwendigste Kleidung mitzunehmen.« Der Autor P. T. Astaschenkow zitierte sogar aus einem Brief Koroljows, freilich ohne den Ort des Absenders mitzuteilen: »Im Betrieb hat man für uns viele Haushaltsgegenstände hergestellt, wie z. B. Aluminiumgeschirr, das ich nicht ausstehen kann, weil ich schon die ganze Zeit nichts anderes benutze. Man näht uns Wäsche (ich habe keine Reservewäsche und muss mich eben damit begnügen).«

Unmittelbar nachdem die Rote Armee in den ersten Julitagen 1945 in Thüringen einmarschiert war und dort die Amerikaner als

Besatzungsmacht abgelöst hatte, wurden Gluschko und Koroljow darauf angesetzt, dem Raketenprogramm der deutschen Wehrmacht nachzuspüren, jedenfalls dem, was davon noch übrig war. Sie kamen in den Harz, um in Nordhausen, in Bleicherode und in den Stollen von Mittelbau-Dora nachzuschauen, was von Braun dort von der Produktion der V2-Raketen hinterlassen hatte. Viel war nicht mehr da, die beiden mussten feststellen, dass die Amerikaner nach ihrer zweimonatigen Anwesenheit entweder alles verladen und mitgenommen oder zerstört hatten. Einige Sätze von Einzelteilen konnten sie zusammensuchen, auf Züge verladen und nach Moskau verschicken. Sie sollten später für die Montage von insgesamt elf Raketen reichen. Und auch sie streiften durch die Dörfer, so wie von Braun und seine amerikanischen Begleiter wenige Wochen zuvor, um ehemalige Peenemünder für sich zu rekrutieren. Doch sie bekamen nur noch die übrig gebliebenen, die keinen Platz in der »Operation Paperclip« (die Übersiedlung der Raketenforscher in die USA) gefunden hatten. Lediglich Gröttrup, der nicht mit nach Amerika wollte, gehörte von ihnen zu den führenden Ingenieuren der V2. Nur er zählte zu den früheren unmittelbaren Mitarbeitern von Brauns. Die meisten anderen waren Techniker, die mit der Forschung an Raketen wenig zu tun hatten. Sie zogen zunächst nach Moskau, später durften sie auf jener Insel Gorodomlja im Seligersee im Nordwesten Moskaus mit ihren Flüssigkeitsraketen experimentieren, bis sie Ende der 40er-Jahre zur »Abkühlung« (siehe das Kapitel »In die Neue Welt«) aus der Entwicklung herausgezogen wurden. Koroljow blieb mit seiner Forschung und Entwicklung in Moskau. Für die nächsten Jahre hatte er mit einer menschlich abstoßenden Arbeitsatmosphäre zu kämpfen: Gluschko, der Koroljow denunziert hatte, zählte wieder zu seinen engsten Kollegen. Sie gingen sich aus dem Weg, so gut sie konnten, zum Einvernehmen bei der Arbeit aber waren sie verdammt. Natürlich wussten beide, dass sie Opfer von Stalins System waren, menschlich half es wenig.

Die Raketentechnologie bekam nun immer größeren Rückhalt unter den sowjetischen Machthabern, und zwar in einer vor-

Sergej Koroljow Ende der 1950er-Jahre, als die Sowjets Hunde in den Orbit schickten. Dieser blieb auf der Erde.

behaltlosen Weise, die von Braun und seine Männer zu dem Zeitpunkt im fernen Huntsville, USA, vor Neid hätte erblassen lassen. Ansonsten glichen sich die Strukturen auffällig. Auch Koroljow war, wie von Braun, ein unpolitischer Technokrat, der 1952 allerdings, noch während der Zeit Stalins, unter Druck der sowjetischen kommunistischen Partei beitrat. Auch in der Sowjetunion, wie einst im Dritten Reich in Peenemünde und später auch in den USA, setzten die Strategen der Militärs zwei parallele Entwicklungslinien für die neuen Waffentechnologien aufs Gleis. Koroljow war für die Raketen zuständig, während Wladimir Tschelomei die Idee langsamerer Lenkwaffen verfolgte, Cruise-Missiles, ähnlich der V1, welche die Reichsluftwaffe damals auf ihren Reißbrettern hatte, ebenfalls in Peenemünde, neben der Versuchsanstalt des Heeres. Ansätze, wie man sie auch in den USA verfolgte. Konkurrenz belebte die Forschung.

Nach und nach aber setzte sich in den 50er-Jahren Koroljows Raketenprinzip durch. Aus den in Thüringen aufgefundenen Teilen der V2 und eigenen Veränderungen bauten seine Leute insgesamt elf Raketen zusammen. Diese R1-Rakten, wie die Russen sie nannten, gingen ab 1947 an den Start, brachten die sowjetische Forschung auf den damaligen Stand der Wissenschaft. Zügig war Koroljows Team in der Lage, die Nutzlast ihrer Treibgeschosse zu erhöhen. 1953 hob unter seiner Regie die erste Mittelstreckenrakete ab, die einen nuklearen Sprengkopf über 1200 Kilometer tragen konnte. Das war am 12. August, acht Tage bevor Wernher von Brauns Redstone, ein ähnliches Kaliber, ins noch ballistische Rennen geschickt wurde. Es war damals ein nur kleiner Vorsprung, der sich aber bald ausweitete.

Koroljows Glück war, dass sein großer Traum von der bemannten Raumfahrt von Nikita Chruschtschow gefördert wurde. Der Nachfolger Stalins, seit 1953 Partei- und Staatschef, freute sich über die Semiorka-Rakete als Atomwaffe mit interkontinentaler Reichweite, die ohne Weiteres die amerikanischen Metropolen ansteuern konnte, und hielt Koroljow bei Laune, aber auch im Stress, indem er ihm dieselbe Rakete als Weltraumspielzeug ließ.

Chruschtschow nutzte die Symbiose ganz bewusst und entfaltete damit eine gehörige Motivationswirkung – anders als es in den USA der Fall war, wo von Braun zur selben Zeit zurückgehalten wurde. Doch dazu später.

Sergej Chruschtschow, der Sohn, den der oberste Kommunist damals über die Erfolge sowjetischer Raketengenies aus nächster Nähe auf dem Laufenden hielt, bewundert noch heute deren Leistung: »Man könnte Koroljow mit einem General vergleichen, er konnte die richtigen Leute aussuchen, hatte die richtigen Ideen. Diese Männer arbeiteten Tag und Nacht, sie waren so enthusiastisch, ich glaube, er war ein Genie.« Dafür war Koroljow, das lebende Staatsgeheimnis, offenbar bereit, nach wie vor gehörige Opfer zu erbringen. Er durfte nichts unter seinem Namen veröffentlichen, durfte zu keinem internationalen Kongress reisen, mit keinem Ausländer korrespondieren. Er nahm es in Kauf, weil er im Auftrag Chruschtschows ab Mitte der 50er-Jahre schon viel weiter denken durfte: Er konzipierte Raumstationen, unbemannte Missionen zum Mond und manches mehr, mit dem die Sowjets im großen Wettrennen gegen die Amerikaner würden punkten können.

Dabei hatte Koroljow mit nie enden wollenden Problemen zu kämpfen. Immer stärker zerstritt er sich mit seinem Mann für die Triebwerke, Walentin Gluschko. Sei es aus technischen Differenzen, sei es, dass Gluschko der Zusammenarbeit mit seinem einstigen Denunziationsopfer menschlich nicht mehr gewachsen war – der Antriebsspezialist quittierte schließlich den Dienst und zog es vor, im Team von Wladimir Tschelomei Cruise-Missiles zu bauen. Unversehens stand Koroljow für seine bereits angedachte unbemannte Mondmission nun ohne Aggregate da. Flugzeugbauer wollten ihm mit schwächeren Motoren helfen und in die erste Raketenstufe allen Ernstes 30 Triebwerke einbauen, deren Feintuning für einen senkrechten Start ein Ding der Unmöglichkeit gewesen wäre. Koroljow musste also improvisieren. Eine Disziplin, auf die er im Laufe seiner grandiosen Laufbahn immer stärker würde zurückgreifen müssen.

In die Neue Welt

Der Krieg war vorbei, wenige Tage nachdem von Braun sich mit seinen Männern den Amerikanern gestellt hatte. Fronten gab es weiterhin. Neue, harte Auseinandersetzungen kündigten sich an. Die Entwicklung der Atombombe, die bald die neue Weltordnung bestimmen sollte, war in den USA so gut wie abgeschlossen. In Deutschland standen sich die beiden neuen Supermächte Amerika und Sowjetunion bereits gegenüber. Als wären sie noch im Krieg, beeilten sich die USA wie auch ihr neuer Gegenspieler UdSSR weiterhin beim Tricksen, Fintenlegen und beim Starten von Geheimaktionen, unter anderem, um sich Zugriff auf die »Wunderwaffen« der deutschen Raketentechnologie samt ihren Forschern zu sichern. Und hier waren die Amerikaner einfach schneller. Auch wenn offiziell Frieden herrschte – die US-Truppen standen im Feindesland, jedenfalls in der Terminologie des künftigen Kalten Krieges, der sich nun schon allzu klar abzeichnete. Das Land Thüringen war den Sowjets im Vertrag von Jalta zugesprochen worden. Doch noch war es, wie sogar angrenzende Gebiete Sachsens weiter östlich, von der US Army besetzt; der Frontverlauf zu Kriegsende hatte dies einstweilen mit sich gebracht. Und genau dort lagen die Geheimnisse der V2. In Mittelbau-Dora bei Nordhausen entdeckten die Amerikaner die übrig gebliebenen Raketen, die von der Wehrmacht nicht mehr hatten abgeschossen werden können. Aber wo waren die Konstruktionsunterlagen, die Pläne, die Berechnungen, die Weiterentwicklungen?

Den ihnen »zugelaufenen« Wernher von Braun, nachdem er sich den Landsleuten seiner neuen Wunschheimat gegenüber so famos in Szene gesetzt hatte, hatten die Amerikaner im Mai dann doch noch auf den Stuhl gesetzt. Berichte sollte er schreiben. Sie wollten wissen, was es mit der Wunderwaffe auf sich hatte. Von Braun kam dem Wunsch nach, jedoch wohl weniger in der von seinen neuen Freunden erwarteten Weise, die sich eine technische Bestandsaufnahme der V2-Entwicklung, ihre Details erhofft hatten. Von Braun, ganz in seiner Art, gab lieber leidenschaftlich seine Visionen zum Besten, schilderte die Möglichkeiten der Raketentechnologie, nannte die militärischen und besonders die zivilen Chancen. Er ging auf seine Entwürfe für die A9 und die A10 ein, die sich mit ihrer Reichweite von 5000 Kilometern für die Amerikaner in jenen Tagen einerseits wie ferne Zukunftsmusik ausnahmen, andererseits immerhin geplant waren als Angriffswaffen gegen die Millionenstädte an der amerikanischen Ostküste. Natürlich stellte er sie auch im Lichte der Raumfahrttechnologie dar, mit der er Besatzungen oder gar Passagiere ins All tragen wollte. Die Taktik hatte er nicht verlernt: In seinem Bericht rückte er lieber noch nicht mit der ganzen Wahrheit heraus, hielt allzu genaue technische Details zurück – insbesondere ließ er den Standort der Tonnen an Unterlagen vorerst im Dunkeln, die Dornberger für ihn im Harzer Untergrund gebunkert hatte. Wernher von Braun wollte seinen Wert erhalten.

Ein Mann im US-Militär war schon länger erpicht darauf, das »Mastermind« genauer kennenzulernen, das hinter den deutschen Raketen steckte, und auch die Raketen selbst, ihre Funktion, ihre Leistungsfähigkeit. Seit den ersten Einsätzen der V2 stand all dies ganz oben auf der Liste von Generalmajor Holger N. Toftoy. Das Verteidigungsministerium in Washington hatte ihm den Auftrag erteilt, die Waffen der Gegner auszukundschaften, die erbeutete Ausrüstung zu inspizieren, in Gefangenschaft geratene Experten des Gegners auszuhorchen. In den ersten Monaten des Jahres 1945 hatten sich die Nachrichten über die Führungsspitze in Peenemünde verdichtet, auch über einen gewissen Wernher von Braun. Raketen waren neues Terrain für das Waffenamt der Amerikaner. Elektrisiert war Toftoy, als er hörte, dass die führenden Raketenköpfe der Deutschen seinen eigenen Leuten in Tirol in die Arme gelaufen seien – und tief beeindruckt, nachdem er dann die Stollen im Harz untersucht hatte. Klar war, dass er für die Auswertung des Ganzen die Experten benötigen würde, von denen die Raketen entwickelt wurden. Also ließ er die Brüder von Braun, Dornberger und alle anderen, die sich am 2. Mai bei Reutte in die Obhut der Amerikaner begeben hatten, wieder Richtung Norden schaffen. Allerdings sollte die Mannschaft nicht unmittelbar beim Mittelbau-Dora, in Nordhausen oder Bleicherode, in bald schon sowjetischem Gebiet, Quartier nehmen, denn die ganze Angelegenheit begann nämlich langsam, der UdSSR gegenüber heikel zu werden.

SCHNELLE AMERIKANER

Die Stollen, Bunker und Lager der Raketenproduktion würden laut Vertrag von Jalta in wenigen Wochen der Roten Armee übergeben werden müssen. Eile war also geboten. In Jalta hatte man auch vereinbart, dass keine alliierte Macht aus einem Gebiet, das einer anderen zustand, Reparationsgüter entnehmen dürfe. US-Präsident Franklin D. Roosevelt hatte Befehl gegeben, sich strikt daran zu halten. Aber waren Raketen, also Beutewaffen, denn Reparationsgut? Und ihre Konstruktionsunterlagen? Und was war mit den Raketenexperten, die in dem der Sowjetunion zustehenden Gebiet wohnten und vor Kriegsende nicht mit nach Oberammergau gegangen waren? Zählten die auch zu den Reparationen, wenn sie freiwillig mitgingen? Ein unklare Situation, nicht nur in Bezug auf die Sowjets, sondern auch im Hinblick auf den eigenen Präsidenten. So wie Dornberger und von Braun die V2-Dokumente kurz vor Kriegsende auf ihrem Weg von Peenemünde in den Süden klammheimlich doch nicht vernichteten, sondern in mehreren Bergwerkstollen im Harz versteckten, so mussten nun, ohne Aufsehen zu erregen, Menschen und Material geborgen werden. Ein Wettlauf der ganz eigenen Art mit den Russen begann.

Am 21. Juni wurden die sowjetischen Truppen im Harz erwartet. Am 17. Juni trafen von Braun und die anderen Ingenieure in Witzenhausen nordöstlich von Kassel ein. Man hatte ihnen ein Schulhaus leer geräumt, in dem sie auf Feldbetten dicht an dicht nebeneinander hausten. Witzenhausen lag an der Grenze zwischen der britischen und US-amerikanischen Zone und nahe zu

Einer der Stollen im Harz, in denen gegen Ende des Krieges die V2 montiert wurde, im Bild mit einem Jeep der US-Armee

Thüringen, das bald den Sowjets gehören sollte – wo aber noch die Raketenpapiere lagen. Einer der Chefkonstrukteure der V2 hatte den Amerikanern inzwischen die Lage eines der Stollen verraten, in dem die Dokumente lagerten.

Ein weiterer Stollen mit versteckten Papieren lag im Nordharz, ein Gebiet, das laut Vertrag von Jalta wiederum den Briten zustand, das in jenen Tagen aber ebenfalls noch in der Hand der US Army war. Auch hier kamen die Amerikaner, als sie sich die Unterlagen holten, einer anderen Besatzungsmacht zuvor, die dort wenige Tage später einziehen sollte, in diesem Fall eben die befreundeten Briten. An die 14 Tonnen Dokumente zogen Toftoys Leute aus dem Bergwerk im Nordharz, die sie den deutschen Experten bald zum Sortieren vorlegten; viele Luftschlösser waren schließlich dabei, Fantastereien, aber eben auch harte Raketenberechnungen. Außerdem sicherten sich die USA aus Mittelbau-Dora so viele

V2-Raketen und deren Einzelteile, wie sie nur finden und transportieren konnten. Major James Hamill, Toftoys bester Mann, erledigte die logistische Herausforderung in wenigen Tagen. Wernher von Braun und seine Leute berieten dabei aus sicherer Warte im Westen. Da die Aktion wegen Roosevelts Vorbehalten gegen unrechtmäßige Reparationen selbst über die US-Verwaltung nicht offiziell ablaufen konnte, musste Toftoy beim Abtransport klug improvisieren, manches schon auf dem Landweg nach Antwerpen an der Armee vorbeilaufen lassen. Schließlich organisierte er 16 Liberty-Frachter mit jeweils über 7000 Bruttoregistertonnen, die das deutsche Raketenprogramm über den »Großen Teich« in seine neue Heimat überführten. Was den späteren Wettlauf zum Mond anging, so hatten sich die USA im Hochsommer 1945 auf diese Weise einen entscheidenden Startvorteil verschafft – womöglich nicht nur gegenüber dem späteren Gegner UdSSR. Wer weiß schon, ob die Briten, wären sie der 14 Tonnen Dokumente über die Wunderwaffe in »ihrem« Stollen habhaft geworden, nicht ebenfalls eineinhalb Jahrzehnte später den Drang zum Mond verspürt hätten.

Die Dokumente waren nicht alles, auch nicht die Restbestände der V2-Raketen. Wichtiger war das Personal. Toftoy, mit dem sich von Braun ebenfalls bald anfreunden sollte, hatte mit seiner Heeresleitung im Washingtoner Pentagon inzwischen vereinbart, dass nicht nur Raketen und Dokumente in die USA verschifft werden sollten, sondern auch die Raketeningenieure. Von Braun wollte alle mitnehmen, an die 300 Mann, die Amerikaner nannten eine Obergrenze von 100 Experten. Die Angehörigen durften nicht mit übersiedeln, jedenfalls nicht sofort, die Einwanderungsbestimmungen verboten dies. Es ist allerdings bemerkenswert und zeigt, für wie wertvoll die Raketenmannschaft im abzusehenden Wettstreit der Supermächte und ihrer Systeme erachtet wurde, denn für die Frauen und Kinder der Peenemünder wurden zügig komfortable Sonderregelungen vereinbart. Die Familien der 100 Experten wurden in einer alten Kavalleriekaserne in der Nähe von Landshut untergebracht – unter beneidenswerten Bedingun-

gen: Amerikanische Ärzte übernahmen die medizinische Betreu-
ung, den Frauen standen die exklusiven Einkaufsläden der Amerikaner zur Verfügung. Wernher von Braun hatte noch keine Familie, deren Schicksal er bei seinen Verhandlungen in jenen Wochen
hätte mitbedenken müssen. Auch wenn er, wie seine Biografen
schreiben, bald auch in Witzenhausen eine neue Freundin hatte,
so war dies doch keine Affäre, die ihn irgendwie belastet hätte, wenigstens nicht beim Gedanken an sein nun klar vor Augen stehendes Etappenziel: die USA.

Bei der vorgegebenen Begrenzung auf 100 Übersiedler wollte
Toftoy sich der besten Experten sicher sein. Er beauftragte Wernher von Braun mit der Auswahl und der Kontaktaufnahme mit den
Kandidaten. So zog von Braun von seinem Quartier in Witzenhausen unter Bewachung von GIs – zur Sicherheit gegen eine befürchtete Entführung durch die Rote Armee – durch Nordhausen,
Bleicherode und die benachbarten Gemeinden, in denen er noch
versprengte Raketenexperten vermutete. »Tage- und nächtelang
in amerikanischen Lastwagen« habe er gesessen, um seine ehemaligen Kollegen einzusammeln, erzählte er später. Andere als fach-
liche Qualifikationen sollten nicht gelten, ehemalige Mitgliedschaft in der NSDAP oder SS war kein Hinderungsgrund bei seinem
Auftrag von Toftoy. Es galt das Opportunitätsprinzip.

Wernher von Brauns Freund Walter Dornberger befand sich zu
seinem Bedauern nicht unter den Rekrutierten. Der ehemalige militärische Leiter der Heeresversuchsanstalt in Kummersdorf und
Peenemünde und insoweit Vorgesetzter von Brauns von 1932 bis
1945 war auf Anfrage aus London in britische Gefangenschaft
überstellt worden. Zwischenzeitlich drohte ihm die Anklage bei
den Nürnberger Kriegsverbrecherprozessen. Viele Engländer
wollten ihn hängen sehen, den Mann, den sie für den Raketenbe-
schuss ihrer Hauptstadt verantwortlich machten. Niemand kann
heute sagen, was mit Wernher von Braun geschehen wäre, hätten
die USA auch ihn an Großbritannien ausgeliefert. Erst 1947 wurde
Dornberger entlassen, woraufhin er in die USA ging und dort von
der Air Force als Berater engagiert wurde. Noch einen anderen

alten Bekannten konnte von Braun nicht auftreiben und zur Mitreise nach Amerika überreden: Helmut Gröttrup, jenen Experten für Raketensteuerung, der 1944 gemeinsam mit von Braun von der Gestapo verhaftet worden war und den die SS sogar der kommunistischen Gesinnung bezichtigt hatte. Gröttrup hatte beschlossen, sich nicht von den USA anheuern zu lassen. Er zog es vor, wenig später dem großen Konkurrenten, der Sowjetunion, dabei zu helfen, beim Raketenwettlauf aus den Startlöchern zu kommen.

Am 18. September 1945 war es dann so weit, es sollte in die USA gehen. Als Vorauskommando luden die Amerikaner in Witzenhausen sieben der Raketenexperten in die Autos: Wernher von Braun und Eberhard Rees, zuvor in Peenemünde Manager für Organisationsfragen, sowie fünf weitere Ingenieure, welche die Auswertung der vielen Konstruktionsunterlagen bewältigen sollten. Die Papiere waren inzwischen in einem Fort im Hafen von Boston gebunkert. In Paris bestiegen die sieben mit ihren amerikanischen Begleitern eine Militärmaschine, die sie nach Boston brachte. Umgehend machten sich die fünf Ingenieure daran, unter den 14 Tonnen an Unterlagen die Spreu vom Weizen zu trennen, zu sichten, zu katalogisieren, auszuwerten und Ausgewähltes zu übersetzen. Einiges musste rekonstruiert werden, weil es beim Bombenangriff vom 17. August 1943 halb verbrannt war. Für Wernher von Braun ging es gleich weiter nach Washington. Im Pentagon wollte man nun doch einmal den Mann näher kennenlernen, von dem Generalmajor Toftoy und andere aus Garmisch und Witzenhausen so viel erzählt hatten. Eigentlich wollte man ihn verhören, aber als man sich gegenübersaß, vermochte von Braun es erneut, durch seine Visionen und sein Auftreten zu beeindrucken – obwohl er doch, im Gegensatz zu seinem Bruder Magnus, ein stark germanisches Englisch sprach, bis an sein Lebensende. Letztlich blieb von dem Gespräch bei den hochrangigen Mitarbeitern des Pentagon vor allem hängen, dass der deutsche Freiherr sie alle zu ihrer Klugheit beglückwünschte, ihn selbst mit seiner hundertköpfigen Expertenmannschaft nach Amerika geholt zu haben.

WERNHER VON BRAUN WIRD SCHWEIZER

Die Übersiedlung der Deutschen, die in der deutschen Kriegsma-
schinerie eine bedeutende Rolle gespielt hatten, auf dem »kurzen
Dienstweg« war auf Befehl des Pentagons zunächst Geheimsache.
Die Peenemünder sollten auf keinen Fall die Aufmerksamkeit von
Reportern wecken, das Pentagon wollte keine Angriffsflächen für
einen möglichen Skandal bieten, weder im Inland noch in Europa
und schon gar nicht in Moskau – was nicht immer einfach war. In
diesen frühen Nachkriegszeiten war ein Deutscher in Amerika ein
Exot. Und wie schwer die Geheimhaltung sein würde, wenn es
darum ging, einen gesprächsoffenen Menschen wie Wernher von
Braun still zu halten, sollten die Amerikaner gleich Anfang Oktober erfahren. Von Braun bestieg mit Major James Hamill, der ihn
schon in Witzenhausen betreut hatte, den Zug, um nach Fort Bliss
zu fahren. In der Militärbasis in Texas sollten die Deutschen nun
zunächst unterkommen. Hamill und von Braun waren das Vorauskommando, niemand sollte unterwegs die wahre Identität des Raketeningenieurs erfahren.

Bis nach St. Louis ging noch alles gut, aber im weiteren Verlauf
saßen beide in getrennten Abteilen. Hamill konnte allfällige Kon-
taktversuche durch andere Fahrgäste nicht mehr abwehren. Als der
Zug in Texarkana gehalten hatte, sah Hamill, wie von Braun sich
herzlich und per Handschlag von jemandem verabschiedete. Hamill war misstrauisch und wollte sofort wissen, worüber er mit
dem Mann gesprochen habe. Bei Erik Bergaust, Wernhers Freund
und Biograf, liest sich der Gesprächsverlauf wie folgt:

»Der Herr hatte von Braun gefragt, woher er komme, und von
Braun hatte geantwortet, er sei aus der Schweiz. Es stellte sich
heraus, dass der Mann die Schweiz sehr gut kannte, und so fragte er
von Braun nach seinem Beruf. In der Stahlbranche, war die Antwort. Und wie es der Zufall wollte, war der Mitreisende in dieser
Branche zu Hause. Endlich erkundigte sich der Texaner, in welchem Sektor der Stahlbranche von Braun denn tätig sei, und diesem fiel nichts Besseres ein als das Kugellagergeschäft. Prompt

WELTRAUMSTÜRMER

stellte sich der Mann als Fabrikant von Kugellagern vor. Zum Glück kam in diesem Augenblick der Zug in Texarkana an. Der Amerikaner ergriff von Brauns Hand, schüttelte sie und sagte zum Abschied: ›Wenn ihr Schweizer nicht wärt, hätten wir diese verdammten Deutschen wahrscheinlich nicht besiegen können!‹«

Die Konsequenz aus dem Vorfall war für Hamill nicht, von Braun fortan an der kürzeren Leine zu halten. Vielmehr meinte er später, dadurch habe »von Braun Geistesgegenwart und seine Loyalität bewiesen gegenüber den Vereinigten Staaten und der Sache, um die es ging«. Nach zwei Tagen weiterer Zugfahrt war dann Fort Bliss bei El Paso im äußersten Westzipfel von Texas erreicht, ein weitläufiges Kasernengelände. Gleich nebenan lag das noch um ein Vielfaches größere Testgelände der US Army White Sands. Die Unterkünfte waren spartanisch, aber was machte das schon, von Braun war angekommen, als Erster der Peenemünder. Sein ganz persönlicher Traum war der Erfüllung wieder ein Stückchen näher. Und dann brachte ihnen die Nachtwache auch noch eine Flasche Juarez-Rum auf die Bude, sodass Hamill und von Braun anstoßen konnten. Zwei Tage später musste von Braun für zwei Wochen in die Klinik, um seine Leber zu kurieren – eine schwere Hepatitis hatte ihn stark angegriffen.

Ein paar Monate darauf war die »Operation Paperclip«, englisch für Büroklammer, abgeschlossen. Die Übersiedlung aller Deutschen – es waren nun doch insgesamt 126 – hatte diesen Namen bekommen, weil in der Kartei, die von den US-Streitkräften in Witzenhausen über die Peenemünder geführt wurde, die Karten all derer, die übersiedeln sollten, mit einer solchen Klammer gekennzeichnet waren. Man saß nun wieder zusammen, wie in Peenemünde, die alten Hierarchien waren noch spürbar, von Braun blieb der Alphamann. In den ersten Monaten war die gesamte Mannschaft deutlichen Restriktionen ausgesetzt, die erst nach und nach ein wenig gelockert wurden. Insbesondere standen die Deutschen unter einer Art Ausgangssperre: Nur ein Mal pro Monat, später dann ein Mal pro Woche, durften sie unter Begleitung der Militärpolizei nach El Paso, um Einkäufe zu erledigen, einen Film im Kino zu sehen oder ins Restaurant zu gehen. Die amerikanische Stadt war ihnen eine fremde Welt. Mit den Familien daheim waren sie nur über den langen Postweg verbunden. Mit manch Neuartigem, Konserven »Made in USA« etwa, konnten sie nun regelrechte Überraschungspakete nach Hause schicken.

Was ihre Arbeit anging, so konnten sich die »Paperclip Boys« bald fragen, zu welchem Zweck man sie eigentlich in dieser Zahl herübergeholt hatte. Weltraumfantasien teilte seinerzeit in El Paso sowieso niemand. Auch die Entwicklung von Langstreckenraketen genoss im Pentagon keine besondere Priorität. Alle Kapazitäten für Forschung und Entwicklung lagen auf den Langstreckenbombern der Air Force. Die Boeing B-47 kam in die Testphase, und die B-52 – bis zum heutigen Tag eine strategische Säule des US-Verteidigungsministeriums – war bereits angedacht. Immerhin, hier steckte von Braun niemand ins Gefängnis oder drohte ihm gar mit Erschießung, wenn er abends in seiner Umgebung packende Visionen von Fahrten zum Mond und zum Mars zum Besten gab. Und so konnte er nun, wenn er die Raketen in Fort Bliss auf dem Papier weiterentwickelte, durchaus im Sinne eines *dual use* denken, in der gleichzeitigen militärischen und zivilen Nutzung. Zeit genug gab es, niemand drängelte, und beim einen oder anderen kam auch Langeweile auf. Die meisten nutzten die Gunst der Stunde, um Englisch zu lernen oder vorhandene Sprachkenntnisse zu erweitern. Im Auftrag des Verteidigungsministeriums saß von Braun auch noch an der Entwicklung eines Staustrahltriebwerks, ein Terrain, auf dem er bislang über wenig Erfahrung verfügte.

Glücklicherweise hatte man im Reisegepäck über 100 V2-Raketen gehabt, die meisten von ihnen in Einzelteilen, welche die Peenemünder nun, ohne größere Kosten zu verursachen, zusammenbauen und hier oder da verfeinern konnten, um sie der Reihe nach abzuschießen und den genauen Erfolg zu protokollieren. Alle paar Tage eine. Am 16. April 1946 stieg in White Sands das erste der altbekannten Geschosse in die Luft, wie in Peenemünde mit großen schwarz-weißen Karos bemalt, um die Bewegungen im Bild genauer festhalten zu können. Es war ein Fehlstart. Doch nach und nach konnten wieder größere Höhen erreicht werden, bald gelang es den Männern sogar, ein Exemplar auf die nie zuvor erreichte Gipfelhöhe von 390 Kilometer zu schießen – zehn Kilometer höher als der Orbit der Internationalen Raumstation im Jahre 2011. Allerdings standen aus Gründen der Kostenersparnis nur unzureichende Geräte zur Auswertung der Versuche zur Verfügung, anders als in Peenemünde, wo auf dem Höhepunkt der Entwicklung Geld keine Rolle gespielt hatte.

MANAGER AUCH FÜR PRIVATE ANGELEGENHEITEN

Die ersten Nachkriegsjahre zählten für Wernher von Braun nicht zu den glücklichsten, auch wenn er nun im Land seiner Träume angekommen war. Seine Arbeit füllte ihn nicht aus, die Vorgaben des Pentagon erlaubten keine nennenswerten Fortschritte. Im Privaten war er indes umso stärker gefordert, auch dort gab es Licht und Schatten. Die Frauen der »Paperclip Boys«, die in Landshut zurückbleiben mussten, waren dort alle gemeinsam mit ihren Kindern kaserniert. Nun waren die Frauen in Streit geraten. Gegenseitige Vorwürfe wurden in den verschiedenen Briefen deutlich, die in Fort Bliss ankamen. Von Braun, der niemanden in Landshut zurückgelassen hatte, war es, der jetzt seinerseits Briefe an die Wortführerinnen der Auseinandersetzungen schrieb: Die Spannungen in der Heimat, so ließ er sie wissen, würden sich unmittelbar auf das Arbeitsklima in White Sands auswirken, würden auch hier zu Reibereien führen. Und wenn das in Landshut nicht aufhöre, so schrieb er, sei das ganze Projekt in Gefahr. Die Amerikaner würden dann bald alle Peenemünder wieder heimschicken, drohte er. Langsam kehrte wieder Ruhe ein an der »Heimatfront«. Womöglich wurden sich die Ehefrauen nach und nach der privilegierten Lage bewusst, in der sie unter den Fittichen der US-Armee in Deutschland lebten, wo 1945 und 1946 mehr Menschen verhungerten, erfroren, an Auszehrung oder an seelischem Zusammenbruch starben als in allen Kriegsjahren zusammen.

Es gab weitere Dinge, die von Braun im privaten Bereich über den Atlantik hinweg in Anspruch nahmen. Vor dem hektischen Aufbruch der Peenemünder Mannschaft über den Harz nach Süddeutschland vor fast einem Jahr hatte er seine Eltern zum letzten Mal gesehen und danach nichts mehr von ihnen gehört. Er wusste nur, dass die Front der Roten Armee über ihren Wohnort im schlesischen Oberwiesenthal hinweggerollt war. Jetzt war die Nachricht zu ihm gedrungen: Die Eltern leben. Magnus senior und Emmy, die ihm die ganze Raketentechnik schließlich nahegebracht hatte, auch wenn sie damals das Weltall und kein Kriegsgerät im Visier hatte. Sein Bruder Sigismund, nach wie vor Gesandter des Auswärtigen Amtes im Vatikan, hatte Wernher die gute Nachricht überbracht. Immer noch waren die Eltern in Oberwiesenthal. Wernher von Brauns etwas großspuriger Wunsch, sie von dort, aus sowjetisch besetztem Gebiet also, durch den amerikanischen Geheimdienst in die USA holen zu lassen, blieb unerfüllt. Im Juli 1946 wurden sie aus dem inzwischen polnischen Gebiet vertrieben. Unterwegs verloren sie auf einer mehrtägigen Fahrt im Viehwaggon fast ihre gesamte Habe und landeten nach vielen Stationen schließlich ebenfalls in Landshut, bei den Familien der »Paperclip Boys«. Eine der ersten Aktionen, mit denen die Eltern nach ihrer Vertreibung wieder Präsenz in der Familie zeigten, war, Wernher einzuspannen, um seinem Bruder in White Sands dessen Verlobung mit einer in Scheidung lebenden Frau aus Landshut auszureden – mit Erfolg. Magnus machte allerdings auch ganz reale Probleme, er zeigte sich überheblich den Amerikanern gegenüber, die Offiziere begannen ihn gar als Sicherheitsrisiko einzuschätzen. Und er bekam Ärger mit der amerikanischen Justiz, weil er einen ins Land geschmuggelten Platinbarren in El Paso verhökert hatte. Für die gesamte deutsche Mannschaft war das eine heikle Situation, Magnus zählte zu den bekannteren Köpfen unter ihnen. Doch Wernhers einstigem Schatten bei der Anreise nach Fort Bliss, James Hamill, gelang es, den Vorgang bei den Behörden im Interesse der Geheimhaltung der »Operation Paperclip« sanft einschlafen zu lassen. Damals war die Rede davon, Wernher habe seinen

Bruder Magnus deshalb verprügelt. Wernher von Braun musste sich eben auch im Familienmanagement vielfältig beweisen und, wenn es sein musste, womöglich auch handgreiflich werden.

HOCHZEIT UND NACHWUCHS

Wichtiger war es für den Wahlamerikaner, dass eine Herzensangelegenheit sich endlich besonders glatt regeln ließ. Im letzten Kriegsjahr noch hatte er sich in seine junge Cousine Maria von Quistorp verliebt, die Tochter von Emmys Bruder – wohl ohne dass Maria dies wirklich klar war. Im Herbst 1946 nun war sie 18 Jahre alt geworden. Damit war sie gerade einmal gut halb so alt wie er. Jetzt wollte Wernher es wissen. Er schrieb an seine Eltern, spannte sie als *postillons d'amour* ein, fragte höflich, ob sie nicht nach Ostfriesland fahren mochten, wohin Marias Familie aus dem Osten geflohen war. Sie könnten dort doch bitte fragen, ob Maria seine Ehefrau werden wolle. Gerade an dem Tag aber, als der Brief in Landshut ankam, war Maria dort bei Wernhers Eltern zu Besuch. Weder Vater noch Mutter brauchten also nach Ostfriesland aufbrechen. Magnus senior musste lediglich vom Briefkasten aus direkt zu Maria gehen und sie fragen. Ihre spontane Antwort lautete: Sie habe niemals die Frau eines anderen werden wollen. Die Verlobung aus der Ferne war vollzogen.

Es kam dann schon einem halben Staatsakt gleich, als Wernher von Braun im Februar 1947 nach Deutschland flog, um in Landshut zu heiraten. Gleich eine ganze Garde von Leibwächtern umgab ihn, uniformiert, mit Stahlhelm oder in Zivil, motorisiert und zu Fuß, sichtbar und unsichtbar. Groß war in den USA die Befürchtung, die Sowjets wollten von Braun in ihren Machtbereich entführen. Noch gab es keine D-Mark, noch waren Zigaretten die härteste Währung in Deutschland, zumal amerikanische. Und so konnte der Raketenmann von seinen mitgebrachten 30 Schachteln Camel schon fast den ganzen Hochzeitsetat bestreiten. Allein war er gekommen – abgesehen von seiner militärischen Begleitung –, und mit einer Familie kehrte er zurück. Mit Maria, seiner jungen Frau, und mit seinen Eltern, die sich nach seinem langen Bitten bereit erklärten, zumindest für ein paar Jahre mit ihm nach Fort Bliss zu ziehen. Ein Jahr später kam Wernhers erste Tochter Iris Careen zur Welt. Er entwickelte sich zum Familienmenschen.

An seiner beruflichen Situation hatte sich unterdessen nicht viel geändert. Das Raketenprogramm der Armee blieb weiterhin ein Stiefkind des Pentagon. Von Braun konnte sich mehr denn je seinen hochfliegenden Träumen widmen, nahm seinen Rechenschieber wieder zur Hand und kalkulierte den Schub von Raketen für eine bemannte Mission zum Mars, entwarf Strategien für die interplanetare Reise, plante Zwischenstationen im Erdorbit und auf dem Mond. Er hielt Vorträge zum Thema vor dem Rotary Club, schrieb darüber einen voluminösen, aber leider unverdaulichen und deshalb wohl auch erfolglosen Roman.

HITLERS INGENIEURE FÜR MOSKAU

Die Annahme, Wernher von Braun wolle sich in den USA, sobald es nur ginge, von allen militärischen Zwängen befreien und nur noch in den Weltraum durchstarten, wäre allerdings unberechtigt. Im Gegenteil, er ging auch mit dem militärischen Nutzen seiner geplanten Langstreckenraketen regelrecht hausieren. Dabei kombinierte er die vom Dritten Reich vergeblich angestrebte, von den USA aber gerade neu entwickelte und in Japan mit hunderttausendfacher tödlicher Wirkung eingesetzte Atombombe mit seinen Treibgeschossen. In einem Brief an den »Vater« der Bombe, Robert Oppenheimer, hatte er 1946 versucht, ihm die Vorzüge von Raketen gegenüber Flugzeugen beim Transport der Bomben zu erklären. Was er nicht wusste: Oppenheimer hatte sich nach den ersten beiden Abwürfen von seiner Bombe abgewandt, hatte sich zum Gegner seiner eigenen Erfindung gewandelt. Noch stand die ganze Welt unter dem Eindruck der Abwürfe auf Hiroshima und Nagasaki, die unmittelbar 92 000 Todesopfer forderten und bis Ende 1945 noch weitere 130 000 und auch den Pazifikkrieg beendeten. Da schickte von Braun Entwürfe von atomar bestückten Raumstationen an das Pentagon, die im Orbit auf Patrouille gehen sollten und mit ihrer nuklearen Fracht jederzeit und über jedem Punkt der Erde einen Atompilz aufsteigen lassen könnten.

Hätte sich eine seiner militärischen Visionen realisieren lassen, so hätte sie sich damals auch gegen ein paar Dutzend Mitglieder seiner alten Peenemünder Mannschaft gerichtet. Auch gegen seinen Leidensgenossen in der Gestapo-Haft 1944, Helmut Gröttrup, der schließlich auf der anderen Seite stand. Als Anfang 1945 alle Peenemünder im Eisenbahnzug auf dem Weg in die Alpen waren, hatte sich Gröttrup in Augsburg aus dem Waggon davongemacht – aus jener Angst heraus, die damals viele von ihnen umtrieb: Die SS werde sie letztlich doch alle erschießen. So erzählt es heute Gröttrups Tochter Ursula, die damals erst kurz zuvor geboren worden war. Zu Fuß hatte sich Gröttrup anschließend wieder in Richtung Norddeutschland aufgemacht. Zwar war er in den Westzonen geblieben, doch kaum war der Krieg beendet, waren die Headhunter der Sowjets auch im Westen unterwegs, darunter ihr bekanntester: der Ende 2011 verstorbene Boris Tschertok, der Holger Toftoy des Ostens, der im Auftrag des großen sowjetischen Raketenkonstrukteurs Sergej Koroljow arbeitete, dem Wernher von Braun des Ostens.

Als die Sowjets Thüringen schließlich von der US Army übernommen hatten, ging Gröttrup auf das Angebot von Tschertok ein und zog zunächst zurück an seine alte Wirkungsstätte in Bleicherode.

»Die haben ihm das Blaue vom Himmel versprochen«, sagt seine Tochter – und manches auch gehalten, anfänglich zumindest. Laut Zeitungsberichten aus den 50er-Jahren hat man dem Spezialisten für Raketensteuerung den Gegenwert von späteren 5000 D-Mark monatlich gezahlt. Und er seinerseits habe weiteren Fachkräften aus dem Westen großzügige Angebote machen dürfen. Gröttrup bekam seine Mannschaft zusammen. Etwa 5000 Menschen verschiedenster Qualifikationen waren es, die den alten Mittelbau-

Dora unversehens wieder zum Leben erweckten, diesmal im Dienste der Sowjets. V2-Raketen wurden dort bald wieder montiert, als hätte es kein Kriegsende gegeben, lediglich die Zwangsarbeit war beendet. Gröttrup avancierte zum Generaldirektor eines der wichtigsten Werke des sowjetischen Raketenprogramms, doch auch er hatte keine Ahnung von Koroljow, jenem Phantom, das hinter allem stand.

»Er war kein Kommunist, sondern Sozialdemokrat«, sagt Gröttrups Tochter heute über ihren Vater, er stammte »aus einer alten sozialdemokratischen Familie«.

Im Oktober 1946 wurde die Produktionsstätte Mittelbau-Dora plötzlich geschlossen und demontiert. Gröttrup war nun der Kopf von 200 deutschen Technikern, Physikern und Chemikern, die von Nordhausen nach Moskau verbracht wurden. Einiges an Konstruktionsunterlagen für die V2 konnten auch sie mitnehmen in den Osten. Viele Zulieferbetriebe für Mittelbau-Dora lagen in Ostdeutschland, bei denen sich die eine oder andere Blaupause fand. Gröttrup hatte kein schlechtes Gefühl bei der Übersiedlung nach Moskau, noch nicht. Es war eine Zeit, da der Kommunismus trotz allen Mangels im zusammengebrochenen Mittel- und Osteuropa durchaus eine gewisse Anziehungskraft auf intellektuelle Köpfe vielerlei Couleur ausüben konnte, eine Phase, in der auch Kulturschaffende aus dem Westen in die DDR überwechselten. Was sich währenddessen hinter den Kulissen an tödlichen Intrigen und fortgesetzten Massenverhaftungen abspielte, war nicht allen klar. Noch lebte Stalin.

Nach einem Aufenthalt von einigen Monaten in Moskau ging es für die Deutschen – zunächst nur für die Ingenieure, dann auch für deren Familien – weiter nach Gorodomlja. Diese kleine Insel lag im Seligersee auf halber Strecke zwischen Moskau und Leningrad, dem heutigen St. Petersburg, und konnte damals gut von der Außenwelt abgeschirmt werden. Ursula Gröttrup, damals gerade vier Jahre alt, war dabei und erinnert sich, teils vermittelt über spätere Erzählungen ihrer Eltern: Die Anlagen zum Wohnen und Forschen mussten erst noch errichtet werden. Am Anfang standen nur ein paar Holzhäuser. Steingebäude wuchsen erst nach und nach in die Kiefern- und Birkenwälder hinein, auch ein Raketen-prüfstand.

»Wenn der in Betrieb war, dann bebte die Insel«, sagt Ursula Gröttrup. Als die Familien nachziehen durften, entwickelte sich eine fast verschworene deutsche Gemeinde, kulturell und sport-lich ambitioniert. Im Eigenbau entstand für all die Laiendarsteller ein Theater, eine Bibliothek ebenso, ein Café für regelmäßige Lese-abende, auch ein Tennisplatz. Zwar war man von Stacheldraht um-zäunt, doch den nahmen zumindest die Kinder wie Ursula Gröttrup nicht wahr, ab 1950 durften sie alle auch ohne Aufsicht zum Festland übersetzen und in die Stadt fahren zum Einkaufen.

Boris Tschertok, der im Gegensatz zu Koroljow die Insel Goro-domlja des Öfteren besuchte, beschrieb in seinem Buch *Raketen und Menschen* die Situation der Deutschen: »Alle Gebäude auf Gorodomlja waren adrett und die Lebensumstände dort ziemlich anständig für diese Zeiten. Mindestens die verheirateten Experten bekamen Zwei- oder Dreizimmerwohnungen. Bei meinen Besu-chen auf der Insel beneidete ich sie, ich lebte mit meiner Familie in Moskau in zwei 24 Quadratmeter großen Räumen einer Vierzim-merwohnung, die wir uns mit anderen teilten. Viele unserer russi-schen Spezialisten und Arbeiter wohnten in Baracken ohne die nö-tigsten Einrichtungen. Deshalb kann man die Situation auf der Insel trotz allem Stacheldraht nun gar nicht mit den Bedingungen von Kriegsgefangenen vergleichen.«

Fort Bliss und Gorodomlja. Hitlers Raketenmänner waren aus-geschwärmt, nach Osten und nach Westen. Die ersten Trainings-läufe für das große Wettrennen zum Mond gingen in jenen Mona-ten an den Start, ohne dass die Beteiligten von diesen späteren Weiterungen ihrer damaligen Arbeit Genaueres ahnten.

Die Ingenieure und Forscher von Gorodomlja hatten eine klar umrissene Aufgabe: Sie sollten eine Rakete entwerfen, die eine Nutzlast von drei Tonnen über 3000 Kilometer tragen könnte. Bis 1950 brauchten sie dafür, dann hatten sie ihre Aufgabe gelöst, die Probeläufe der Motoren an den Prüfständen schienen das zu bestätigen. Gröttrup präsentierte seinen sowjetischen Vorgesetzten die Pläne, und seine Entwürfe wurden als praktikabel und gut akzeptiert.

FLUCHT ÜBER WESTBERLIN

Bis zum erfolgreichen Start ihres Geschosses würden allerdings noch Jahre vergehen, ihm sollten die Konstrukteure nicht mehr beiwohnen. Kurz nach diesem Etappenziel nämlich drehte sich für sie der Wind. Weitere eigene Forschungen waren von ihnen nicht mehr gefragt. Ihre Aufgabe bestand ab sofort nur noch darin, russische Assistenten anzulernen, und sie mussten die Erfahrung machen, dass diese dann recht zügig zu ihren Vorgesetzten aufstiegen. Sie hatten nichts mehr zu sagen. Und das war auch so beabsichtigt. Gröttrup, der einstige Generaldirektor in sowjetischen Diensten, schrieb Beschwerdebriefe.

»Er sprach auch mit hochgestellten Persönlichkeiten von Partei und Regierung, mit Georgi Malenkow, mit Wjatscheslaw Molotow«, sagt seine Tochter, aber das Einzige, was er dort heraushörte, war, dass sich die Deutschen offenbar in der Zeit ihrer »Abkühlung« befinden sollten, von der an sie von weiteren Prozessen ausgeschlossen wurden. Nach einer eventuellen Rückkehr ins zivile Leben sollten sie sich nicht mehr an allzu viele der Raketendetails erinnern. Sie waren Geheimnisträger, dämmerte es Gröttrup. Wieder hatte er akute Ängste, erschossen zu werden, wäre er als wissenschaftlicher Leiter der Raketenversuche doch der Erste gewesen. Er trug die Bedenken in die Familie hinein, alle hatten darunter zu leiden. Die Ängste wurden nicht geringer, als er mitansehen musste, dass viele seiner Kollegen nach Deutschland entlassen wurden, schließlich alle – nur er nicht. Was hatte das zu bedeuten? Und waren die Mitarbeiter überhaupt heil angekommen im besetzten Deutschland? Im Osten natürlich, wenn überhaupt. Eine Übersiedlung in den Westen würden die sowjetischen Besatzer schon zu verhindern wissen, meinte er.

1953 wurde auch Gröttrup entlassen, mit seiner Familie. Gemeinsam schafften sie es wenig später dann doch, in den Westen überzusiedeln, unter abenteuerlichen Umständen, über Berlin und den Luftweg schließlich in die junge Bundesrepublik. Wieder packte ihn die Panik, erschossen oder entführt zu werden. Das änderte sich auch nicht, als er wenig später andere Berufe ausübte. Die Angst vor einer Entführung in den Osten, sie blieb.

»In unserem Haus in Köln«, erinnert sich Tochter Ursula, »durften wir Kinder nicht vor die Tür, alle hatten wir Angst, dass man uns mitnimmt, als Faustpfand, um meinen Vater wieder in den Osten zu holen.«

Gröttrup hatte geholfen, die Basis zu legen für die späteren ersten großen Schritte der sowjetischen Raumfahrt, ihre anfängliche Führungsposition in Richtung Mond. Der große Triumph blieb ihm verwehrt. Sowieso hatte seit den 50er-Jahren – anders als es spiegelbildlich bei Wernher von Braun in den USA der Fall war – bei der Raketenentwicklung ein Russe alle Fäden in der Hand: Sergej Koroljow. Helmut Gröttrup blieb ein anderes Lebenswerk vorbehalten: Er erfand später die Chipkarte und ließ sich diese patentieren. Den Wettlauf zum Mond konnte er nicht gewinnen, dafür revolutionierte, beschleunigte, vereinfachte er weltweit das Bezahlen von Rechnungen, den Zugang legitimierter Personen zu exklusiven Bereichen, die Handhabung von Ausweisen für die Bibliothek, für die Krankenkasse, für den Bankautomaten. Viele sagen, dies sei ein größerer Sprung für die Menschheit gewesen als der Sieg beim Wettrennen ins All. Das mag sein. Der spannendere war es sicher nicht. Das hat bisher auch noch niemand behauptet.

Peenemünde Süd, USA

Harry S. Truman, der Nachfolger Roosevelts im Präsidentenamt der USA, verkündete 1947 die Truman-Doktrin und versprach jenen Ländern Hilfe, die zwischen die Mahlsteine der beiden Supermächte im aufkommenden Kalten Krieg zu geraten drohten. Er wollte den Sowjets die Stirn zeigen. Die erste Nagelprobe kam: die Koreakrise, die dem US-Verteidigungshaushalt eine erhebliche Aufstockung bescherte – der Rüstungswettlauf begann, Tempo aufzunehmen. Wernher von Braun und seinen Männern sollte nun ein völlig neues Forschungs- und Entwicklungszentrum zur Verfügung gestellt werden, das in der Größe White Sands nicht nachstand, aber über eine bessere Infrastruktur verfügte, weiter ausgebaut war und näher an der Hauptstadt und den Raketenabschussgebieten in Florida lag. Die Ehefrauen und Familien der Raketenforscher waren inzwischen in Amerika angekommen und vergaßen ihre Streitereien, die Stutenbeißereien in ihrem Lager in Landshut, als die US-Behörden sie noch nicht ins Land lassen wollten.

Die Deutschen und viele Amerikaner, insgesamt mehrere Tausend Forscher und Techniker, zogen um nach Huntsville, damals noch ein kleines Kaff im Bundesstaat Alabama, das etwa 15000 Einwohner zählte, inmitten von Feldern mit Baumwolle und Brunnenkresse. Hier stand den Raketenexperten ein Gelände der US Army mit vielen neueren Bürogebäuden, Raketenprüfständen und Fabriken am Rande des Ortes zur Verfügung, das 20 Quadratkilometer große Redstone Arsenal.

Huntsville trägt noch im Jahre 2011, auf inzwischen 170000 Einwohner angewachsen, deutliche Zeichen des Migrationshintergrundes der Menschen, die zu Beginn der 50er-Jahre zu vielen Hunderten hier einzogen: Vor nicht so langer Zeit machte hier ein neues Restaurant auf: *The Schnitzel Ranch*, mal wieder eines mit

Anklängen an die deutsche Sprache. *Ol' Heidelberg*, *Cafe Berlin*, *Biergarten* und unzählige weitere waren da längst eingeführt. Viele andere mit neutralem Namen werben mit »German Food«, »German Music and Dancing«, »Miss Oktoberfest« und »Burgermeister Ball«. Auch wenn Huntsville mit seiner unendlichen Fläche, leicht hügelig mit vier- oder sechsspurigen Stadtstraßen, alle hundert Meter ein Bungalow, der Rest Tankstellen, Motels und gemähtes Grün, auf den ersten Blick die typische Südstaaten-Großstadt abgibt – das deutsche Element ist dennoch präsent. Gewiss, das größte Gebäude der Stadt ist das neue Staatsgefängnis, ein dunkelbrauner Betonklotz. Das höchste Monument aber geht auf die Einwanderer in den 50er-Jahren aus Schwaben, Thüringen oder Niedersachsen zurück: die Saturn-V-Rakete, das 111 Meter hohe und 2500 Tonnen schwere Geschoss, die Krönung der bemannten Raumfahrt, die in den 60er- und 70er-Jahren zum Einsatz kam. Sie steht im Museumsbereich nahe am Eingang zum heutigen Marshall Space Flight Center (MSFC), das hier 1960 eingerichtet wurde, als sich die USA nach langem Zögern, dann allerdings mit voller Kraft zur Raumfahrt bekannten. Im Museum liegt eine weitere Saturn V ausgestreckt in einer Halle. Stadteinwärts steht nach wenigen Kilometern die nächste Rakete: der Kirchturm der First Baptist Church, die überaus deutliche Nachbildung einer dreistufigen Saturn in Sichtbeton; ein 70 Meter hohes Bekenntnis vor Gott zur weltlichen Himmelfahrt.

Ein paar Jahre ist es erst her, da traf man in den Gaststätten mit deutschem Namen hier und da noch auf die alten Hasen der Raketenentwicklung aus Peenemünde, hochbetagt, in den Achtzigern oder gar Neunzigern, und alle hatten sie hier in der Stadt gearbeitet, waren nach und nach aber in Pension gegangen: Ernst Stuhlinger, Arthur Rudolph, Walter Jacobi, der Treibstoffspezialist für die V2 in Peenemünde und die Saturn V in Huntsville, Konrad Dannenberg, der 2008 noch als 96-Jähriger mit Rollator und seiner halb so alten Frau ins *Ol' Heidelberg* kam, um davon zu schwärmen, wie sie im Raketenverein von Hannover-Vahrenwald Raketen bauten, die sie später einmal im Postdienst einsetzen wollten,

15 Meter höher als die Münchner Frauenkirche: ein Exemplar der Mondrakete Saturn V vor dem Eingang des Raumfahrtmuseums in Huntsville, Alabama

»von einem Alpental ins nächste«. Tatsächlich baute er später dann die V2 und noch später die Saturn V als stellvertretender Direktor von Brauns. Inzwischen sind sie fast alle gestorben, die Protagonisten aus Deutschland, die damals die Stadt so veränderten.

Frühjahr 1950. Die Deutschen kamen: aus Fort Bliss bei El Paso, dem fernen New Mexico, auf ihrem großen Treck nach Osten, über 100 Familien. »Die Karawanen von Autos und Lastwagen, in denen sie reisten, formten Wagenzüge des 20. Jahrhunderts. Platte Reifen, überhitzte Kühler, falsche Abzweigungen und andere Störungen verzögerten ihre Fahrt über die 2000 Kilometer lange Strecke, aber sie schafften es.« So erinnerte sich die *Huntsville Times* später, während des Mondrennens in den 60er-Jahren, an die Zeit, da alles anfing, mit einem gewissen Stolz an ihre europäischen Neubürger, die hier unglaublich viel bewegt haben.

Rock 'n' Roll, Straßenkreuzer, Kühlschränke, Fernseher – in Amerika bauten sich der legendäre Konsum, Komfort und die neue Kultur der Nachkriegszeit auf. Die deutschen Experten und ihre Hausfrauen stellten sich all dem, versteckten sich nicht, bemühten sich nach Kräften in ihrem Englisch. Und dennoch: Für sie waren die Lässigkeiten der »Zweiten Moderne«, die nun mit Macht in Amerika begann, schon gewöhnungsbedürftig, sie selbst noch nicht voll integriert. Gottlob waren sie genug an der Zahl, um sich zu einem Gutteil noch auf sich selbst beziehen zu können.

Es war ein bemerkenswertes Soziotop, das da Wurzeln schlug. »Eingebettet zwischen der Schwelle zum Weltraum und der noch verbliebenen Ante-bellum-Romantik des tiefen Südens von Dixieland, vorgelagert der ländlichen Kulisse arg verfolgter, schwarzbrennender Moonshiners und noch ärger respektierter Klapperschlangen, durchsetzt vom fremdartigen Fluidum der selbstsicheren, gutturalsprechenden Germans, wurde Huntsville schnell zu einem überaus faszinierenden Kaleidoskop der Traditionen, Horizonte, Träume und Zukunftsvisionen.« So charakterisiert Jesco von Puttkamer, der etwas später zu dem deutschen Raketenteam stieß, die damalige Ausgangslage.

»Wir sind eine Pionierstadt«, sagt heute die ehemalige Bürgermeisterin von Huntsville, Loretta Spencer, »das haben wir den Deutschen zu verdanken.« Damals allerdings amüsierten sich die Amerikaner bisweilen köstlich über ihre »Lehrer« im Fach Raketenbau, vor allem über deren ulkiges »Raketen-Pidgin«, wie sie den speziellen Sprachcode der Einwanderer bezeichneten. Spaßvögel stellten daraus ein eigenes Wörterbuch zusammen:

Sprengkopf = Laudenboomer
Raketenmotor = Firenschpitter mit Smoken-und-Schnorten
Atomsprengkopf = Eargeschplitten usw.

Zeitungsreporter machten sich darüber lustig, dass die Deutschen in der örtlichen Bibliothek sofort einen Ausweis beantragten, noch bevor ihre Wasseruhren angeschlossen waren. Nicht lange nach ihrer Ankunft gründeten sie ein immerhin bald auch außerhalb der Stadt bekanntes Orchester, bemühten sich um Gelder für eine Universität im Ort, was für den Standort und die Heranziehung von Fachkräften freilich ohnehin opportun war. Die Bäckereien stellten sich um auf Vollkornbrot, die Metzgereien auf Braunschweiger und Fleischwurst.

BUNGALOWS AUF »SAUERKRAUT HILL«

Solange in Huntsville ausschließlich militärische Entwicklungen vorangetrieben wurden, war das Unternehmen allein ein wirtschaftlicher Erfolg, wohltuend genug für die Stadt, die mit den Raketen nahezu aus dem Nichts heraus wuchs – ähnlich wie hierzulande Wolfsburg mit seinem Volkswagen. Alle Größen aus Luftfahrt und Waffenindustrie siedelten sich auf dem Redstone Arsenal an, brachten Arbeit und Geld. Als später, nach dem Sputnik-Schock, die Weltraumfahrt hier eine Basis bekam, wurde Huntsville zur Stadt der Helden. Ihre Produkte bewegten die Welt. Zwischen der amerikanischen Antwort auf den Sputnik, als 1958 ein Explorer-Satellit mit einer Redstone-Rakete in den Orbit geschossen wurde, und der ersten Mondexpedition von *Apollo 11*, die 1969 mit einer Saturn V starten sollte, trug man Wernher von Braun einige Male auf Schultern durch die Stadt, Kennedy ließ ihn in seiner offenen Limousine wie einen Staatsgast im Konfettiregen durchs Zentrum mitfahren.

Schnell gehörten die Deutschen zur Upperclass in Huntsville, im wörtlichen Sinne, denn sie hatten sich für ihre Bungalowneubauten den Monte Sano erschlossen, von Einheimischen als »Sauerkraut Hill« bezeichnet, so wie sie selbst die ganze Stadt hin und wieder auch als »Peenemünde Süd« titulierten. In die Garagen neben den Bungalows rollten standesgemäße amerikanische Straßenkreuzer, von Braun allerdings ließ es sich nicht nehmen, mit einem strahlend weißen Mercedes 220 Coupé vom Hügel hinunter und durch die weitläufige Stadt zu rauschen. Auch in späteren Jahren hielt sich die Bedeutung der alten Peenemünder in der amerikanischen Raketenentwicklung. Als von Braun 1970 in die Zentrale der NASA nach Washington umzog, folgte ihm auf seinem Posten als Direktor des MSFC Eberhard Rees, der frühere Stellvertreter von Brauns bei der Konstruktion der V2.

Doch so weit sollte es noch lange nicht sein. Zurück von dem kleinen Streifzug durch die einstige Zukunft in den 60er-Jahren, zurück an den Anfang, als die Deutschen in der Metropole der Baumwolle und Brunnenkresse angekommen waren. Mit dem Umzug von El Paso nach Huntsville konnte von Braun auch die ersten etwas unangenehmen Diskussionen über seine Vergangenheit hinter sich zurücklassen. 1947, als der breiten Öffentlichkeit in den USA die »Operation Paperclip« bekannt geworden war, begann in Kreisen von Wissenschaftlern, in den Medien und in jüdischen Verbänden eine Debatte über seine Peenemünder Zeit. Von Braun hatte Glück, dass seine Mitgliedschaft in der SS nicht bekannt wurde. Manche der »Paperclip Boys« wurden stärker angegriffen, doch die Auseinandersetzungen über die ethischen Verfänglichkeiten bei der Mitarbeit in der Waffenproduktion schliefen ein und waren nicht mehr hörbar, als die deutschen Raketenexperten in Huntsville einzogen.

Der Koreakrieg hatte nun auch die Gelder für die Raketenforschung wieder lockerer gemacht. Doch nach wie vor stand das

Heer, bei dem von Braun und seine »Paperclip Boys« angestellt waren, im Wettstreit mit den anderen Waffengattungen. Es war ein Kampf um den technischen Vorsprung, um Gelder und um politische Opportunitäten. Mit Dwight D. Eisenhower zog 1953 ein Präsident ins Weiße Haus ein, der vom General, vom amerikanischen Kriegshelden, zu einem Skeptiker des militärisch-industriellen Komplexes geworden war, der vor dessen allzu großer Macht warnte, der sich zunehmend davor hütete, die Sowjets zu provozieren, der den von seinem Vorgänger geerbten Koreakrieg zügig beendete. Gewiss, von Braun hatte seine Aufträge. 1952 konnte er seine erste Raketenentwicklung seit der V2 auf die Abschussrampe schieben lassen: die Redstone-Rakete, die erste Atomrakete der Welt, die an den Start ging. Eigentlich konnten die ehemaligen Peenemünder nun auch zufrieden sein, sie erhielten eine Art Beamtenstatus, und von Braun hatte eine Abteilung von etwa 1000 Mitarbeitern unter sich. Dennoch war der frühere General Eisenhower, den er nach seinem Übertritt zu den Amerikanern an jenem 2. Mai 1945 in Reutte sogleich zum Gespräch bitten wollte, für Wernher nun nicht mehr der große Hoffnungsträger, der er einmal war. Von Braun und mit ihm alle anderen Deutschen, ja alle Raketenexperten in Amerika, befanden sich mehr oder weniger in Wartestellung, hatten zu warten auf den Tag, an dem es in Richtung Weltraum wieder weiterging.

Das war die Zeit, in der Wernher von Braun zunehmend zweigleisig fuhr. Zum einen war er bemüht, der US-Armee und dem Verteidigungsministerium weiterhin die Vorzüge von Mittel- und Langstreckenraketen bis hin zu Raumstationen als Trägersysteme für Atomsprengköpfe deutlich zu machen. Darüber hinaus aber startete von Braun eine weitere Karriere. Er schulte sich selbst zum PR-Manager in eigener Sache, zum Propagandisten der bemannten Raumfahrt – freiberuflich.

Seit 1952 arbeiteten sie zusammen, der Mickymaus-Verleger Walt Disney und Wernher von Braun. Der Deutsche entwarf kühne Raumfahrtvisionen, erklärte sowohl die großen Würfe als auch die kleinen Details. Der Amerikaner machte daraus dann großes Kino, populärwissenschaftliche Streifen als Teile seiner Disneyland-Reihe wie *Man and the Moon, Man in Space, Mars and Beyond* – und versetzte viele Landsleute in eine grenzenlose Weltraummanie. Manches ließ er auch Daniel Düsentrieb umsetzen, den genialen Erfinder in den Comicgeschichten seiner Mickymaus-Hefte. Weltraumfahrt war nun endgültig keine Angelegenheit mehr für Spinner und vollbärtige Tüftler, die man lächerlich machen konnte, sondern stand inzwischen für die Zukunft, für den fernen technischen Fortschritt, für das »Jahr 2000«, auf das alle möglichen Vorstellungen projiziert wurden. Und Raumfahrt machte Spaß.

»Nach anstrengenden Tagen und quälenden Meetings mit Armeeoffizieren, Finanzexperten der Regierung und Testingenieuren«, erinnerte sich von Braun später einmal, »mixte ich mir ein paar Martinis, legte die *Brandenburgischen Konzerte* auf und schrieb die ganze Nacht, bis Maria aufstand und sagte, in zwei Stunden sei wieder Bürozeit.«

In solch beschwingten Nächten nahm auch sie schließlich Form an, auch wenn sie als Idee schon länger bestand: die rotierende Raumstation; ein gewaltiges Rad aus einer kreisrund gebogenen Röhre. Ein Durchmesser von 75 Metern schwebte von Braun vor. In 1730 Metern Höhe würde sie die Erde alle zwei Stunden einmal umkreisen – und sich, dies war ihr Clou, dreimal pro Stunde um sich selbst drehen, um in ihrem Innern eine künstliche Schwerkraft zu erzeugen, bedingt durch die Zentrifugalkraft. Denn in dieser Station sollten nicht nur ein paar Astronauten ein paar Wochen lang Versuche durchführen wie in der vergleichsweise kleinen Internationalen Raumstation heute. In von Brauns Riesen-Raumrad, das für viele Jahre als klassische Form eines solchen Außenpostens im All galt, sollte gelebt werden. Dutzende, ja Hunderte Menschen, darunter womöglich auch Familien, sollten dieses Raumrad bewohnen, sich dort in ihren Wohnungen mit der denkbar besten Aussicht vergnügen, flanieren auf Plätzen und an anderen Orten, sich von Spezialnahrung ernähren, zubereitet in automatischen Küchen. »Spezial« und »Automatisch« waren die Chiffren jener Tage, mit denen das seinerzeit noch Unscharfe geheimnisvoll umschrieben wurde. Um seinen Traum von der Raumfahrt an den Mann zu bringen, meinte von Braun, müsse er den ganz großen Wurf hinlegen.

VON BRAUN UND MICKYMAUS

Viele andere Menschen, darunter Künstler und Fantasten, beteiligten sich an dem Projekt, die himmlischen Visionen auszumalen; jener Schriftsteller und Wernher von Brauns Freund Erik Bergaust war dabei. Auch der Künstler Chesley Bonestell, der sicher der bekannteste unter ihnen war, entwarf wahre Raumschiffikonen, die heute zur Geschichte der Popkunst gehören. Das Magazin *Collier's*, eine damals überaus populäre Zeitschrift, verbreitete sie mit seiner Viermillionen-Auflage, Walt Disney in seinen Mickymaus-Heften.

Von Braun ließ sich anheuern für Vortragsreisen, fürs Fernsehen, als Autor, ließ sich von einer Agentur betreuen und kassierte für seine kurzweiligen Vorträge schon mal 1500 Dollar netto an einem Abend. Beim Reden war er in seinem Element, als Autor hatte er weniger Talent. Die Armee ließ ihn gewähren bei seinen Fantasien fürs Publikum. Nach anfänglichen Sicherheitsbedenken, die Angst vor einer Entführung durch die Sowjets war immer noch präsent, durfte er Mitte der 50er-Jahre auch nach Europa fahren zu seiner ersten Teilnahme an einem Kongress der International Astronautical Federation (IAF) in Amsterdam. Das Thema war salonfähig geworden, und er stand zunehmend in dessen Zentrum, wurde von der Presse gefeiert.

Für Wernher von Braun war klar: Die Weltraumstation war nur ein Zwischenstopp. Weltraummonteure sollten dort mit Spezialwerkzeugen die Fernraumschiffe zusammenschrauben, deren Einzelteile in einer »Raumbrücke« – in Anlehnung an die Berliner Luftbrücke – von der Erde heraufgeschafft wurden. Mit ihnen sollte es weitergehen zum Mond, ganz entspannt, mit jeweils

50 , 60 Fahrgästen. Und weiter zum Mars. War sein Verhalten Taktik, war es Überzeugung? Von Braun passte sein ziviles Weltraumprogramm ein in die große militärische Strategie, als er feststellte:

»Wird die Weltraumstation nicht mit dem Ziel der Erhaltung des Friedens gebaut, dann kann sie von anderen als beispielloses Mittel der Vernichtung geschaffen werden. Unter dem Zwang solcher Überlegungen wird daher die Station im Weltall Wirklichkeit werden.«

Die Teilnehmer des Wettlaufs zum Mond als nahe liegendes Ziel der bemannten Weltraumfahrt begeben sich langsam, aber sicher auf ihre Startplätze. Als der Internationale Wissenschaftsrat (International Council for Science, ICSU) zu Beginn der 50er-Jahre verkündete, vom 1. Juli 1957 bis zum 31. Dezember 1958 solle das Geophysikalische Jahr stattfinden, ahnte wohl noch keiner der gelehrten Honoratioren, dass sie damit die Arena geschaffen hatten, in der für jenes Wettrennen der Startschuss fallen sollte – ein Wettrennen, für das der unbekannte Rivale weit im Osten schon einige Jahre Trockenübungen durchgeführt hatte.

Am 4. Oktober 1957 schlug er zu, der große Unbekannte. Plötzlich war er im Orbit, der erste künstliche Erdtrabant, ein Satellit, der Sputnik, und funkte von ganz oben stolz in alle Welt. Es war ein Tiefschlag für das Selbstbewusstsein des Volkes im Land der unbegrenzten Möglichkeiten. Viele Menschen zwischen New York und San Francisco sahen in dem Erfolg der Sowjets mehr als eine bloße sportliche Niederlage. Sie hatten, wie erwähnt (siehe Prolog: »Der Startschuss«), konkrete Ängste: Von einem Gerät, das sowjetische Militärs in den Himmel unter anderem über Amerika platzieren konnten, würde bald womöglich mehr herunterkommen als nur ein hämisches »Piep, piep, piep«. Und als wäre man nicht sowieso schon im Hintertreffen, folgte nicht einmal einen Monat später der nächste Haken: Das erste irdische Lebewesen im All war ebenfalls ein sowjetisches. Zwar war dies nur ein aufgelesener Straßenhund, eine Promenadenmischung, der da nun in *Sputnik 2* saß, einem inzwischen 500 Kilo schweren Satelliten, aber was sollte demnächst

Wernher von Braun mit seiner Frau Maria und den Töchtern Iris und Margrit in den 1950er-Jahren in ihrem Bungalow auf dem Monte Sano (»Sauerkraut Hill«) in Huntsville

noch alles in den Zeitungen stehen über die Tausendsassas aus der Sowjetunion? Würden sie im nächsten Monat auf dem Mond stehen? Dass Laika, der Hund, nur wenige Minuten nach dem Start einen qualvollen Tod an Überhitzung starb, lasen die Amerikaner erst nach Auflösung der Sowjetunion in den 90er-Jahren.

Amerikanische Zeitschriften entdeckten von Braun nach dem Sputnik-Schock wieder als Hoffnungsträger, er prangte auf der Titelseite der Illustrierten *Life*, die ihren Beitrag dazu im Innern mit der Warnung würzte, wenn es so weiterginge, sei man in 20 Jahren Mitglied der Sowjetunion. Präsident Eisenhower wandte sich in einer beruhigenden Fernsehansprache an sein Volk. Er und sein neuer Verteidigungsminister Neil H. McElroy sahen sich aufgrund der öffentlichen Empörung unter Zugzwang. Auch die Amerikaner brauchten nun einen Satelliten im Orbit. Aber nicht

Wernher von Braun, nicht der Deutsche sollte seine Rakete für den Erdtrabanten startklar machen, obwohl dessen Redstone-Jupiter inzwischen auch als Mittelstreckenrakete einsetzbar war. In Washington sollte aber unter allen Umständen der Eindruck gegenüber den Sowjets vermieden werden, man wolle den Weltraum militarisieren. Deshalb sollte nun die Vanguard 1 den Satelliten hinauftragen, eine Rakete, die unter der Schirmherrschaft der Navy entwickelt worden war, im Naval Research Laboratory (NRL). Dass die Sowjets ihren Sputnik gleich mit Koroljows Interkontinentalrakete R7 in den Himmel geschossen hatten, änderte ihre Haltung nicht. Man wollte aufschließen und sich gleichzeitig zurückhalten, wodurch in den Augen der Öffentlichkeit alles nur noch schlimmer wurde. Von den bisher erfolgten elf Starts einer Vanguard waren lediglich drei erfolgreich, und dabei waren nur die ersten beiden Stufen zum Einsatz gekommen, denn die oberste Stufe war noch lange nicht ausgereift – und sollte nun dennoch gewissermaßen unter den Augen der Weltöffentlichkeit aus dem Stand ihren ersten Ernstfall bestehen. Allen war bewusst: Es würde ein reines Lotteriespiel sein. Erstaunlich, wie Eisenhower und McElroy die absehbare Katastrophe in Kauf nahmen.

Am 7. Dezember 1957 gab es dann auf den Titelseiten der amerikanischen Zeitungen bloß ein Thema, in riesigen Lettern stand zu lesen vom »Kaputnik« oder »Flopnik«, die Redakteure wetteiferten um die sinnigsten Wortspiele. Am Vortag, dem Nikolaustag, war es gekommen, wie es kommen musste. Die Vanguard mit dem 1,6 Kilogramm schweren Satelliten auf ihrer Spitze hob ab, stieg ein paar Meter auf und sackte in noch so geringer Höhe wieder zu Boden, dass sie auf die Startrampe traf und explodierte – vor den Augen von Millionen von Fernsehzuschauern, die live dabei waren. Der Satellit landete neben dem Beobachtungsbunker und »überlebte«. Wie zum Hohn sendete er Messdaten an die Bodenstation, als wäre nichts geschehen.

Dieser Fehlversuch aber machte den Weg frei für Wernher von Brauns ersten Sprung ins Weltall. Gewiss, einige seiner V2-Raketen hatten schon eine Höhe erreicht, in der sie in vorübergehender Schwerelosigkeit waren, doch nun sollte es darum gehen, als Pionierleistung einen künstlichen Körper zur Erforschung des Kosmos in den Orbit zu setzen. Er war nun fast 45 Jahre alt, 30 Jahre hatte er auf diesen Moment gewartet.

Von Braun durfte am Start selbst nicht teilnehmen, der für den 31. Januar 1958 spät am Abend angesetzt war. General John B. Medaris, der das Raketenprogramm der US Army betreute, hatte darauf bestanden, dass von Braun in dieser bedeutsamen Stunde im Pentagon bei Heeresminister Wilber M. Brucker weilen sollte. Den Start managte Ernst Stuhlinger für ihn, sein früherer enger Mitarbeiter aus Peenemünde. Seine Jupiter-Rakete war mit vier Stufen ausgestattet, die nach und nach ihren Brennstoff verfeuern, anschließend abkoppeln und ins Meer stürzen sollten. Acht Minuten nach dem Abheben erst durfte von Braun erfahren, dass alles reibungslos geklappt hatte, zumindest beim Start. Da war es 22:56 Uhr. Etwas über 28800 Stundenkilometer schnell jagte sein *Explorer* nun um die Erde. Mit fünf Kilo hatte er nur einen Bruchteil des Gewichtes von *Sputnik 1* und wog sogar nur ein Hundertstel von *Sputnik 2*. Immerhin aber sandte er – im Gegensatz zu den Sputniks, die offensichtlich nur als Prestigeobjekte um die Erde kreisten – wissenschaftlich verwertbare Messdaten. So lieferte *Explorer 1* unter anderem erste Belege für den Van-Allen-Strahlungsgürtel in der Ionosphäre.

Als von Braun die ersehnte Nachricht gehört hatte, holte er im Pentagon seinen Rechenschieber hervor und kalkulierte ein paar Minuten. Anschließend wies er die Bodenstation im kalifornischen San Diego an, um Punkt 00:41 Uhr auf die ersten Funksignale des Satelliten zu achten. Nur vielleicht 15 Minuten später wäre es dann so weit, dass der *Explorer* – eine fünf Meter lange Eisenröhre – in seiner elliptischen Umlaufbahn zwischen 360 und

»Hier trennen wir im Orbit den Satelliten von der Rakete.« Wernher von Braun
erklärt nach dem Start seines ersten Satelliten der Presse, worauf es ankommt.

2500 Kilometern Höhe die Erde zum ersten Mal umkreist haben würde, allemal eleganter als der Sputnik, der in einem weit höheren Breitengrad gestartet war und auf seinem Weg deshalb starke Amplituden nach Norden und Süden vollziehen musste.

Erst eine Minute vor der errechneten Uhrzeit kam die Telefonverbindung mit der Westküste zustande. Es wurde 00:41 Uhr, 00:42, 00:43, ... 00:48. Der Mann am anderen Ende der Leitung hörte nichts von *Explorer*. War er abgestürzt, ganz ohne Signale von sich zu geben, über den Weiten des Pazifiks? Unruhe im Ministerzimmer. Der Minister starrte von Braun an: »Wernher, was ist los? Wernher?« Von Braun sagte nichts, er schob an seinem Rechenschieber herum, kritzelte Zahlen aufs Papier. Um 00:50 Uhr hatte William Pickering vom Jet Propulsion Laboratory (JPL), der die Redstone-Rakete mit von Braun konzipiert hatte, den Telefonhörer mit der Leitung nach Kalifornien übernommen – und brach Sekunden später in Freudenjubel aus: »Sie haben ihn, sie haben ihn, er sendet!« Umgehend riefen auch die anderen vier Stationen an der Westküste an und bestätigten den Empfang. Von Braun, der ganz ruhig »acht Minuten Verspätung« konstatierte, sah auf seine Notizen und bemerkte lakonisch, die Redstone-Jupiter habe den *Explorer* wohl ein paar Kilometer höher hinaufgetragen als geplant, er konnte die genaue Differenz erklären.

Es war was los in Huntsville am nächsten Tag, dem 1. Februar 1958. Tanzende Menschen auf der Straße, immer wieder Dreiklanghupen von amerikanischen Straßenkreuzern, hier und da waren es fast richtige Demonstrationen mit eilig bemalten Spruchbändern: »Unsere Raketen schießen nie vorbei«, »Das All gehört uns – in Huntsville«, »Mach Platz, Sputnik«. Ein von manch einem Whiskey beflügelter Rausch der Gefühle lag über dem abgelegenen Städtchen in Alabama, das in diesen Tagen aber zum Herz der Nation avancierte, das Kaff inmitten von Äckern und Gärten. Söhne dieser Stadt hatten eine Schmach ausgebügelt, unter der die Vereinigten Staaten seit fast vier Monaten zu leiden hatten, die sie in dem Ausmaß nie zuvor hatten erfahren müssen, mal abgesehen vom japanischen Luftschlag gegen Pearl Harbor. Egal, dass fast alle von diesen Söhnen Deutsche waren, Krauts, die man bis vor gut 13 Jahren noch mit Bombenteppichen belegt hatte. Wichtig war jetzt, dass dem neuen Gegner der Amerikaner, dem Sowjetrussen Nikita Chruschtschow, das Maul gestopft war. Hatte der vor wenigen Wochen nicht noch überheblich getönt, die russischen Sputniks in der Erdumlaufbahn würden immer noch auf die Gesellschaft amerikanischer Satelliten warten? Jetzt hatten die Krauts den Amerikanern eine Rakete gebaut, die ihren *Explorer* gegen die Kommunisten in Stellung brachte. Zwei Wochen später brachte das Magazin *Time* eine Titelgeschichte über den deutschen Helden Amerikas. Präsident Eisenhower ließ im Weißen Haus einen Galaempfang vorbereiten, bei dem von Braun den »Distinguished Federal Civilian Service Award« erhalten sollte, den höchsten Orden des Landes für Zivilisten. Die Mitglieder des National Rocket Club der Hauptstadt feierten in Smoking und langen Abendkleidern. Von Braun lächelte tagelang von den Titelseiten der Presse, alle zeigten auch das Bild von ihm und zwei seiner Kollegen, auf dem sie während einer Pressekonferenz jubelnd ein zwei Meter langes Modell ihrer Redstone in die Höhe warfen.

Von Braun Superstar, von Braun im Rampenlicht der Öffentlichkeit. Und was war mit seinem Gegenüber in der Sowjetunion? Das zuständige Komitee der schwedischen Akademie der Wissenschaften wollte im Herbst des Jahres den Mann, der mit all dem angefangen, der den sowjetischen Sputnik in den Himmel gebracht hatte, in die engere Wahl für einen der nächsten Nobelpreise aufnehmen. Das Gremium schrieb einen Brief an den Kreml in Moskau und bat um den Namen der Person, die den Sputnik entwickelt hatte. Die Antwort: »Es war das sowjetische Volk.« Sergej Koroljow gab es nicht, jedenfalls nicht in der Öffentlichkeit.

Die Rückseite des Mondes

Im Jahr 1958, das Jahr eins seiner Satellitenkarriere, wuchs Wernher von Braun endgültig in seine Rolle als Popstar hinein. Für Beiträge, die man aus halbstündigen Interviews über seine Weltraumpläne mit ihm zusammengeschrieben hatte, kassierte er von den Magazinen vierstellige Dollarbeträge. Eine Zeitschrift übernahm seine fantastische Novelle *First Men to the Moon* als Serie. Die besten Zeichner schmückten seine Geschichten im damals so illustren Zukunftsdesign unter dem Motto »Das Jahr 2000«. Die Army tolerierte seine Nebentätigkeiten. Er war nun ihr Star, ihr großer Trumpf im Wettstreit innerhalb des Pentagons gegen die Navy und die Air Force – und im gerade gestarteten Wettrennen mit den Sowjets.

Noch war kein Mensch in einen der Satelliten gestiegen und in den Orbit gelangt. Nach Lage der Dinge würde es wohl auch – trotz von Brauns *Explorer* – ein Kommunist sein, dem dieser Schritt als Erster gelingen würde, bei den Russen musste man ja stets auf Überraschungen gefasst sein, sie kündigten nie vorher etwas an. Das Rennen der Satelliten ging munter weiter, auch mit Rückschlägen für die Amerikaner. Schon von Brauns zweiter Schuss in den Orbit – wie immer mit einem Vorlauf an Presseberichten – war ein solcher: Die vierte Stufe hatte versagt, die Redstone stürzte mitsamt Satellit in den Atlantik. Dafür klappte der nächste Versuch am 17. Mai 1958: *Explorer 3* stieg nicht nur erfolgreich in den Orbit auf, sondern lieferte erstmals aus dem All Informationen über den Strahlengürtel um die Erde. Noch hatte man ja so gut wie keine Ahnung von der die Erde umgebenden Ionosphäre. Woher kamen die Strahlen? War die Region dort oben durch die sowjetischen Atomwaffentests aufgeladen worden, hatte Moskau insgeheim im Weltraum solche Testexplosionen durchgeführt? Die Redakteure der amerikanischen Zeitungen ließen ihren Gedanken freien Lauf.

Neben von Brauns Satelliten im Dienste des Heeres hatte nun auch die US Navy wieder ihre Chance erhalten; Washington legte Wert auf Zweigleisigkeit. Dieses Mal, im März 1958, klappte der Start der Marine-Rakete Vanguard, deren jämmerliche Startversuche Wochen zuvor noch Schlagzeilen wie »Kaputnik« oder »Flopnik« provoziert hatten. Mit an Bord: ein winziger Satellit. Chruschtschow ließ sich diese Chance nicht entgehen und spottete über die »Grapefruit« der Amerikaner im Himmel, nicht ganz zu Unrecht. Die Sowjets ihrerseits hatten im Mai 1957 bereits einen Erdtrabanten mit einem Gesamtgewicht von 1,3 Tonnen in die Umlaufbahn geschossen, etwa die tausendfache Masse des Vanguard-Satelliten, dieses Mal sogar mit einer beachtlichen wissenschaftlichen Messstation. Was der sowjetische Parteichef in seiner Häme unterschlug: Der Bandapparat jenes aufwendig ausgestatteten *Sputnik 3* hatte versagt, alle Mühe war umsonst. Aber kam es darauf überhaupt an? Tatsache war, dass von Baikonur aus Kaliber in den Himmel geschossen wurden, von denen man in Cape Canaveral, dem Startplatz der US-Raketen in Florida, nur träumte, und in denen irgendwann nicht nur Atomsprengköpfe Platz hätten, sondern auch einmal ein Mensch. Es lag also auf der Hand, wer den nächsten großen Schritt bewältigen würde: das erste menschliche Lebewesen ins All zu bringen. Ein bemannter Satellit würde sehr viel wiegen, allein schon wegen seines Schutzschildes, der die glühende Reibungshitze beim Wiedereintritt in die Erdatmosphäre abhalten musste, um dem kühnen ersten Weltraumfahrer überhaupt eine Überlebenschance zu geben. Diese Technik würde noch ein paar Jahre der Erprobung erfordern. Eine bemannte Mission durfte kein Fehlschlag werden. Und die Sowjets hatten ganz offenbar die leistungsfähigeren Raketen. Noch.

NÄCHSTER ETAPPENSIEG DER SOWJETS

Um das Rennen in der Zwischenzeit am Laufen zu halten, waren die Strategen in Amerika und in der Sowjetunion – ohne dies an die große Glocke zu hängen – in einen ganz anderen Wettlauf eingetreten. Erneut war von Braun als Hoffnungsträger der Amerikaner dabei. Er und Koroljow hatten längst das nächste Etappenziel im Auge, nicht mehr nur ein paar Hundert Kilometer über der Erde, sondern gleich 380 000: den Mond. Im Pentagon war eine neue, visionäre Abteilung eingerichtet worden, Advanced Research Projects Agency (ARPA), die heute noch als DARPA (Defense Advanced Research Projects Agency) existiert und an irrwitzigen Projekten arbeiten darf, wie etwa der flächendeckenden Totalüberwachung des weltweiten elektronischen Zahlungsverkehrs aller Karteninhaber unter den sieben Milliarden Erdenbürgern – zur Terrorismusabwehr. Das irrwitzige Zukunftsprojekt der ARPA damals war eben eine unbemannte Mission zum Mond, in einer Entfernung, die fast das Zehnfache des Erdumfangs ausmachte. Würden sie die Sowjets in dieser Disziplin überholen können? Nach der Niederlage im Rennen um den ersten Satelliten sollte diese Runde unbedingt an die Amerikaner gehen.

Am 26. März 1958 meldete der *Spiegel*: »Die Sowjetunion hat nach Meldung westlicher Geheimdienste, die Anfang März in Washington bekannt wurde, in den letzten vier Monaten dreimal vergeblich versucht, eine Wasserstoffbombe auf den Mond zu schießen und dort zur Explosion zu bringen. Die Raketen mit H-Sprengköpfen sollen den Mond entweder verfehlt oder nicht erreicht haben.« Man wurde nervös in Washington. Nicht nur wegen des anstehenden Wettrennens zum Mond. Von einer Wasserstoffbombe war nun plötzlich die Rede, die von Mondraketen – also von Interkontinentalraketen – transportiert werden sollten. Die Meldung war falsch, wie sich knapp 40 Jahre später herausstellte. Allerdings ließ die US Air Force ihrerseits die Möglichkeit prüfen, eine Atombombe auf dem Mond detonieren zu lassen.

Es ging dabei nicht einfach nur darum, größere Kräfte als die für den Einschuss in den Orbit nötigen zu entfachen, vor allem war nun weit höhere Präzision gefragt als beim Start einer Rakete mit einem Satelliten, der schon irgendwo kreisen würde, wenn man ihn mit einer Rakete nur hoch genug schoss. Jetzt war die immense

Startgeschwindigkeit – wie schon von Jules Verne kalkuliert – von 11,2 Kilometern pro Sekunde erforderlich, um einen Körper durch alle Erdanziehung hindurch zum Mond hinaufzuschleudern. Schaffte man das, war man in vier Tagen und 20 Stunden auf dem Mond. Erhöhte sich die Geschwindigkeit um nur 100 Meter pro Sekunde, halbierte sich die Reisedauer. Wäre man dagegen um 100 Meter pro Sekunde langsamer, käme man auf eine Höhe von »gerade einmal« 100 000 Kilometer – und fiele danach zügig in die Erdatmosphäre zurück, weil, anders als beim Satelliten, der Schwung der Umlaufbahn fehlt, verglühte dabei und rieselte als Asche um den Globus, um nach Jahren oder Jahrhunderten niederzugehen. Präzision bei der Geschwindigkeit war aus einem weiteren Grund noch wichtiger: Da der Mond sich im Verhältnis zur Erde bewegte, über ihr seine Bahn zog, gehörte die gewählte Geschwindigkeit – und vor allem die erreichte – zum Zielen dazu. Zu schnelle Raketen verfehlten das Ziel. Anders als bei den späteren Mondmissionen in Zeiten von Apollo, als die Raumschiffe zunächst im Erdorbit zwischengeparkt wurden, um von dort aus mit weit weniger Kraftaufwand und deshalb umso höherer Präzision in Richtung Mond weitergeschossen zu werden, ging es damals in einem immensen Kraftakt auf direktem Weg zum Mond. Auf beiden Seiten.

Auch hierbei gingen für die USA zwei Mannschaften ins Rennen: die Air Force und die Army mit den Raketen von Brauns, die sich auch dieses Mal zunächst in Geduld üben musste, denn Startläufer war die Air Force. Deren Raketen vom Typ Thor sollten die ersten drei Mondsonden *Pioneer 0, 1* und *2* auf den Weg schicken, die bereits mit einer Fernsehkamera ausgestattet waren und mit einem eigenen Raketentriebwerk, um sie in die Umlaufbahn um den Erdtrabanten einzulenken. Der Abschuss von *Pioneer 0* am 17. August 1958 auf einer Thor-Rakete der Air Force war der weltweit erste Start einer Mondrakete. Doch ähnlich einem Läufer im Stadion, der zu früh gestartet ist und zurückgepfiffen wird, so geschieht es einer Rakete, die abgeschossen wird, obwohl sie noch nicht ausgereift ist: Es war ein Frühstart. Nach 77 Sekunden und in

17 Kilometern Höhe explodierte das Ganze, eine Treibstoffpumpe hatte sich festgefressen.

Kurz darauf schon, am 23. September, zog die Sowjetunion mit *Lunik A* nach. Bei ihr ging es lediglich darum, den Mond zu treffen, als Erste anzukommen, wissenschaftliche Erkenntnisse waren nicht gefragt, doch auch ihre *Lunik A* flog 92 Sekunden nach dem Start auseinander, die Erschütterungen während des Fluges waren zu groß.

Von Oktober bis November ging es in Cape Canaveral und in Baikonur Schlag auf Schlag. Gerade einmal ein Jahr war vergangen, als der sowjetische Sputnik die beiden Supermächte in Aufregung versetzt hatte, mit wechselnden Vorzeichen versteht sich, da befand man sich bereits mitten im Wettlauf zum Mond. Auch die amerikanischen *Pioneer 1* und *2* gingen in den Himmel – und fielen wieder zurück auf die Erde, *Lunik B* und *C* allerdings ebenso. Mit *Pioneer 3*, die am Nikolaustag 1958 in Richtung Mond startete, war auch Wernher von Braun wieder von der Reservebank geholt worden und mit seinem Team von der US Army ab sofort wieder im Rennen. Seine neuartige Juno-Rakete – eine Weiterentwicklung der Redstone – schaffte es zwar bis auf über 102 000 Kilometer, über ein Viertel der Strecke zum Mond, doch auch hierbei erwies sich die selbst dort noch herrschende Anziehungskraft der Erde als dem Schub überlegen, den Wernher von Braun ihr mitgegeben hatte. Immerhin: Dass den amerikanischen Mondsonden – anders als bei den sowjetischen Lunik-Missionen – wissenschaftliche Forschungsaufträge mit auf den Weg gegeben worden waren, machte aus dem Fehlschlag sogar einen Erfolg. *Pioneer 3* erweiterte die Erkenntnisse über den Van-Allen-Gürtel mit seinen strahlenden Teilchen erneut erheblich. Da die so hoch fliegenden Elektronen und Protonen von *Pioneer 3* sowohl beim Aufstieg als auch beim Abstieg gemessen wurden, kam nun heraus, dass es sich um zwei Strahlungsgürtel in deutlich verschiedenen Höhenlagen handelte. Medienprofi von Braun gab sich daher in der Fernsehsendung *Meet the Press* am nächsten Tag schon hochzufrieden über das erfolgreiche Scheitern der Mission. Nicht zu Unrecht merkte er an, diese Erkenntnisse sollten bei bemannten Raumflügen für den gesundheitlichen Schutz dereinst sehr wichtig sein – ein Wissen, von dem auch die sowjetischen Kosmonauten profitieren würden.

Unmittelbar nach dem Jahreswechsel ging es weiter. Das sowjetische Raumfahrtgenie Sergej Koroljow konnte seinen nächsten Erfolg verbuchen. Seine Sonde *Lunik 1*, als vierter Versuch der Lunik-Reihe am 2. Januar 1959 gestartet, wurde nicht wieder zurückgeworfen. Sie war damit der erste menschengemachte Körper, der das Schwerefeld der Erde verließ, mit einem Reisegewicht von immerhin einer drittel Tonne, woran die Pioneer-Sonden mit ihren wenigen Pfund längst nicht herankamen. In der Höhe von 113000 Kilometern öffnete sich ein mitgeführter Behälter, eine Wolke von Natrium trat aus, die mit Teleskopen von der Erde aus gesehen werden konnte. Der die Sonde begleitende Natriumstaub gab der Formation das Aussehen eines Kometen. Den Mond, wie eigentlich geplant, traf *Lunik 1* nicht, doch sie verfehlte ihr Ziel lediglich um knapp 6000 Kilometer und jagte mit ihren vier Antennen, die aus der Sonde wie Fühler eines Insektes herausragten, weiter ins Universum. Bis über die eineinhalbfache Distanz von der Erde zum Mond hinaus, bis 600000 Kilometer konnte der Funkkontakt aufrechterhalten werden. Anschließend bog Koroljows kosmische Kugel in eine Umlaufbahn um die Sonne ein, reihte sich zwischen Erde und Mars ein. Kleine Metallbällchen, die den Aufschlag auf dem Mond mit einer Geschwindigkeit von an die 40000 Stundenkilometer hätten überstehen sollen, waren ebenfalls an Bord, um mit ihren aufgemalten Emblemen aus Hammer und Sichel die Mondoberfläche weiträumig zu überschütten. Der Aufschlag fand nicht statt, andererseits konnten Instrumente der Sonde einige Informationen über das Magnetfeld und auch über den Van-Allen-Gürtel zu den Empfangsstationen in der UdSSR funken.

Als die Sonde am Mond vorbeigeflogen war, wurde sie von Moskau offiziell umbenannt: *Metschta* hieß sie fortan, »Wunschtraum«, damals wohl eine Aktion, die den Eindruck erwecken sollte, *Metschta* sei exakt auf dem von den Ingenieuren gewünschten Kurs. Moskau spielte mit verdeckten Karten, im Westen rätselte man – und war in ständiger Sorge, von einem technisch überlegenen Kommunismus überrollt zu werden. Das *Hamburger Abendblatt* schrieb damals zu *Metschta*: »Das Gewicht des Raketenkopfes, das dem eines Straßenkreuzers samt Insassen und Gepäck entspricht, erhärtet eine seit Langem gehegte Vermutung: Die Sowjets müssen über einen Raketenantrieb verfügen, der allen bisher bekannten Antriebsarten überlegen ist. Der Antrieb der amerikanischen Raketen ist zwar ebenfalls stark genug, um dem Flugkörper die zum Verlassen des Erdschwerefeldes nötige Geschwindigkeit von 11,2 Kilometern pro Sekunde zu vermitteln, aber die Nutzlast der amerikanischen Raketen muss heute noch äußerst klein gehalten werden.« Das Team des Phantoms Koroljow lag weiterhin in Führung.

Wernher von Braun (rechts) mit seiner Mutter und seinem Vater, Reichsminister a. D. Magnus Freiherr von Braun, 1958 in Oberaudorf am Inn, wo seine Eltern lebten

WELTRAUMSTÜRMER

Zwei Monate später bemühte sich von Brauns Mannschaft um Anschluss. Nach dem ersten Fehlschlag ging *Pioneer 4* mit einer verbesserten Juno-2-Rakete an den Start. Anders als beim vorherigen Versuch, dem von Braun wieder im Pentagon beiwohnen musste, um dem Minister die Einzelheiten des Fluges persönlich zu erklären, saß der Weltraumingenieur dieses Mal im Beobachtungsbunker, dem »Blockhaus« nahe der Startrampe in Cape Canaveral. *Pioneer 4* war mit einer dünnen Goldschicht überzogen, die unter anderem als Antenne diente, um den Funkverkehr mit der Erde zu optimieren. Von Brauns *Pioneer* erging es ähnlich wie *Lunik 1*. Sie konnte dem Schwerefeld der Erde zwar entfliehen, traf aber den Mond nicht; zudem war die Entfernung vom Ziel zehn Mal so groß wie bei der sowjetischen Sonde.

In der damaligen Phase war die amerikanische Öffentlichkeit jedoch schon dankbar, wenn die eigenen Techniker in der Lage waren, mit den Sowjets gleichzuziehen. Wernher von Braun konnte den inzwischen wieder in Deutschland lebenden Eltern nach *Pioneer 4* und nach seiner Rückkehr aus Washington melden: »Huntsville stand heute auf dem Kopf. Siegesparade in Autokolonne durch die geschmückte Stadt, mit Kapelle vorneweg. Iris und Margrit (seine beiden Töchter, Anm. d. Verf.) saßen neben mir auf der Rücklehne des offenen Autos und waren völlig fassungslos über den Jubel und das Getöse.« Es war der zweite Jubel über den Deutschen in seiner neuen Heimat. Er war angekommen. »Rocket City USA« nannten die Bewohner ihre Stadt, in der nur noch wenig an den kleinen Flecken erinnerte, dessen Menschen sich vom Anbau von Baumwolle und Brunnenkresse ernährten. Inzwischen brachte man die Stadt am ehesten mit Sauerkraut in Verbindung, dem Sinnbild alles Deutschen.

DER ERSTE VOLLTREFFER

Die Sowjets setzten zum nächsten Schuss an, mit *Lunik 2* wollte Koroljow es nun wissen, endgültig sollte es zum Mond gehen. Ein zwischenzeitlicher Versuch im Juni, bei dem die Rakete nach drei

Minuten bereits explodiert war, bekam im Nachhinein intern die Bezeichnung *Lunik 2A*, öffentlich verschwieg man sie gleich ganz. Offensichtlich sollten die laufenden Nummern später allein die erfolgreichen Versuche aufzählen. Jetzt also *Lunik 2* – wie sie später getauft wurde. In der nun 400 Kilogramm schweren Sonde wurden noch mehr wissenschaftliche Instrumente verstaut. Den Emissionen der Sonne wollte man auf den Grund gehen, schwere Kerne von Helium und Kohlenstoff sowie Röntgenstrahlen vermutete man in ihnen, worüber man jetzt Gewissheit haben wollte. Letztlich aber ging es erneut darum, dem Westen auf der Gegenseite die eigene technische Überlegenheit zu demonstrieren. Nicht nur beim Aufbruch in Sphären außerhalb der irdischen Schwerkraft wie mit *Lunik 1* wollte man vorn gewesen sein, dasselbe sollte auch für die Ankunft auf einem anderen Himmelskörper gelten, dem Mond.

Von alledem hatte von Braun in Huntsville keine Ahnung, als der Start für den 12. September angesetzt war. Was er schon gar nicht wusste: Dieser Start im fernen Baikonur, der ihn, der die Amerikaner erneut eine Runde im Wettrennen kosten würde, sollte letztlich dafür sorgen, dass er von der US-Regierung das Gerät, das riesige Spielzeug in die Hand bekam, das seine eigene bemannte Mondfahrt ermöglichen würde. Andere Stellen im Westen würden dieses Mal informiert sein über das sowjetische Vorhaben – gezwungenermaßen, könnte man von Koroljows Standpunkt aus sagen. Doch das Genie machte auch hier aus seiner Not eine Tugend.

Die Chancen standen für dieses Mal nicht schlecht, dass Koroljows Rakete den Mond treffen würde, der Steuerungsmechanismus und die Bemessung der Motoren waren präzisiert, die Kursberechnungen doppelt und dreifach geprüft worden. Was ihm aber fehlte, war eine Technik, die seinen Erfolg sichtbar machen würde; zur eigenen Kontrolle, vor allem aber, um den großen Treffer der ganzen Welt gegenüber zu belegen. Wegen der Gewichtsprobleme verfügte *Lunik 2* nur über schwache Batterien und einen schwachen Sender an Bord. In der gesamten UdSSR gab es keine Empfangsstation, die über die Entfernung von knapp 400 000 Ki-

WELTRAUMSTÜRMER

lometern noch die Signale eines solchen Senders hätte empfangen können. Im Westen schon. Koroljows Team schaffte es, zwei Fliegen mit einer Klappe zu schlagen.

Boris Tschertok, führender Ingenieur im Team Koroljows, erzählte dem Fernsehsender BBC darüber kürzlich: »Wir mussten einen Weg finden, der ganzen Welt zu beweisen, dass wir wirklich auf dem Mond gelandet sind. Dann hatten wir eine glänzende Idee: Es gab da doch das britische Observatorium von Jodrell Bank in der Nähe von Liverpool, und die hatten damals die größte und leistungsstärkste Richtantenne der ganzen Welt.«

Sir Bernard Lovell, damals Direktor des Observatoriums, erinnert sich heute an die Zeit rund um jenen 12. September 1959: »Ich war damals sehr verwundert, als ich eines Tages in unserer Telex-Maschine eine sehr lange Botschaft aus Moskau fand. Darin standen nicht nur alle Frequenzen, auf denen *Lunik 2* unterwegs senden würde, sondern auch die genauen Positionen während der gesamten Reise, schon umgerechnet auf die Längen und Breitengrade von Jodrell Bank. Für uns war das ein klarer Hinweis: Wir traten in Aktion.«

Tschertok freut sich heute noch über seinen Erfolg: »Als wir Lovell Zeit, Koordinaten und Frequenzen des Fluges von *Lunik 2* mitgeteilt hatten, verfolgte er den Flug der Sonde.«

»Wir fanden damals sofort das ›Piep, piep, piep‹ von *Lunik*, genau nach deren Angaben«, sagt Lovell, »das war für uns das Zeichen, dass die Sonde auf dem Weg zum Mond war. Der Einschlag erfolgte dann, ich kann mich noch gut erinnern, zwei Minuten nach zehn Uhr abends.« Planmäßig stoppte das Signal sofort, der Mond war erreicht. »Die Presse war heftig empört«, erinnert sich Lovell auch noch, »dass die Sowjets schon wieder so einen Erfolg hingelegt hatten.«

Man war am Mond angelangt, mit einem harten Aufprall zwar, aber er war getroffen. Einer der ältesten Menschheitsträume – von Aristoteles über Galilei bis zu Jules Verne und schließlich Hermann Oberth, bei dem es fast schon kein Traum mehr war, sondern kühle Berechnung – war jetzt Realität geworden. Nur der

Briefmarke der Post Ungarns, eines »Bruderlandes« der UdSSR, anlässlich
des ersten Treffers auf dem Mond durch eine sowjetische Raumsonde

Mensch selbst war noch nicht dabei. Doch zum ersten Mal hatte
der Mensch einen anderen Himmelskörper erreicht – und es waren
die Sowjets, die das geschafft hatten. Und durch ihren Coup, mit
dem sie Jodrell Bank für ihre Zwecke einspannten, hatten sie noch
etwas anderes erreicht: Überbringer der sensationellen Nachricht
vom sowjetischen Mondtreffer in die ganze westliche Welt waren
die unverdächtigen Briten. Sie hatten den Erfolg mit eigenen Geräten verfolgt. Wer sollte ihnen misstrauen? Auch Wernher von
Braun war umgehend informiert worden über den sowjetischen
Coup. Seit einem Jahr hatte er an einem Zukunftprojekt gesessen,
das erst viele Jahre später realisiert werden und noch über mehrere,
zeitlich näher an heutigen Weltraumprogrammen liegende Unternehmen hinwegweisen sollte, auch über die bemannte Raumfahrt
wie Mercury und Gemini: seine Saturn-Rakete für das Apollo-
Programm. Sie sollte in ihrer letzten Version etwa achtmal so hoch
werden wie seine alte V2. Das »Projekt Saturn« war in jenen
Herbsttagen 1959 noch längst nicht in trockenen Tüchern. Aber
als in Washington die Nachricht vom sowjetischen Triumph mit
der Mondrakete eintraf, dauerte es nur einen Tag, und er bekam
das Signal: Das zuständige Komitee der NASA hatte beschlossen:
Saturn darf entwickelt werden. Die sowjetische Mondrakete hatte
es möglich gemacht.

Von Braun konnte aufatmen. Die Erfolge des Ostens ließen zwar nicht nach, doch der Freiherr war Sportsmann genug, um keinen allzu großen Neid aufkommen zu lassen und vielmehr zu registrieren, dass die Spielstärke der Sowjets seine Position wenigstens innerhalb des amerikanischen Apparates eher stärkte als schwächte. Und es würde ja auch noch eine zweite Halbzeit geben. Der nächste Streich der Sowjets hieß *Lunik 3*.

Den Mond zu erreichen, wie es der Rivale soeben geschafft hatte, war das eine. Ein spektakulärer Erfolg, gewiss. Das Blickfeld des Menschen auf den Erdtrabanten aber war dadurch noch nicht erweitert. Um zu prüfen, wie es dort oben aussah, blieb weiterhin nur das Teleskop. Und da sah der Mond nach jenem 13. September 1959, dem Tag des Aufpralls, nicht anders aus als vorher. Doch der Mond verbarg noch ein großes Geheimnis in sich, genauer: hinter sich, auf seiner Rückseite. Solange es höhere Lebewesen auf der Erde gibt, hat er sie ihnen noch nie gezeigt, als habe er die Scham erfunden. »The Dark Side of the Moon«, die dunkle Seite des Mondes, wie sie auch heißt, die zwar gar nicht ewig dunkel ist, sondern genauso wie alle Seiten der Erde auch im Wechsel mal von der Sonne beschienen wird, mal nicht – die dem Blick von der Erde aus aber auf ewig verborgen bleibt und den irdischen Hirnen seit Urzeiten mehr Fantasien entlockt hat als der Teil, den wir am Firmament sehen. Wie würde es dort aussehen, würde es dort überhaupt rund sein? Oder war die andere Seite womöglich platt, und hat der Mond gegenüber der Erde deshalb seine Eigenrotation verlernt? Befanden sich dort Siedlungen? Hat dort ein Meteorit vor Tausenden, Millionen, Milliarden von Jahren ein riesiges Loch geschlagen? Auch noch so gute Fernrohre konnten darüber keine Auskunft geben, keine noch so starken Sender oder Kameras helfen. Wer es wissen wollte, musste hinfliegen.

Staats- und Parteiführung der Sowjetunion hatten sich ein besonderes Datum ausgedacht, um diese Frage aller Fragen zu beantworten. Der zweite Jahrestag des Sputnik-Schocks, der 4. Oktober 1959, sollte es sein, an dem *Lunik 3* der Menschheit die Rückseite des Mondes eröffnen würde. Um den Termin einhalten zu können, musste Koroljow sogar auf die letzte Endkontrolle verzichten. Zugeständnisse musste auch die Wissenschaft machen, die Sonde war radikal abgespeckt, wog nur noch 280 Kilogramm, um genug Pfunde für die Kamera und die Übertragungskapazität aufnehmen zu können, und vor allem, um die elliptische Bahn um den Mond sicherzustellen, aus der heraus man die Beweisfotos zu schießen gedachte.

Wie geplant hob *Lunik 3* am 4. Oktober 1959 von Baikonur aus ab. Offiziell war es die dritte Molnija-Rakete, inoffiziell, mit allen A-, B- und C-Versionen, bereits die siebte mit entsprechenden Sonden an Bord. Fehlschläge zählte Chruschtschow nicht mit und stritt sie auch ab, wo immer er gefragt wurde. Es sollte eine der nervenaufreibendsten Missionen der Sowjets werden, die Koroljows Team alle Improvisation abverlangte. Über den Nordpol ging es zum Südpol des Mondes – und in den kommenden Wochen ein paarmal hin und her zwischen dem Schwerefeld des Mondes und dem der Erde. Um der dunklen Seite des Mondes auf den Grund zu gehen, sollte es sich als nötig erweisen, sich mit allen Mitteln daranmachen zu müssen.

Am 6. Oktober war *Lunik 3* erstmals in die Mondumlaufbahn eingeschwenkt, und in der Empfangsstation gab es Alarm. Eine Art Bauwagen-Flotte nahe Simeis an der Südspitze der Krim beherbergte diese Station mit Batterien von Schüsseln auf deren Dächern, die auf einem Hügel in Position gebracht war, geophysikalisch günstig gelegen, möglichst weit im Süden und nicht allzu stark von fremdem Funkverkehr beeinflusst – und auch nicht zu weit weg von Moskau, was sich bald schon als Vorteil herausstellen sollte. *Lunik 3* hatte Fieber. 40 Grad Celsius meldete das Innenthermometer zur Erde herunter, gefährliche 15 Grad zu warm. Die Funkstärke nahm ab, es drohte der Hitzekollaps der empfindlichen Anlagen. Noch in der Nacht wurde Koroljow mit seinen besten Ingenieuren von der Hauptstadt auf die Krim beordert. Nach seiner Ankunft fanden umgehend kurze Beratungen statt, und schon kam die Ferntherapie in Gang, über 400 000 Kilometer hinweg, zehn Mal der Erdumfang am Äquator. Ein Gerät nach dem anderen, das noch nicht benötigt wurde, das sich erst noch »warmlief«, schalteten die Männer aus, nach und nach konnte so die Temperatur gesenkt werden. Auch verminderte man die Eigenrotation von *Lunik 3*, eine weitere Absenkung des Energieverbrauchs und der Temperatur, die in der Folge auf 30 Grad sank. Das war tolerabel.

SOWJETS FLIEGEN MIT »MADE IN USA«

Doch da ergab sich bereits das nächste Problem. Ein irdisches dieses Mal, das aber den ganzen Sinn der Sonde hinter dem Mond infrage stellte. Es tauchte auf, als Koroljow, nachdem er das Fieber seines himmlischen Kindes glücklich gesenkt hatte, in den Regalen der Bauwagen noch einmal nach dem Rechten sah. Viele Stunden würde es nicht mehr dauern, bis die ersten Bilder von *Lunik 3* zur Erde übertragen werden würden – per Telefax, was es damals außerhalb der Raumfahrt noch gar nicht gab. Koroljow, Vordenker und Macher der sowjetischen Raumfahrt, musste nun persönlich feststellen, dass in den Wagen viel zu wenig Spezialpapier für den Empfang der Bilder gebunkert war. Eine halbe Stunde dauerte der lautstarke Wutausbruch des Chefingenieurs, dann orderte der Mann am Telefon eilends eine Maschine aus Moskau.

Lunik 3 jagte über den Südpol des Mondes, mit ihrer Kamera in Bereitschaft. Zur selben Zeit jagte eine Tupolew 104, das erste sowjetische Düsenflugzeug, mit einem Karton Telefaxpapier durch die irdische Nacht von Moskau nach Sewastopol, um beide Stationen dieses Coups wenige Stunden später zusammenzubringen. Koroljow war in der Zwischenzeit bemüht, den Funkverkehr zwischen Erde und Mond vollends einzustellen, weil er merkte, dass die Sonde zu viel Energie verbrauchte, und befürchtete, die Kamera würde womöglich im entscheidenden Moment lahmgelegt sein. Nebenbei ließ er über Moskau auch den Funkverkehr der gesamten sowjetischen Schwarzmeerflotte zum Erliegen kommen, um das Rauschen während der Bildübertragung so gering wie möglich zu halten. Er sprach, dies war besonders ungewöhnlich, sogar ein Alkoholverbot für die Nacht der Nächte aus – jedenfalls für die oberste Garde. Man war kurz davor, den Amerikanern ein weiteres Mal ein Schnippchen zu schlagen, doch daran dachte Koroljow in dem Moment nicht. Er musste improvisieren, mit all seinem Genius, ein ums andere Mal.

Immerhin hatte er auch Material »Made in USA« an Bord: einen 35-Millimeter-Film, den das Pentagon für seine Spionageballons hatte entwickeln lassen, um die Sowjetunion vom Himmel aus beobachten und die Bilder umgehend nach Hause schicken zu können. Etwas Entsprechendes gab es in der Sowjetunion nicht. Auch dieses Detail gaben die sowjetischen Wissenschaftler erst nach Auflösung ihres Staates preis. Die Männer in den Bauwagen kamen in jener Nacht vom 6. auf den 7. Oktober aus dem Improvisieren nicht mehr heraus, als sie darangingen, das Millionen Jahre alte Geheimnis des Mondes zu lüften. Koroljow fragte sich, wie es wohl gelaufen wäre, hätte man ihn nicht wegen der Überhitzung der Sonde nach Simeis beordert. Hätte jemand das Fehlen des Faxpapiers bemerkt?

Um 03:30 Uhr Moskauer Zeit in jener Nacht wurde das erste Foto von der Rückseite des Mondes aufgenommen, es ging los. Gleichzeitig mussten Koroljows Männer aber auch feststellen, dass die Energie in der Sonde immer weiter abnahm. Was nun noch abzuschalten war, wurde abgeschaltet. Ob es wieder in Gang zu bringen war, wenn es gebraucht würde – dafür hatte man bisher keine Anhaltspunkte. Nicht nur die Kamera brauchte Kraft, mehr noch die Kästen, in denen hinter dem Mond nun nacheinander die Bilder entwickelt, fixiert und getrocknet wurden, bevor sie telemetrisch von der erdzugewandten Seite aus übertragen werden konnten. Insgesamt 29 Bilder wurden geschossen, die mit Spannung am anderen Ende der Leitung in den Bauwagen erwartet wurden – bis 04:10 Uhr in jener Nacht. »Jetzt wissen wir wenigstens, dass auch die Rückseite des Mondes rund ist«, lautete einer der ersten Kommentare in dem Wagen, in dem die Bilder noch am selben Tag ankamen. Es war eine Enttäuschung. Außer den Umrissen des Mondes war nichts zu sehen. Der Mann, der für die Funkgeräte verantwortlich war, zerriss gleich eines der ersten Bilder, die aus dem rotierenden Apparat herauskamen. Koroljow, selbst höchst erregt, versuchte zu beruhigen. Doch es nutzte alles nichts, man beschloss zu warten, bis die Sonde zehn Tage später – von der Mondumlaufbahn zurückgeschleudert – näher an die Erde herankommen würde. Planmäßig sollte *Lunik 3* daran anschließend wieder zurückkehren zum Mond, diesmal von der Schwerkraft der Erde in Schwung gebracht. Deshalb stoppte die Bodenstation auch die Kamera, um sich einige Bilder für die zweite Runde aufzuheben.

Die Übertragung klappte, Koroljow – nein, »das sowjetische Volk« – fuhr seinen nächsten Sieg ein: Am 18. Oktober, *Lunik 3* hatte sich inzwischen auf 48 000 Kilometer der Erde genähert, kam das nächste Foto aus dem Empfangsgerät, dem 16 weitere folgten. Unscharf waren die Bilder immer noch, doch nun zeigten sie Konturen – und das charakteristische Profil des Mondes: Krater, Krater und nochmals Krater. Die großen »Meere« der Vorderseite fehlten auf der Rückseite, doch man erkannte ihn wieder, auch von hinten. Der Mond war nun vollständig enthüllt.

Am 19. Oktober, einen Tag später bereits, das wollte man sich nicht nehmen lassen, gab die sowjetische Nachrichtenagentur TASS drei Bilder von der Rückseite den Mondes an die Weltpresse frei. Einige Tage später drei weitere, um die Sensation am Laufen zu halten. Erneut fiel die westliche Presse hämisch über die eigenen Raumfahrtstrategen her, die nicht mithalten konnten, wodurch sie den Druck auf ihre Wissenschaftler und vor allem auf ihre Politiker nochmals erhöhte. Die Führungsposition von Moskaus Planwirtschaft in der Raumfahrt erschien langsam als normal. Immerhin, in Amerika baute man noch die dickeren Autos, hatte Coca-Cola und die Musicbox, aber der Mond schien den Sowjets zu gehören. Daran musste man sich offensichtlich gewöhnen.

Dabei hatte sich gerade in dem Jahr, seit Oktober 1958, einiges getan in der amerikanischen Raumfahrt, auch wenn dies im Hintergrund der spektakulären Missionen in den Weltraum und zum Mond vielleicht nicht die Aufmerksamkeit erwecken konnte. Washington hatte die gesamte Raumfahrt aus dem militärischen

Bereich herausgezogen und in eine zivile Raumfahrtagentur, die National Aeronautics and Space Administration eingebracht: Die NASA war geboren. Mit einiger Verzögerung beendete dieser Schritt die großen Rivalitäten zwischen den Raketenprogrammen von Navy, Army und Air Force. Wernher von Braun sollte eine zentrale Rolle in ihr zukommen. Er wiederum saß nicht nur an der nächsten Generation von Weltraumraketen, sondern an der übernächsten und der überübernächsten: Die Saturn war schon auf den Reißbrettern. Und das vielleicht entscheidende Moment: In den USA standen Wahlen an, Dwight D. Eisenhower, jener Präsident, der sich für die Raumfahrt nie begeistern konnte, war am Ende seiner zweiten Amtszeit angelangt. Das Thema Raumfahrt sollte im Wahlkampf eine nicht unbedeutende Rolle spielen, und nun kam Amerika aus den Startlöchern. Und doch war die Führung des großen Konkurrenten mit seiner Planwirtschaft noch lange nicht gebrochen. Die USA, die NASA und auch Wernher von Braun sollten noch einige Rückschläge wegzustecken haben. Dabei konnte auch kein Trost für sie sein, dass *Lunik 3* nach ihrem kurzen Besuch nahe der Erde, bei dem sie die Mondfotos übermittelte, anschließend verschwunden blieb. Jeder Kontaktversuch nach dem 20. Oktober scheiterte, es gab keine weiteren Fotos von der Mondrückseite, Koroljow hatte den halben Film vergebens aufbewahrt.

Die NASA wird gegründet

Präsident Eisenhower blieb nach Lage der Dinge gar nichts anderes übrig, als die Kräfte in der von ihm so stiefmütterlich behandelten Raumfahrt in seinen letzten Amtsjahren noch möglichst schnell zu bündeln und zu verstärken. Im Juli 1958 unterzeichnete Eisenhower das dafür nötige Gesetz, und am 1. Oktober nahm die NASA ihre Arbeit auf; vorerst in einer Stadtvilla in Washingtons Süden, weil die Personalstärke noch überschaubar war. Nicht einmal ein Jahr war vergangen, dass jenes »Piep, piep, piep« aus dem Weltall die Amerikaner wachgerüttelt hatte. Gebündelt waren die Kräfte dadurch allein jedoch noch lange nicht. Im Grunde ging nach Gründung der NASA das Kompetenzgerangel, der Streit um Gelder und Projekte zwischen Army, Navy, Air Force und Pentagon zunächst erst richtig los. Mittendrin in diesen Auseinandersetzungen: Wernher von Braun, dessen Mitwirken in der NASA zu Beginn keineswegs gesichert war.

An Behörden, in denen über die Raumfahrt nachgedacht wurde, mangelte es nun nicht mehr. Da war die Army Ballistic Missile Agency (ABMA) der US Army mit Wernher von Braun als technischem Chef im Hauptsitz auf dem Redstone-Gelände in Huntsville, die den Amerikanern bislang die einzigen Erfolge im Orbit und auch bei der Überwindung des irdischen Schwerefelds eingebracht hatte. Sie war zu jener Zeit die einzige Hoffnung im »Space Race«. Bei der Entwicklung der Raketentriebwerke arbeitete die ABMA eng zusammen mit dem Jet Propulsion Laboratory im kalifornischen Pasadena, das in den 30er-Jahren entstanden war und damals bereits seine ersten Feststoffraketen aufsteigen ließ. 1943 hatte das JPL dem Verteidigungsministerium – mit britischem Geheimdienstmaterial – bereits eine Expertise über die V2 und Peenemünde erstellt; ihr neuer Kollege von Braun war also ein alter Bekannter. Und da gab es im Pentagon die Abteilung ARPA, die alles fern in der Zukunft Liegende, also auch Raketen der über- und überübernächsten Generation, zu bedenken hatte. Da war die Space Task Group (STG), die anfangs noch sehr kleine Abteilung der NASA für Raumfahrt, in der zunächst nur drei Dutzend Ingenieure arbeiteten – ein Hundertstel der Fachkräfte, die für von Braun im ABMA tätig waren – und die dennoch mit Huntsville in Konkurrenz stand. Die entsprechende Abteilung der Air Force mit dem programmatischen Namen Man In Space Soonest (MISS; *dt.* Mensch im All schnellstmöglich), die seit Sommer 1958 weitgehend unter ihren eigenen Testpiloten Kandidaten für die Weltraumfahrt rekrutierte, zählte zu den ersten Institutionen, die in der neu gegründeten NASA aufgingen. Dort wurde sie als Mercury-Programm weitergeführt. Neil Armstrong, später der erste Mann auf dem Mond, zählte zur vordersten Reihe der Kandidaten für den Astronautenberuf. Auch der entsprechende Zweig der Navy, das Vanguard-Programm, wurde im Rahmen des Naval Research Laboratory gleich zu Beginn in die NASA überführt, dort später angelehnt an das Goddard Space Flight Center.

Die großen Fragen der ersten Wochen drehten sich um die Zukunft der ABMA, von Brauns Agentur, die unter der Leitung des Heeresgenerals John B. Medaris stand. Sollte sie komplett in die NASA überführt werden mit ihren insgesamt inzwischen 5000 Angestellten? Das gab der schmale Etat der NASA nicht her. Es gab Pläne, die ABMA zu zerschlagen und unter der Army und der NASA aufzuteilen. Medaris brachte diesen bürokratischen, technisch wenig qualifizierten Plan durch eine gezielte Indiskretion an die Presse, um die Öffentlichkeit zu empören, die inzwischen wusste, wer die ersten US-Satelliten und die Mondraketen gebaut hatte. Von Braun schrieb an seine Eltern: »... da hatte jemand den genialen Gedanken, den Laden durchzuschneiden und nur die Hälfte mitzunehmen. Die Frage war dann: welche Hälfte? Nur die Köpfe, sodass man Köpfe ohne Hände gehabt hätte, die nichts hätten bauen können? Oder die Hälfte der Pyramide, von oben nach unten durchschnitten? Wie hätte man dann einen Prüfstand mit einer Besatzung oder ein Steuerungslabor behandelt?«

Die Army wehrte zunächst alle Versuche ab, von Brauns Abteilung aus ihrem Bereich auszugliedern, zeigte sich später aber moderat, als sie erkannte, dass ihre eigenen Raketenentwickler freiere Hand für die militärischen Zwecke haben würden, wenn die Army keinen zivilen Ballast mehr mitzutragen hätte. Von Braun wurde ungeduldig und warnte, alle Raketeningenieure könnten in die private Wirtschaft abwandern, wenn es nicht endlich voranginge. Und die boomte damals, auch aufgrund der aufstrebenden Luftfahrtbranche in den USA. Die Löhne in der Privatwirtschaft waren vergleichsweise hoch, selbst einfache Elektriker in Cape Canaveral verdienten zum Teil mehr als der staatlich angestellte Wernher von Braun, der freilich von seinen Veröffentlichungen und Vorträgen gut leben konnte.

Der Deutsche hätte es gegenüber einer Teilung vorgezogen, seine Raketenentwicklung auch außerhalb der NASA weiterzubetreiben, am besten in einem kommerziellen Unternehmen, um sich die Bürokratie und die immer noch herrschenden Eifersüchteleien zwischen Army, Air Force und Navy weitestgehend vom Hals zu halten. Michael Neufeld zieht hier Parallelen zu den letzten Kriegsjahren, als die Peenemünder Heeresversuchsanstalt auf Betreiben des Heeres und des Rüstungsministers Speer in ein regierungseigenes Unternehmen verwandelt wurde, um der wachsenden Kontrolle durch den Kraken SS Einhalt zu gebieten. Zur Not hätte von Braun damals auch unter dem Dach der Luftwaffe agieren wollen, die Hauptsache war, seine Abteilung bliebe zusammen und das Geld flösse.

»Alles, was ich will, ist ein reicher Onkel«, sagte er erneut, so wie er es zu Beginn, kurz bevor er zum Militär ging, noch in der Weimarer Zeit ausgedrückt hatte.

VORWÜRFE GEGEN VON BRAUN

Manch einer der maßgeblichen Männer in seiner Umgebung warf ihm deshalb Opportunismus vor. Robert R. Gilruth, Chef der STG-Abteilung für Raumfahrt bei der NASA, der kleinen Konkurrenz zur großen ABMA, gehörte dazu. »Von Braun ist es egal, unter welcher Flagge er kämpft«, warf er ihm vor. Er zählte zudem zu jenen, die persönliche Aversionen gegen von Braun hegten, weil er Raketen für die Nationalsozialisten gebaut hatte. Gilruth und von Braun hatten eine belastete Beziehung bis weit hinein in die Zeit der Apollo-Flüge, was insofern für das gesamte Programm nicht unproblematisch werden sollte, als Gilruth über alle entscheidenden Jahre des »Space Race« der Direktor der Raumfahrtanlagen von Houston sein würde, zu denen auch die Leitzentrale aller Raum- und Mondmissionen gehörte. Auch Chris Kraft, der dort die Flugleitzentrale für die Mercury-, Gemini- und später auch Apollo-Flüge aufbaute, geriet bisweilen mit von Braun aneinander, eine »teutonische Arroganz« warf er dem Deutschen vor. Die langen Jahre von Brauns in der Öffentlichkeit, als er in allen Zeitschriften und über alle Fernsehstationen für seine Mondfahrt warb und zum Popstar avancierte, hatten ihn nicht unter allen Kollegen beliebter gemacht, welche die Raketenentwicklung in seinem Schatten voranzutreiben hatten. Der Kampf zwischen Army und NASA um von Brauns Mannschaft machte ihm alle Ehre, etwas mulmig war ihm dennoch, wie er seinen Eltern in einem Brief schrieb. Er fühle sich »in der Lage eines schönen Mädchens, das zwei Freier hat und aufpassen muss, dass sie ehrbar verheiratet und nicht unehrbar verführt wird«.

Alles hing schließlich davon ab, ob die Regierung in Washington die Forschung an der riesigen Saturn-Rakete vorantreiben würde, an der von Braun damals, 1958/59, bereits auf dem Reißbrett bastelte und die später, in den letzten fünf Jahren des Wettkampfs, das Rennpferd zum siegreichen Zieleinlauf werden sollte. Sollte seine ABMA den Zuschlag erhalten, würde die Behörde, unter der sie weiterarbeitete, so oder so über ausreichende Etatmittel verfügen. Zwischenzeitlich sah es nicht gut dafür aus, Saturn wurde zu teuer. Doch die Auseinandersetzungen um den künftigen Zuschnitt der NASA liefen parallel zu den Erfolgen der Sowjets mit ihren Satelliten und Mondraketen. Und die wiederum spielten hinein in die Vorwehen des Wahlkampfes um die nächste

US-Präsidentschaft, der sich am Horizont abzeichnete. Sollte die Weltmacht USA weiterhin technologisch ins Hintertreffen geraten, würde dies im Ringen ums Weiße Haus gewiss eine Rolle spielen, darüber dachte auch Präsident Eisenhower nach, nicht zuletzt an seinen ausgedehnten Golf-Wochenenden – letztlich stand auch die Glaubwürdigkeit seines Prinzips des »Roll Back« gegenüber dem wachsenden Einfluss des Weltkommunismus auf dem Spiel.

Die Entscheidung fiel auf der Rückseite des Mondes. Wenige Tage nachdem *Lunik 3* von dort die ersten Fotos geschickt hatte, entschied Präsident Eisenhower, die ABMA fast komplett in die NASA zu überführen und die Entwicklung der Saturn weiter zu forcieren.

»Wir hatten uns nicht um die Scheidung von der Army bemüht«, schrieb von Braun, »denn unsere Beziehung war ganz glücklich gewesen, aber nach diesem Tauziehen und der Unsicherheit sind wir alle zufrieden, dass der Präsident eine eindeutige Entscheidung getroffen hat und wir jetzt wissen, wohin wir gehören.«

Nun kam Klarheit in die Sache. Die Space Task Group wurde überführt in das erste Programm der NASA, das in die bemannte Raumfahrt münden sollte: Mercury. Zwei Raketenfamilien, die dafür weiter entfaltet und kombiniert werden konnten, gab es bereits: von Brauns Redstone, die auch als Jupiter und Juno in die Raumfahrtgeschichte Eingang fand, sowie die Atlas- und Thor-Raketen, die auf die Entwicklungen der Air Force zurückgingen. Die Saturn würde erst für spätere Folgeprogramme zur Verfügung stehen. Das Konkurrieren gegeneinander war beendet, die wesentlichen Entwicklungen liefen nun in Huntsville auf dem Redstone-Gelände, das ab 1960 in Marshall Space Flight Center (MSFC) umbenannt wurde.

Die Anwerbung von Astronauten im Rahmen des Programms Man In Space Soonest ging nun für Mercury weiter, was eigentlich einen weiteren Schritt bedeutete, der von Braun mit Genugtuung erfüllen sollte, würden doch darunter auch Kandidaten sein, die eines Tages, wenn alles gut ginge, auf dem Mond stehen könnten –

sein Traum. Man darf allerdings nicht unterschätzen, wie ernsthaft er auch in diesen Jahren noch den Traum hegte, ganz höchstpersönlich zum Mond zu fliegen. Schließlich erfüllte er auch manche Kriterien der Ausschreibung. Er verfügte über eine ausgezeichnete physische Kondition und einen akademischen Abschluss. Doch er war nicht wie verlangt Testpilot, sondern nur Pilot; wenngleich er inzwischen auch den US-Schein hatte, sogar für große Maschinen. Vor allem aber durften die Kandidaten nicht älter als 40 Jahre sein. Wernher von Braun war jedoch inzwischen ein Endvierziger. Womöglich hätte es geklappt, wenn die US-Regierung ihre Ambitionen für die Raumfahrt unmittelbar nach dem Krieg entdeckt und nicht über ein Jahrzehnt hätte verstreichen lassen – oder wenn die Sowjets die Amerikaner mit einem früheren Sputnik aus ihrem Schlaf geweckt hätten. Ausbildung und Prüfung zum Testpiloten, dies wäre von Braun zuzutrauen gewesen, hätte er für seine Mondfahrt gewiss auf sich genommen. Nun war es zu spät. Von Braun konnte ja nicht ahnen, dass später einmal alle Altersbeschränkungen für die Weltraumfahrt fallen sollten und im Jahr 1998 der Astronaut John Glenn mit 77 Jahren noch einmal in den Weltraum aufsteigen würde – derselbe John Glenn, der mit einer Mercury-Kapsel bald schon als erster Amerikaner für die NASA in den Orbit aufsteigen sollte.

RATTEN IM WELTRAUM

Zunächst aber reisten nun Tiere mehrerer Arten in den Weltraum. Laika war das erste irdische Lebewesen im Orbit. Die Straßenmischlingshündin hatte, wie sich nach der Wende herausstellte, den Start von *Sputnik 2* nur kurz überlebt, bevor sie an Überhitzung starb. Insgesamt rund 30 Hunde schickten die Sowjets ins All, bevor sie es dann mit dem ersten Menschen versuchen sollten. Strelka und Belka waren die ersten Hunde, die sicher wieder auf der Erde landeten – erfolgreiche Teilnehmer mithin des »Space Race« auf sowjetischer Seite. Mit ihnen gemeinsam unterwegs waren noch 40 Mäuse und zwei Ratten, zusammen vollbrachten sie

18 Erdumkreisungen im 90-Minuten-Abstand. Zum ersten Mal hatte hierbei der Hitzeschild einer Wostok-Kapsel Lebewesen aus dem Orbit durch die glühende Reibungshitze der Atmosphäre zurück wieder sicher zur Erde gebracht – am 20. August 1960. Strelka gebar später noch sechs Welpen. Einen davon, Pushinka, schenkte der sowjetische Staats- und Parteichef Chruschtschow der Tochter des amerikanischen Präsidentenpaares, Caroline Kennedy – eine generöse Geste, die indes nur eines andeuten sollte: Wir, die Sowjetunion, liegen in Führung. Die USA vollbrachten lediglich mehrere Tests mit Affen in suborbitalen Missionen. Einer davon, Ham, der am 31. Januar 1961 250 Kilometer Gipfelhöhe erreichte, dort sechs Minuten in Schwerelosigkeit verbrachte und dafür beim Start das 17-fache seines Körpergewichtes zu tragen hatte, war anschließend bis zu seinem Tod im Jahr 1980 der Star im Zoo von Washington.

Fahrten in den Orbit oder ballistische Flüge – beides führte in den Weltraum. Als in amerikanischen Zeitungen 1960 zu lesen war, dass die NASA im Frühjahr 1961 mit ballistischen Flügen mit einem Astronauten an Bord die Grenze zum All zu durchbrechen gedachte, brach in Moskau Panik aus. Die Führungsposition war in Gefahr. Wollte die noch junge NASA gleich zum Überholmanöver ansetzen? Koroljow machte Druck bei seinen Mitarbeitern. Die noch reihenweise geplanten Flugversuche mit Hunden wurden radikal zusammengestrichen, nur noch zwei sollten es sein. Leonid Wladimirow, ein aus der UdSSR geflüchteter Weltraumexperte und Autor, berichtete 1973 in seinem Buch *The Russian Space Bluff*, dass bei den damaligen Tests für die Landung einer sowjetischen Wostok-Kapsel aus dem Weltraum ein erfahrener Fallschirmspringer tödlich verunglückte, dass Koroljow in jenen Tagen die erste Herzattacke seines Lebens erlitten und dieser alle Ratschläge seiner Ärzte zur Mäßigung in den Wind geschlagen habe, dass eine ganze Reihe von Testkapseln vor Abschluss der Versuchsanordnung in der Hektik abgeschossen und geopfert wurden.

Bei aller Überstürzung, eine Sache wollten die Sowjets damals mit besonderer Sorgfalt vor dem Start erledigt haben: Mindestens so wichtig wie die technischen Voraussetzungen für einen erfolgreichen Start und eine sichere Landung – noch vor dem Gang an die Öffentlichkeit –, war in jenem Jahr die politisch korrekte Auswahl des ersten Menschen im Weltall, des Kolumbus der bemannten Raumfahrt.

Menschen in der Schwerelosigkeit

Am 11. April 1961 stand sie bereit auf ihrer Startrampe in Baikonur, die gewaltige R7-Rakete mit dem Wostok-Raumschiff auf ihrer Spitze, fast 40 Meter hoch. Unten am Boden hatte sie mit über zehn Metern einen Durchmesser, der das Dreifache der Trägerfahrzeuge betrug, mit denen die NASA für ihre ersten bemannten Flüge in den Orbit kalkulierte. Koroljows Team vermochte es trotz vielfacher Versuche nicht, ebenso starke Triebwerke zu bauen wie Wernher von Braun. Die Materialien, die mit jeder Tonne zusätzlichen Schubes entsprechend mehr aushalten mussten, gab es in Koroljows Arsenal nicht, auch fehlte wohl das Know-how. Also behalf er sich mit einem Kunstgriff, der den sowjetischen Weltraumraketen schon vorher und noch lange danach ein so anderes charakteristisches Design gab. Er musste jeweils mehrere Raketenmotoren bündeln, sodass sie zusammengenommen die Ausmaße des Raketenzylinders sprengten. Fünfmal vier Triebwerke waren es schließlich insgesamt, die unterzubringen waren und deshalb unten an der Basis deutlich sichtbar nach außen ragten. Entsprechend höher waren auch die Anforderungen an die exakte Abstimmung des Schubs, den jeder einzelne Motor in jeder Sekunde nach dem Start zu leisten hatte.

Ein paar Kilometer entfernt, in den Büroräumen des Startkomplexes in Kasachstan, fand an jenem Tag eine Feierstunde statt, die – aus Unsicherheit über den Erfolg – damals zwar geheim gehalten, aber immerhin mit der Filmkamera festgehalten wurde, sodass jeder raumfahrthistorisch Interessierte sie heute nachvollziehen kann. Koroljow gratulierte dem ersten sowjetischen Kosmonauten, der sich am nächsten Tag in das Wostok-Raumschiff zwängen sollte – Juri Gagarin. Koroljow sprach von der großen Ehre, vom Volk, von »unserer geliebten Kommunistischen Partei«. Er wünschte Gagarin einen guten Flug »und eine erfolgreiche

Landung« – vor allem wohl das Letzte war es, was Koroljow mit einem gewissen Bangen sagte, waren doch zuletzt mehrere Testläufe mit dem Hitzeschild aufgrund der Eile gestrichen worden. Andere hatten in einer Explosion geendet, mit Versuchshunden an Bord.

»Mögen unsere Raumschiffe ungeahnte Höhen erreichen«, schloss Koroljow seine Rede unter dem Beifall von 30 anwesenden Leitern der Raketenforschung und des Startkomplexes Baikonur.

Jedes Wort offensichtlich auswendig gelernt, folgte nun Juri Gagarin mit seiner kurzen Ansprache unter dem gerahmten Antlitz Lenins: »Kameraden, ich möchte unserer Regierung, der Kommunistischen Partei und dem sowjetischen Volk versichern, dass ich diesen Auftrag ehrenvoll erfüllen werde, indem ich die erste Straße ins Weltall baue. Und wenn ich auf dieser Straße auf Schwierigkeiten stoße, werde ich sie überwinden, so wie gute Kommunisten es tun«.

Applaus, die Uniformierten ringsum erhoben sich. Niemand außerhalb dieses Geländes und des Kremls und außer einer Handvoll weiterer Eingeweihter hatte zu jenem Zeitpunkt eine Ahnung davon, dass Gagarin »diese Straße« jetzt und an diesem Tag »bauen« wollte. Nicht einmal seine Frau wusste davon.

Warum eigentlich gerade Juri Gagarin? Er erfüllte nicht nur die physischen Bedingungen, die für Kosmonauten noch rigider waren als für die US-Astronauten: unter 1,70 Meter groß, nicht älter als 30 Jahre. Gagarin passte auch in das Bild der Person, mit der Chruschtschow am Tag nach dem großen Erfolg an die Weltöffentlichkeit zu gehen gedachte: Es sollte ein Russe sein und ein Arbeiterkind. Leonid Wladimirow behauptet sogar, Gagarin »hatte auch zu belegen, dass beide Eltern und selbst seine Großeltern Russen waren«. Ukrainer seien deshalb zurückgewiesen worden, sollten aber später dann unbedingt zum Zug kommen, »denn damit ließ sich die ›Völkerfreundschaft‹ in der UdSSR demonstrieren«. Gagarin war Sohn eines Betriebstischlers und einer Melkerin – mithin der ideale Held eines Arbeiter- und Bauernstaates. Dass er mit seinen 27 Jahren außerdem psychisch gefestigt und gereift war, sprach zusätzlich für ihn. Viel zu erledigen würde er nicht haben in seinem Wostok-Raumschiff, ähnlich wenig wie auch später die Astronauten in ihren ersten Mercury-Kapseln: Die Route war programmiert. Korrigiert oder gesteuert wurde von der Erde aus.

IN ZWEI STUNDEN UM DIE GANZE WELT

Für den ersten Flug eines Kosmonauten hatte man noch besondere Vorsichtsmaßnahmen getroffen. Die Umlaufbahn hatte Koroljow so gewählt, dass die Kapsel bei einem unerwarteten Abbruch des Funkkontaktes nach wenigen Tagen automatisch wieder in die Erdatmosphäre eingetaucht und von ihr zur Landung abgebremst worden wäre. Wäre Gagarin irgendwo anders niedergegangen, so hätte ihm Nahrung für zehn Tage zur Verfügung gestanden, über einen Sender würde die ungeplante Landestelle mehrere Tage lang zu orten sein, und eine über alle Weltmeere verteilte Flotte der Sowjetmarine sollte mit der Kapsel ununterbrochen in Verbindung stehen. Gagarin würde über die Dauer des gesamten Fluges von einer Bordkamera gefilmt und die Bilder live zur Bodenstation bei Moskau hinuntergeschickt werden. Sowieso würde es nur eine vergleichsweise kurze Angelegenheit sein. Nachdem den Hunden beim letzten Versuch nach mehreren Umläufen übel geworden war, wie die Kamerabilder gezeigt hatten, sollte Gagarin nach nur einem einzigen kompletten Orbit wieder zur Landung ansetzen.

Um 05:30 Uhr am 12. April stand Juri Gagarin auf, mit ihm zusammen zog auch sein Ersatzmann German Titow seinen Raumanzug an, um 07:10 Uhr stieg er die 40 Meter zur Raketenspitze hinauf und kletterte in die Wostok-Kapsel. Zwei Stunden sollte es von da an noch dauern bis zum geplanten Start – zum Glück. Denn kaum war da die Luke geschlossen, signalisierten die Anzeigen: Sie war nicht richtig verschlossen, konnte nicht geschlossen werden. Über eine Stunde lang war die Bodenmannschaft damit beschäftigt, den Fehler zu beheben, die Türangel noch einmal auszubauen, Bolzen zu erneuern. Der Countdown lief weiter, Gagarin blieb sitzen, war die Ruhe selbst, unterhielt sich über Funk mit Koroljow, der angesichts der Panne nun allerdings seinerseits mit Brustschmerzen und Herzbeklemmungen zu kämpfen hatte. Er musste Pillen schlucken. Gagarin bat darum, ihm Musik über seine Kopfhörer einzuspielen, sein Puls blieb konstant im normalen Bereich. Schließlich war die Luke dicht.

Um 09:07 Uhr Ortszeit begann das Konzert der 20 Raketentriebwerke, die insgesamt 287 Tonnen pfeilgerade in den Himmel zu schieben. Die erste Reise ins All nahm ihren Lauf. Nach und nach lösten sich die drei Raketenstufen, übergaben an die Triebwerke der nächsten, was Gagarin jeweils mit einem leichten Ruck spürte. Um 09:13 Uhr meldete er: »Alles ist okay, ich kann die Erde sehen.« Um 09:21 Uhr ging es über die Halbinsel Kamtschatka hinaus über den Pazifik. Um 09:37 Uhr passierte er Hawaii: »Ich fühle mich bestens, sehr gut, sehr gut, sehr gut.« Um 09:49 Uhr, eine gute halbe Stunde nach dem Start am Morgen, begann für Gagarin die Nacht an der amerikanischen Westküste. Um 10 Uhr war der halbe Orbit vollzogen, *Wostok 1* und Gagarin jagten mit 28 000 Stundenkilometern über die Magellanstraße und den Atlantik anschließend wieder in Richtung Norden, um 10:10 Uhr ging die Sonne wieder auf. Um 10:25 Uhr setzte dann noch 8000 Kilometer entfernt vom geplanten Landeplatz über Afrika das »Retrofire« ein: die Bremsraketen. Zehn Sekunden später kam es zur ersten Unregelmäßigkeit des Fluges: Gagarin spürte heftige Drehbewegungen, meldete sie aber nicht, als er an seinen Instrumenten sah, dass die Richtung nach wie vor stimmte.

»Ich wollte keinen unnötigen Lärm machen«, sagte er nach der Landung. Im Gegensatz zu ihm erkannte die Bodenstation an ihren Displays die Ursache des heftigen Rollens: Das Service-Modul mit Treibstoff, Sauerstoff und Batterien hätte sich eigentlich zehn Sekunden nach Beginn des »Retrofire« von der Wostok-Kapsel trennen sollen – was aber nicht geschehen war. Erst als die Hitze beim Wiedereintritt in die Erdatmosphäre die letzten Kabel zwischen beiden Teilen durchgeschmort hatte, war Gagarins Landekapsel frei zur Landung. Um 10:55 Uhr öffneten sich die Fallschirme der

WELTRAUMSTÜRMER

Kapsel wie auch die Luke für Gagarins Schleudersitz, um 11:05 Uhr, knapp zwei Stunden und eine Erdumkreisung nach seinem Start, stand der erste Raumfahrer der Menschheit wieder mit beiden Beinen auf dem Boden – 280 Kilometer von der eigentlich geplanten Landestelle entfernt, passenderweise nahe der Stadt Engels an der Wolga. Gagarin war sogleich wieder geerdet, denn ein Bauer und seine Tochter waren es, die ihn als Erste »entdeckten«. Sie ergriffen zunächst die Flucht vor dem Kosmonauten, der in dem unförmigen, leuchtend orangefarbenen Raumanzug mit Helm mitten in der weiten Ebene nördlich des Kaspischen Meers plötzlich vor ihnen stand. Er bat sie, zu bleiben: »Habt bitte keine Angst, ich bin ein Sowjetbürger wie ihr, nur dass ich gerade aus dem Weltraum zurückgekehrt bin. Ich brauche bitte mal ein Telefon.« So lautet jedenfalls die offizielle Überlieferung.

Die Sowjetunion war in Jubellaune. Chruschtschow, der sich in einer Unterhaltung mit Gagarin schon während dessen Flug die Bemerkung nicht verkneifen konnte: »Das sollen die Kapitalisten erst mal schaffen!«, ließ Partei und Staat auf allen Kanälen feiern, auf Fernsehbildschirmen in den Schaufenstern konnten die Moskauer Bürger den Flug in allen Einzelheiten nacherleben. Am Roten Platz gab es eine Show mit Juri Gagarin für das Volk, das genauso überrascht war wie die ganze Welt, mit Ausnahme eines Mannes: Wernher von Braun – wie schon beim Start des Sputniks dreieinhalb Jahre zuvor. Dieses Mal allerdings gab er sich ruhig und gefasst, als er eine Erklärung veröffentlichte, in der er die UdSSR zu ihrer Leistung beglückwünschte. Hoffte er insgeheim, den großen unbekannten Gegenspieler dadurch aus der Reserve zu locken?

Womöglich war von Braun auch im Bilde, vor allen anderen Amerikanern, vor der Weltöffentlichkeit und vor allen Sowjetbürgern. Ein Zeichen dafür, wie ernst die US-Regierung die Herausforderung des »Space Race« inzwischen nahm: Hohe NASA-Funktionäre, auch von Braun, bekamen mittlerweile Zugang zu geheimen Aufklärungsfotos, die ein US-Spionageflugzeug vom Modell U2 bei seinen regelmäßigen Überflügen über die Sowjetunion aus 20 Kilometern Höhe von den Startrampen in Baikonur aufnahm – bevor das Flugzeug mit dem Piloten Gary Powers im Mai 1960 abgeschossen wurde und Chruschtschow wegen der Verletzung des Luftraumes in der UN-Vollversammlung mit dem Schuh aufs Rednerpult haute. Darüber hinaus stand von Braun auf der Liste derjenigen, die Erkenntnisse der CIA über die Raumfahrt der Sowjetunion einsehen konnten.

Die Zeiten hatten sich gewandelt. Inzwischen war Kennedy neuer Präsident, vor allem sein Stellvertreter Lyndon B. Johnson hatte sich im Wahlkampf starkgemacht für die Raumfahrt. Kennedys Demokratische Partei konnte in den Zeiten nach dem Sputnik-Schock und den russischen Mondraketen damit durchaus wichtige Punkte sammeln. Noch zu Eisenhowers Zeiten hatte die NASA für die Ära nach Mercury geplant, hatte von Braun die Saturn-Rakete als Trägerrakete angedacht, die in vielleicht zehn Jahren für die bemannte Mondfahrt einsatzbereit wäre. Eisenhowers Nachfolger Kennedy billigte das Projekt, und inzwischen nahm die erste Stufe der Saturn Form an.

Das stimmte von Braun und seine Mannschaft zwar optimistisch, es klang aber eher wie ferne Zukunftsmusik, als es im Frühjahr 1961 um näherliegende Herausforderungen ging. Ein Vorpreschen der Sowjets in der bemannten Raumfahrt hatte schließlich vor Gagarins Husarenstück bereits in der Luft gelegen, und die Tochter von Präsident Kennedy hatte inzwischen den Nachfahren eines Hundes geschenkt bekommen, der unter dem Sowjetstern in den Himmel und heil wieder heruntergekommen war. Zugegeben, im vergangenen Dezember waren bei einem erneuten, diesmal komplett gescheiterten Versuch der Sowjets zwei Hunde ums Leben gekommen, aber würde die Sowjets so etwas bremsen? Auch die NASA hatte bereits ein lebendes Wesen, den Schimpansen Ham, heil wieder aus dem Weltraum zurückgebracht. Doch weil der damalige Flug nicht glatt gelaufen war, verlangte das Team von Brauns einen erneuten Versuch.

Juri Gagarin, der erste Mensch im Weltraum, wenige Stunden nach seiner glücklichen Landung in der Nähe der Wolga-Stadt Engels

Erneut geriet von Braun über diese Frage mit Bob Gilruth aneinander, der ihn wegen seiner Vergangenheit in Peenemünde kritisiert hatte. Gilruths Team, das in Houston nun auch die neu eingerichtete Raumflug-Leitzentrale betrieb, sah das Problem beim Flug des Schimpansen Ham nur als geringfügig an. Gilruth hatte noch im März eine Mercury-Kapsel mit einem Astronauten ins All schicken wollen, womit die NASA Gagarin und Koroljow überholt und zum ersten Mal vorn gelegen hätte. Doch in Huntsville bei den Raketenleuten blieb man aus Sicherheitsgründen hart, unterdessen sich in Houston Verbitterung breitmachte. Die letzte Entscheidung lag bei der NASA-Führung. Der neue NASA-Chef, James E. Webb, seit Kennedys Amtsantritt im Dienst, hatte mehr Angst vor einer Katastrophe beim ersten bemannten Weltraumflug als davor, wieder einmal zweiter Sieger hinter den Sowjets zu sein. Und so startete am 24. März 1961 die nächste Redstone erneut nur zum Versuch in eine ballistische Flugbahn unterhalb der Erdumlaufbahn, lediglich mit der Attrappe einer Mercury-Kapsel – sehr zum Ärger des für den ersten bemannten Start bereits ausgesuchten Astronauten Alan Shepard. Dass der Versuch perfekt klappte, stimmten ihn und Gilruth anschließend noch zorniger, und was von der Auseinandersetzung hängen blieb, war: Die übervorsichtigen Deutschen um von Braun in Huntsville haben den Amerikanern den ersten Sieg im All gestohlen.

Nicht ausgeschlossen, dass Gilruths erneute Abneigung gegenüber von Braun auch von einem Spielfilm geschürt wurde, der im Vorjahr, 1960, in die Kinos gekommen war und der den Personenkult um Wernher von Braun auf die Spitze getrieben hatte – *Wernher von Braun: Ich greife nach den Sternen* (englisch: *I Aim at the Stars*). In der Titelrolle verlieh ihm Curd Jürgens – damals schon Hollywoodstar – zweifellos gehöriges Gewicht. Doch das Projekt stand unter keinem guten Stern. Kritiker warfen den beiden amerikanischen Drehbuchautoren vor, von Brauns Vergangenheit in Peenemünde und in Mittelbau-Dora zu wenig problematisiert zu haben. Allerdings: Einer der Schreiber, George Froeschel, war 1933 immerhin vor den Nazis in die USA geflohen. Der Regisseur wiederum, J. Lee Thompson, warf von Braun bei einem persönlichen Treffen in Deutschland Opportunismus vor, der Rateningenieur habe sein Land verraten, als er sich einfach auf die Seite der Amerikaner geschlagen habe. Thompson, ein britischer Weltkriegspilot, offenbarte damit zwar seine Unkenntnis über das Geschehen zwischen Bleicherode und Oberammergau in den letzten Kriegstagen, doch die Konflikte rissen nicht ab. Von Braun hatte den Film abzunehmen, und auch die involvierten amerikanischen Instanzen wie Air Force, Navy, Army und Pentagon beanstandeten vieles und ließen es ändern. Nach der Vorführung der eigentlich von allen abgenommenen Fassung im Pentagon gab es dann noch einmal heftigen Streit über einen einzigen Satz. Den hatte Thompson – ganz im Sinne seiner eigenen Vorbehalte gegen von Braun – seinem Titelhelden in den Mund gelegt, der nach dem Krieg vor seiner versammelten Mannschaft sagte: »Das Wichtigste ist, dass wir jetzt alle auf der Seite der Sieger sind.« Auch Maria, Wernher von Brauns Frau, war heftig erregt über den Satz, der die Haltung ihres Mannes nach dem Krieg allzu platt fehlinterpretierte. Thompson lehnte zu diesem späten Zeitpunkt jeden Eingriff in den Film ab, von Braun hatte das Pentagon mit seiner gesamten Vetomacht jedoch hinter sich: Der Satz wurde herausgeschnitten. Der Film war zunächst ein Erfolg, sowohl in Europa als auch in Amerika, geriet aber bald in Vergessenheit. Von Braun selbst wusste nach einiger Zeit nicht mehr so recht, was er von ihm halten sollte, wies die Verantwortung einer eigenen Mitarbeit weit von sich. So oder so, der Film war ein weiterer Baustein für seine wachsende Popularität, nun immer stärker auch in Deutschland.

Von Braun war in jenen Tagen ohnehin viel unterwegs zwischen Europa und Amerika, die neuen Jet-Verbindungen machten es möglich. Tagungen der International Astronautical Federation riefen ihn zum alten Kontinent, von Bundespräsident Theodor Heuss hatte er wegen seines Einflusses auf das Bild der Deutschen in Amerika das Bundesverdienstkreuz am Bande erhalten. In der

Frankfurter Paulskirche hielt er eine viel beachtete Rede über die Zukunft der Raumforschung, die Reise zum Mond und zum Mars. Einen für ihn ganz besonders schmerzlichen Anlass für eine Reise nahm er indes nicht wahr. Im November 1959 war seine von ihm so geliebte Mutter Emmy gestorben, sie, die ihm in seiner Kindheit die Flausen für die Weltraumfahrt erfolgreich in den Kopf gesetzt, mit ihm die Sterne beobachtet, ihm das Teleskop und das Buch von Jules Verne geschenkt hatte. Seine ersten bemerkenswerten Erfolge durfte sie noch miterleben, ganz persönlich auch in Amerika ein wenig von seinem aufkommenden Ruhm erahnen. Terminschwierigkeiten hielten ihn von der Teilnahme an der Beisetzung ab, doch wollte er sich seinem Vater gegenüber gar nicht hinter seiner Unabkömmlichkeit in Amerika verstecken. Ihn schrecke die Aussicht darauf, sein Besuch zu diesem Anlass könne in ein Medienspektakel ausarten, schrieb er ihm. Er zog es vor, stattdessen in Gedanken an seine Mutter eine ganze Nacht am Teleskop seines Astronomischen Klubs von Huntsville unter dem klaren Novemberhimmel zu verbringen und die Sterne zu beobachten. Magnus von Braun, Wernhers Vater, durfte noch die Mondlandung miterleben. Er starb 1972.

Vorerst half alles nichts, bei der unbemannten Mondfahrt wurde das Land der unbegrenzten Möglichkeiten weiter abgehängt von den Kommunisten, auch die Rückseite des Mondes war nun sowjetisch, ganz abgesehen vom ersten Menschen im All. Das war genug. Jetzt, da im Weißen Haus mit Kennedy ein junger Mann mit Sportsgeist saß, dessen Faible nicht dem in sich gekehrten Golfspiel galt wie bei Eisenhower, sondern dem American Football, der außerdem bei den Pfadfindern war – jetzt war der Leu geweckt. Die USA hatten gegenüber der Sowjetunion in jenen Tagen auch noch andere Scharten auszuwetzen. Eine Woche nach Gagarins Coup hatten sich die Amerikaner eine weitere Schlappe eingehandelt: Exilkubaner hatten mit Unterstützung des US-Geheimdienstes CIA und logistischer Hilfe aus Washington versucht, die Kommunisten aus Kuba zu verjagen. Sie waren kläglich gescheitert.

KENNEDY WILL ES WISSEN

April 1961. Kennedy wollte nun zum ganz großen Wurf ausholen, und er wollte einen Zeitplan. Eine klare Aussage der NASA darüber, wann sie es für möglich halte, nicht mehr nur Hunde oder Affen, sondern auch Menschen sicher um die Erde kreisen zu lassen, wann endlich größere Raumschiffe mit mehreren Astronauten gleichzeitig in den Orbit geschickt werden könnten, um sie dort ihre Übungen exerzieren zu lassen. Sein eigentliches Ziel: Er wollte wissen, wann bei einer großen nationalen Anstrengung – vor Kurzem hatte man mit einer solchen ja auch den Faschismus in die Knie gezwungen – der erste Amerikaner auf dem Mond stehen und anschließend heil wieder zurückkehren könnte. Um die Sowjets endlich in die zweite Reihe zu verdrängen. Hatte er die Antwort von der NASA, wollte er sie seiner Nation mitteilen – und dann das Ziel anpacken. Doch vorher musste er noch genaue Erkundigungen einholen.

Am 30. April 1961 beantwortete auch Wernher von Braun einen umfangreichen Fragenkatalog, den das Weiße Haus an die NASA und an die Air Force gerichtet hatte. Ganz offenbar stand Vizepräsident Johnson dahinter. Gefragt war nach den Chancen dafür, in den folgenden Jahren ganz konkrete Ziele im Weltall zu erreichen. Die erste Frage: »Haben wir eine Chance, die Sowjets mit der Errichtung eines Raumlabors oder mit einem Flug um den Mond oder einer Rakete zu schlagen, die sanft auf dem Mond landet, womöglich mit einem Mann, und mit ihm wieder zurückkehrt? Gibt es irgendein Raumfahrtprogramm, das dramatische Ergebnisse verspricht, mit denen wir gewinnen können?« Wenn sie bis dahin nicht offiziell war – die letzte Frage dokumentiert die Motivation für die Mondfahrt klipp und klar.

Von Brauns ausführliche Antwort klang zunächst pessimistisch; er wies darauf hin, dass die Sowjets bisher dreimal so schwere Frachten in den Orbit bringen konnten, offenbar entsprechend stärkere Raketen besaßen als die Amerikaner. Damit könnten sie auch noch im laufenden Jahr ohne Weiteres ein

Raumlabor im Orbit installieren. »Wir haben eine sportliche Chance, die Sowjets zu schlagen, indem wir einen Radiosender auf dem Mond sanft landen«, schlug er vor, »es ist schwer zu sagen, ob sie so etwas planen. Was die Trägerrakete angeht, könnten sie das jederzeit erreichen. Wir planen dies für Anfang 1962.«

Was die fernere Zukunft anging, so war er schon optimistischer, auf die Siegerstraße zu geraten: »Wir haben eine sportliche Chance, eine dreiköpfige Crew vor den Sowjets in eine Umlaufbahn um den Mond zu schicken (1965/66). Allerdings könnten die Sowjets eine Mondumrundung früher schaffen, wenn sie gewisse Sicherheitsvorkehrungen außer Acht lassen und nur einen Mann hinaufschicken. Ich schätze, sie könnten so eine vereinfachte Version 1962 oder 1963 schaffen.«

»Dort wollen wir hin.« Wernher von Braun und Präsident Kennedy in Cape Canaveral neben einem Modell einer Saturn IV im November 1963, sechs Tage vor Kennedys Ermordung

WELTRAUMSTÜRMER

Noch euphorischer klangen Wernhers Signale an das Weiße Haus, als er sich über sein großes Ziel ausließ, das er seit fast 40 Jahren anstrebte: die letztendliche Landung auf dem Mond. »Wir haben eine ausgezeichnete Chance, die Russen bei der ersten Landung einer Crew auf dem Mond zu schlagen (einschließlich der Rückkehrmöglichkeit natürlich). Der Grund: Um dies zu erreichen, müssten die Raketen um das Zehnfache leistungsfähiger werden. Wir haben so eine Rakete derzeit nicht, und es ist unwahrscheinlich, dass die Sowjets sie haben. Mit einem Crash-Programm könnten wir dieses Ziel 1967/68 erreichen.« Ganz falsch sollte von Braun mit dieser Prognose nicht liegen, die NASA hätte das Ziel auch erreichen können. Doch nicht alles sollte in den nächsten Jahren nach Plan laufen, fatale Rückschläge harrten der amerikanischen Raumfahrt.

Natürlich stellte Johnson auch die Frage nach den Kosten, die von Braun reichlich pauschal beantwortete und dabei in die Vollen griff: Für das Jahr 1962 dürften »erheblich mehr« als eine Milliarde Dollar zusammenkommen, und in den folgenden Jahren dürften sich jeweilige Verdoppelungen ergeben »oder mehr«. Warum auch nicht? Johnson und Kennedy hatten es eilig – wenn eines aus dem Fragenkatalog klar hervorging, dann dies. Immer wieder die Frage: Wo, wie und wann können wir die Sowjets überholen, sie schlagen? Indirekt aber auch die Erkundigung: Arbeitet ihr überhaupt schnell genug? Frage drei lautete: »Arbeiten Sie 24 Stunden am Tag? Wenn nicht, warum nicht?« Antwort: »Wir arbeiten *nicht* 24 Stunden am Tag in den laufenden Programmen.« Von Braun erklärt Kennedy und Johnson detailliert die Schichtpläne bei der Arbeit an der Saturn-Rakete, mehr sei derzeit einfach nicht drin, dies »auch wegen der Gefahr der Ermüdung«. Geld für mehr Arbeiter in der Produktion wäre im Übrigen hilfreich. Was seine eigene Arbeit und die der Kollegen auf der Ebene der Entwicklungsingenieure anging, so könne ein Dreischichtensystem nicht empfohlen werden. Die abschließende Frage: »Arbeiten Sie am Maximum Ihrer Bemühungen?«, beantwortete von Braun in seiner für ihn charakteristischen Offenheit: »Nein, ich meine nicht, dass wir maximale

Anstrengungen unternehmen.« Dies liege nicht nur an mangelnden Mitteln, sondern auch an klaren Zielen, die es nun zu identifizieren und mit dem größten Nachdruck zu verfolgen gelte. Dafür nannte er ihnen eine Reihe von Beispielen. Von Braun schloss mit dem Satz: »Ich glaube nicht, dass wir das Rennen gewinnen können, ohne dass wir zu Mitteln greifen, die ansonsten nur in Zeiten eines nationalen Notstandes akzeptiert werden.«

DER ERSTE AMERIKANER IM ALL

Kurz nachdem von Brauns Antwort im Weißen Haus eingegangen war, konnte sich die NASA ihrem großen Konkurrenten erneut annähern. Am 5. Mai 1961, drei Wochen nach Gagarins Flug, durfte Alan Shepard auf der Startrampe von Cape Canaveral endlich in seine Mercury-Kapsel steigen, *Freedom 7*, die oben auf einer Redstone-Rakete angebracht war, um zum ersten bemannten Flug der Amerikaner in den Weltraum zu starten. Anders als Gagarin aber sollte er nicht in eine Erdumlaufbahn einschwenken, sondern lediglich eine »ballistische« Kurve vollziehen. Für einen bemannten Flug in den Orbit war nach den Ansprüchen von Brauns die Redstone noch nicht leistungsfähig genug. Doch bevor der Präsident mit seinem Plan für die Mondfahrt an die Öffentlichkeit gehen konnte, musste wenigstens ein Amerikaner einmal kurz im Weltraum gewesen sein, um zu vermeiden, dass die Presse sich erneut nur lustig machte über eine NASA, die lediglich hinter den Sowjets hinterherhinkte, und über einen Präsidenten, der lediglich große Reden schwang.

Von Braun erinnerte sich später, dass ihn dieser Moment nicht nur mit Euphorie erfüllt hatte: »Zum ersten Mal hing das Leben eines Astronauten von der Zuverlässigkeit unserer guten alten Redstone und vom Mercury-Raumfahrzeug ab. Wir waren uns auch bewusst, dass unser gesamtes Programm der bemannten Raumfahrt in erheblichem Maße vom Erfolg dieses Fluges abhing.«

Was von Brauns Spannung erheblich steigerte, waren Verzögerungen des Starts, als Shepard schon oben in der Kapsel saß.

Mehrfach musste der Countdown abgeblasen und um eine knappe Stunde verschoben werden. »Nun regelt doch mal euer kleines Problem und zündet die Kerze endlich an«, hörte die Bodenmannschaft Shepard durch die Gegensprechanlage sagen. Von Braun war in Begleitung seiner Frau Maria nach Cape Canaveral gekommen, um den historischen Start zu verfolgen. Kurz sprach er über Funk noch mit Shepard während des Countdowns, und auch von Braun spürte, »dass er viel weniger aufgeregt war über den Start als ich«. Folgenlos sollten die mehrfachen Startverzögerungen für Shepard dennoch nicht bleiben.

Nur wenig später nach dem Start sprach von Braun das nächste Mal mit Shepard, so als habe dieser zwischendurch gerade mal eine Achterbahnfahrt hinter sich gebracht, doch inzwischen war der Astronaut auf dem Bergungsschiff im Atlantik. 15 Minuten lang war er im Himmel gewesen, mit einer Gipfelhöhe von 187 Kilometern. Viel gesehen hatte Shepard unterwegs nicht, zum Ausblick stand ihm lediglich ein Periskop zur Verfügung, das die Farben wegfilterte, und kein Fenster.

»Welch ein herrlicher Blick«, sagte er dennoch durch sein Funkgerät zur Bodenstation.

»Das möchte ich wetten«, kam von Deke Slayton, dem »Capcom«, dem Capsule Communicator, zurück.

»In Wirklichkeit schwebte eine Wolkendecke über dem größten Teil der Ostküste und einem großen Stück des Atlantiks«, legt Tom Wolfe in seinem Reportageroman *Die Helden der Nation* offen: »Das Kap konnte er erkennen … und die Westküste von Florida … Lake Okeechobee … Er befand sich in so großer Höhe, dass er sich nur unmerklich von Florida zu entfernen schien … und die Wechselrichter sirrten hoch, und die Kreisel summten tief, und die Ventilatoren schwirrten, und die Kameras surrten … Er versuchte, Kuba zu finden. War das Kuba oder war es das nicht? … Alles wirkte schwarz-weiß, und überall waren Wolken.«

NASSE HOSE

In knapp 500 Kilometern Entfernung, nahe den Bahamas, ging er mit seiner Kapsel im Atlantik nieder; ohne besondere Vorkommnisse – dies war die offizielle Version. Was die sensationshungrige Presse nicht erfuhr und Shepard auch in seinem kurzen Telefongespräch mit von Braun nicht erwähnte: Er war mit nasser Hose gelandet. Die mehrfachen Unterbrechungen des Countdowns vor dem Start hatten die Kapazität seiner Blase überstrapaziert – ein Detail des ersten amerikanischen Raumfluges, das der Astronaut erst Jahrzehnte später zum Besten gab.

Der Weg war dem Weißen Haus nun geebnet, der ganzen Nation den großen Plan, den großen Wurf mitzuteilen. Kennedy hatte die Angelegenheit zur Chefsache gemacht. Am Morgen des 25. Mai 1961 hielt der überaus populäre Präsident vor beiden Kammern des Kongresses eine längere Rede über die Außen- und Sicherheitspolitik. Wernher von Braun und sein Stab saßen in Huntsville im Konferenzraum des MSFC am Radiogerät, als der Präsident gegen Ende seiner Rede auf das von ihnen erwartete Thema kam:

»Ich glaube, dass sich die Vereinigten Staaten das Ziel setzen sollten, noch vor Ende dieses Jahrzehnts einen Menschen auf dem Mond zu landen und ihn wieder sicher zur Erde zurückzubringen. Kein anderes Projekt wird innerhalb dieser Periode eindrucksvoller und für die Erforschung des Weltraums wichtiger sein. Kein anderes wird aber auch so schwierig zu erreichen und so kostspielig sein. Wir schlagen vor, die Entwicklung eines geeigneten Mondschiffs zu beschleunigen. Wir schlagen vor, weitaus größere Raketentriebwerke als bisher zu entwickeln, bis wir sicher sind, auf welcher Seite die Überlegenen stehen. Wir schlagen vor, zusätzliche Mittel für weitere Geräteentwicklungen und für unbemannte Erforschungen bereitzustellen – Erforschungen, die besonders wichtig sind für einen Zweck, den unsere Nation nie übersehen wird: das Überleben des Mannes zu sichern, der diesen verwegenen Flug wagen wird. Aber es sollte uns klar sein, dass

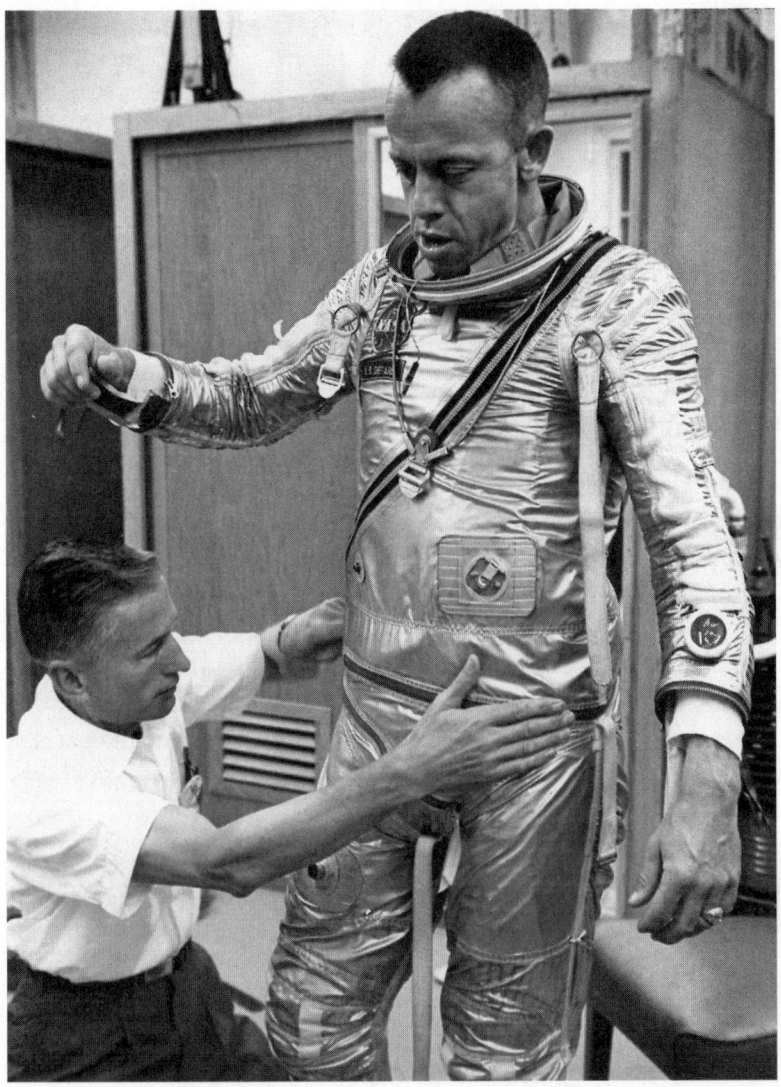

Alan Shepard steigt kurz vor seinem Start in den Weltraum in seinen Raumanzug – der auch Unvorhergesehenes aushalten musste.

nicht nur ein Mann zum Mond fliegen wird, sondern, wenn wir dies alles positiv beurteilen, unsere ganze Nation. Wir müssen alles dafür tun, dieses Ziel zu erreichen.«

Fälschlicherweise werden oft auch andere große Worte, die Kennedy im Zusammenhang mit dem Kommando Mondfahrt äußerte, in diese Rede hineingeflochten. Die folgenden Äußerungen aber tätigte er erst im September 1962 in einem Footballstadion in Houston, dem neuen Fenster zum Weltall: »Wir haben uns entschlossen, zum Mond zu fliegen. Wir haben uns entschlossen, in diesem Jahrzehnt auf den Mond zu kommen, nicht weil es leicht wäre, sondern gerade weil es schwer ist, weil diese Aufgabe uns helfen wird, unsere besten Energien und Fähigkeiten einzusetzen und zu erproben, weil wir bereit sind, diese Herausforderung anzunehmen, und sie nicht widerwillig aufschieben werden – und weil wir beabsichtigen, zu gewinnen.«

Das Apollo-Programm war nun Teil der Staatsdoktrin Washingtons. Noch stand man am Beginn des Mercury-Programms mit seinen ballistischen Hopsern und späteren kurzen orbitalen Flügen, noch längst war das Gemini-Programm mit den Zweierbesatzungen und den ersten Koppelungsmanövern im All nicht gestartet, da hatte Wernher von Braun schon den Auftrag für das übernächste Vorhaben: Apollo, den Flug zum Mond – »noch vor Ende dieses Jahrzehnts«.

Als Kennedy wenige Wochen nach seiner ersten Rede vor dem Kongress im Mai klar wurde, was das Ganze kostete, bot er dem sowjetischen Staatschef Chruschtschow den gemeinsamen Weg zum Mond an, zunächst unter der Hand, schließlich öffentlich, und auch noch am 20. September 1963 sprach er in einer Rede vor der Vollversammlung der Vereinten Nationen davon. Die Sowjets zögerten zwar, waren aber gar nicht einmal abgeneigt. Chruschtschow und Kennedy hatten nach der gemeinsamen Lösung der Raketenkrise um Kuba ein Verhältnis entwickelt, das diese Idee nicht absurd erscheinen ließ. Doch bevor sie näher erörtert werden konnte, war Kennedy ermordet und Chruschtschow wenig später abgesetzt worden. Johnson, neuer

US-Präsident aus den Südstaaten, in denen die Raumfahrtindustrie angesiedelt war, hatte kein Interesse an Kooperationen. Der Mondaufruf Kennedys aber, dem nach seiner Ermordung stärker denn je Verehrten, war von jetzt an in Stein gemeißelt. Es musste vorangehen.

Chruschtschows Tricks und Bluffs

Schiffe liegen auf dem Meeresgrund, unzählige Wracks. Hier und da finden Bergungsexpeditionen auch untergegangene, abgeschossene, wegen Motorschadens notgelandete Flugzeuge oder aber solche, denen schlicht der Sprit ausgegangen war. Doch was die Besatzung eines Mini-U-Bootes Ende April 1999 etwas nördlich der Bahamas auf einem kleinen Sandhügel liegend, halb verschluckt vom Meeresboden in 4800 Metern Tiefe aufspürte, war eine andere Art Fahrzeug: ein Raumschiff. 38 Jahre lang hatte es dort gelegen, tiefer als die *Titanic*, abgesoffen – bislang das einzige Tiefseewrack seiner Art. Jahrelang hatten die Schatzsucher danach gefahndet. Eine grausilberne Kapsel war es, sich nach oben hin verjüngend, zur Hälfte vom Meeressand verdeckt, wohl zwei, drei Meter hoch und breit. Ein Schriftzug war gut zu sehen über dem Sternenbanner: »United States«, weiß auf schwarzem Metall. Auf der anderen Seite dann: »Liberty Bell«. Am 20. Juli 1999, am 30. Jahrestag der ersten Mondlandung, wurde die *Liberty Bell* gehoben, heute ist sie im Smithsonian National Air and Space Museum in Washington zu besichtigen. Viel hätte nicht gefehlt und die Insassen hätten an jener Stelle auf dem Meeresgrund ihre Totenruhe wahren müssen. Doch der Mann, der zum Schluss in dieser Kapsel saß, hatte sich noch im letzten Moment und mit letzter Kraft daraus retten können, bevor das eineinhalb Tonnen schwere Gehäuse mit Wasser volllief und auf den Meeresboden niedersank.

Es war der 21. Juli 1961 am frühen Morgen, als Virgil »Gus« Grissom, knapp fünf Kilometer über diesem Fundort auf dem Meeresgrund, oben in seiner Kapsel unter der Sonne auf dem Atlantik dümpelte und Lewis, dem Piloten eines nahen Hubschraubers, meldete: »Roger. Geben Sie mir noch fünf Minuten zum Aufzeichnen der Schalterstellungen, bis ich Sie anrufe und bitte, mich auf den Haken zu nehmen. Sind Sie bereit, jederzeit herunterzukommen und einzuhaken?«

So schildert es jedenfalls Tom Wolfe in seinem Buch *Die Helden der Nation*. Grissom war gerade in seiner Mercury-Kapsel aus 190 Kilometern Höhe aus dem Weltraum niedergegangen. Nur 15 Minuten zuvor hatte er sich 350 Kilometer nordwestlich, von Cape Canaveral aus, von einer Redstone-Rakete ins All katapultieren lassen, so wie zuvor Alan Shepard, der erste Amerikaner im All. Gus Grissom und seine Mission Mercury-Redstone 4 waren das erste Raumfahrtereignis nach Kennedys öffentlichkeitswirksamer Ankündigung, bis zum Ende der 60er-Jahre mit einem bemannten Raumschiff auf dem Mond zu landen. Und es wäre fast in ein Fiasko gemündet.

Grissom, der noch dabei war, die Instrumente abzulesen und auszuschalten, hatte gerade mit dem Mann im Hubschrauber die letzten Worte gewechselt, als er den Mechanismus zum Aufsprengen der Luke scharf machen wollte. Doch unmittelbar darauf sah Lewis aus dem Helikopter, wie die Luke in hohem Bogen von der Kapsel wegflog und untertauchte. Der Astronaut kam herausgeklettert und ruderte anschließend mit den Armen umher. Lewis, der das Manöver mit Grissom zuvor Dutzende Male geübt hatte, war der Meinung, Grissom würde ihm nur fröhlich zuwinken, noch vollkommen im Rausch des Raumfluges, und ließ ihn so noch ein wenig zappeln, ging mit dem Helikopter dann ganz spielerisch herunter, nahe an Grissom heran. Der Funk war unterbrochen.

Was Lewis nicht ahnte: In Wirklichkeit ruderte der Astronaut um sein Leben. Als Grissom in der Kapsel noch den Bleistift in der Hand gehalten hatte, um die Daten des Fluges zu notieren, hatte es gekracht, die Luke war herausgesprengt und im selben Moment drängte der Ozean hinein. Die Kapsel wurde geflutet, sackte tiefer, begann zu sinken. Grissom schaffte es noch einigermaßen problemlos, seine Mercury zu verlassen, doch draußen verheddderte er sich in einem von innen heraushängenden Kabel, als die Kapsel bereits dabei war unterzugehen; wahrscheinlich war es die Schlaufe am Kanister mit der Farbe, mit welcher der Astronaut bei schlechter Sicht seine Landestelle hätte markieren sollen.

Schließlich war Grissom frei. Zunächst gab ihm der sperrige Raumanzug mit seinem darin befindlichen Sauerstoff erheblichen Auftrieb. Nach und nach allerdings entwich der Sauerstoff, und der schwere Raumanzug, der nun obendrein Wasser zog, begann Probleme zu bereiten. Zu spät fiel ihm ein, dass er ein Ventil hätte schließen müssen. Zur selben Zeit sah Hubschrauberpilot Lewis, wie die Kapsel nun langsam tiefer und tiefer sank. Grissom wird schon klarkommen, dachte er sich, ließ einen zweiten Hubschrauber vom Flugzeugträger kommen und kümmerte sich um die Kapsel. Nach mehrmaligen Versuchen gelang es ihm, den Haken am Ende eines langen Seiles in die Schlaufe an der Spitze der *Liberty Bell* einzuhängen. Er hatte sie, musste sie nur noch hochziehen. Doch als er dies versuchte, hing seine Maschine fest wie an einem einbetonierten Poller. Rote Lämpchen blinkten im Cockpit auf, eine Klingel warnte ihn. Die Kapsel war zu schwer, inzwischen wog sie mit dem eingelaufenen Wasser eine halbe Tonne mehr, als der Helikopter tragen konnte. Ein wenig kämpfte Lewis noch, dann klinkte er, um sich nicht selbst in Gefahr zu bringen, die Raumkapsel aus. Allmählich war nun auch Grissom immer tiefer gesunken, immer wieder auch geriet trotz schwerer Ruderbewegungen sein Kopf unter Wasser, aber erst dem zweiten Hubschrauberpiloten wurde Grissoms brenzlige Lage deutlich. Als er herunterging, drückten die Rotorblätter den Astronauten noch weiter unter Wasser, bevor es Grissom schließlich mit letzter Kraft gelang, sich in eine Schlinge zu hieven. Er wurde hinaufgezogen und rutschte durch die Öffnung ins Innere des Hubschraubers »wie eine tote Flunder auf die Waagschale im Fischladen«, schreibt Tom Wolfe. Als er sich von seinem Raumanzug befreit hatte, streifte er sich im Hubschrauber hektisch eine Schwimmweste über, als hätte er Angst, dass er gleich wieder ins Wasser falle. Seine *Liberty Bell 7* aber war auf dem Weg zum Meeresgrund, wo sie wohl nach einer halben Stunde ankam. Grissom war gerettet.

Wäre Grissom ertrunken, hätte dies – mal ganz abgesehen von

der menschlichen Tragödie – die Mondfahrt der NASA kurz nach Kennedys großer Ankündigung gewiss um Jahre zurückgeworfen. So aber konnte es weitergehen. Im September gelang der NASA nach Grissoms lediglich ballistischem Flug der erste Einschuss einer Mercury-Kapsel in die Erdumlaufbahn. Noch unbemannt zwar, doch die Rakete, eine Atlas D, konnte nun endlich eine Nutzlast von 1,3 Tonnen aufnehmen, und das reichte, um einen Astronauten mit all den lebenserhaltenden Instrumenten in den Orbit zu tragen. Im November dann erfolgte ein erneuter Start, immerhin mit einem Affen an Bord, dem Schimpansen Enos, den die Air Force in Kamerun erstanden hatte. Bei seinen zwei Erdumläufen war er zwischenzeitlich einer Hitze von 27 Grad ausgesetzt, weil das Kühlsystem vorübergehend versagte, was ihm zu schaffen machte. Aber das Schicksal der Kosmonautenhündin Laika, jenem ersten irdischen Lebewesen im All, das vier Jahre zuvor an Überhitzung gestorben war, blieb Enos erspart. Als ihn dann ein Zerstörer der US-Marine im Atlantik an Bord holte, war er bei bester Laune.

ALARM IM ORBIT

Am 20. Februar 1962, neun Monate nach Kennedys Ankündigung des Mondprogramms, war der erste US-Astronaut im Orbit: John Glenn. Dreimal umkreiste er die Erde. Fünf Stunden verbrachte Glenn im All, überprüfte in Ruhe die Instrumente in seiner Raumkapsel, übermittelte die Daten nach Houston hinunter – und bekam nichts mit von den großen Sorgen und der Aufregung, die alle an der Bodenstation umtrieb. Dort hatte man von der Raumkapsel das automatische Signal erhalten, der Hitzeschild hafte nicht mehr fest am Raumschiff an. Offenbar war der zwischen Schild und Kapsel befindliche Airbag, der den Aufprall bei der Wasserung lindern sollte, aus unerfindlichen Gründen schon im Orbit und nicht erst Sekunden vor der Landung aktiviert worden. Der Hitzeschild waberte also auf einem Luftballon, der beim Wiedereintritt in die Erdatmosphäre unweigerlich zerschmelzen, den letzten Halt damit in Luft auflösen und somit die Kapsel selbst zum Verglühen bringen würde. In Houston hatte man ein Problem.

Ohne Glenn über die heikle Lage zu informieren, hatte man bald schon einen Notfallplan entwickelt: Die Raketensätze an der Mercury-Kapsel, die den Austritt aus der Umlaufbahn und die Flugbahn in Richtung Erde einleiten sollten, würde man nicht wie üblich nach ihrem Zünden abwerfen. Sie sollten zur minutiösen Justierung der Lage an Bord bleiben. Per Fernsteuerung würde man die Kapsel beim Wiedereintritt exakt und ohne jegliche Seitenbewegungen so halten müssen, dass der Druck der sich verdichtenden Atmosphäre nur von vorne kommen und den Hitzeschild anpressen würde – ein Manöver mit ungewissem Ausgang.

Nach dem Drama um Grissoms Landung stand nun auch gleich die erste bemannte Mission der NASA in der Erdumlaufbahn auf der Kippe. Der Beginn der bemannten Raumfahrt der USA verlief holprig, doch die Landung glückte wider Erwarten ohne Probleme; die Bremsraketen hatten die Kapsel exakt auf Kurs gehalten. Allerdings wäre das nicht einmal nötig gewesen: Die Sensoren an der Kapsel und die Datenübermittlung nach Houston hatten schlicht falschen Alarm gegeben. Der Hitzeschild saß korrekt und fest auf der Kapselhülle und hielt die mörderische Reibungshitze von Glenn und den sensiblen Instrumenten wie vorgesehen fern. Ärger gab es nach der Landung dennoch. Glenn fand es nicht korrekt, dass man ihn über die Gefahr, die Houston sah, nicht aufgeklärt hatte. Dass Houston davon ausging, etwas mit dem Hitzeschild wäre nicht in Ordnung, dämmerte ihm zwar, weil er über die Steuerungsmanöver informiert werden musste, aber im Nachhinein reklamierte er die volle Wahrheit. Der Flugdirektor in Houston verteidigte sich: Glenn hätte sowieso nichts ausrichten können. Letztlich war auch er nur wenig mehr als ein Fahrgast eines automatisch und von der Bodenkontrolle gesteuerten Raumfahrzeuges – eine Bewandtnis, die Tom Wolfe zum Leitgedanken seines Buches *Die Helden der Nation* machte: Darin stempelte er die gesamte erste Generation der NASA-Astronauten zu passiven Versuchskaninchen ab.

Konfettiparade für John Glenn, dem ersten amerikanischen Astronauten, der es in die Erdumlaufbahn geschafft hatte

Was aber war Glenns dreifache Erdumrundung wert, wie viel brachte sie den USA ein beim Rennen zum Mond? Ein halbes Jahr zuvor bereits, im August 1961, hatte der zweite Russe im All, German Titow, die Erde 17 Mal umkreist, hatte sich volle 24 Stunden im All befunden. Zahlen und Zeiten zeigten: Die Sowjets lagen vorn, der Abstand verringerte sich nicht, im Gegenteil. Erstlingstaten waren für Koroljow wichtig, die Parteispitze trieb ihn dazu an, obwohl der Planungschef der Raumfahrt sich lieber über langfristige Perspektiven Gedanken machen würde: Welche Anforderungen würde eine Mondrakete stellen? Wie sollte das Konzept für die Reise zum Mond aussehen, Direktschuss oder Zwischenparken im Orbit? Wie würde die Landung vor sich gehen: mit dem Raumschiff, mit einem eigenen Landemodul?

Auch Chruschtschow träumte vom Mond, spätestens seit Kennedys Rede vor dem Kongress. Natürlich, auch da sollten Sowjets die Ersten sein. Aber noch mehr Wert legte er auf kurzfristige Erfolge, Rekorde, die Moskau als Sensationen verkaufen konnte. Nach dem 24-Stunden-Flug von Titow sollte es wenig später die erste Frau im All sein. Die Auswahlkriterien waren ähnlich wie bei Gagarin: Keine Weltraumingenieurin oder Ärztin war gefragt, von denen es eine Reihe Kandidatinnen gegeben hätte, den Zuschlag erhielt Walentina Tereschkowa, eine Textilarbeiterin. 1962 erst begann sie mit ihrer Kosmonautenausbildung und bereits im Juni 1963 ging sie in einer Wostok-Raumkapsel an den Start, umkreiste die Erde gleich 47 Mal, war drei Tage im All. Nach ihrer Landung wurde sie in Moskau mit Paraden gefeiert. Dass ihr im All furchtbar schlecht wurde, sie sich in der Schwerelosigkeit mehrmals übergeben musste, erfuhr damals niemand. Aber auch die Raumfahrtwissenschaftler aus dem Trainingszentrum im »Sternenstädtchen« Swjosdny Gorodok bei Moskau wurden zunächst über manches im Unklaren gelassen. Etwa dass Walentina Tereschkowa an den drei Tagen keinen Bissen herunterbekam und, um genau dies zu verschleiern, ihre Kosmonautennahrung an die ersten Kolchosbauern verschenkte, die sich ihrem Landeplatz 300 Kilometer südwestlich von Nowosibirsk näherten. Oder dass der Riss in einem Fenster – im All eine lebensgefährliche Angelegenheit, die den Ingenieuren lange Wochen Rätsel aufgab – von einem Zusammenstoß mit ihrer Kamera stammte. In Moskau war Tereschkowa die Heldin, in Koroljows Mannschaft dagegen war man zutiefst ungehalten über sie, Ehemalige schimpfen heute noch über die »Möwe«, wie sie die Kosmonautin und ihre Ersatzkandidatinnen Anfang der 60er-Jahre nannten. Einer von ihnen, Alexander Korsakow, schüttelt den Kopf, wenn er sich erinnert: »Das mit dem Fenster war eine kritische Frage für den Bau von Raumschiffen, und die Kosmonautin hatte die Wahrheit verschwiegen, so sehr wollte sie bewundert werden.«

20 Jahre lang startete keine weitere Frau von Baikonur aus ins All. Für Chruschtschows Zwecke hatte die eine »Möwe« gereicht, jedoch erhöhte der Parteichef den Druck auf Koroljow; insbesondere als Ende 1963 in amerikanischen Zeitungen zu lesen war, dass

es langsam ernst werde mit den Folgeprogrammen der NASA nach Mercury, als der Fahrplan für die Gemini-Missionen mit ihren Titan-Raketen durchsickerte und auch bereits für Apollo mit seinen gewaltigen Saturn-Raketen. Wernher von Braun arbeitete eifrig.

Chruschtschow verfolgte eine simple Logik: In einer Gemini-Kapsel würden zwei Astronauten aufsteigen? Dann müssen in eine Wostok-Kapsel eben drei Raumfahrer gepresst werden, und zwar schon vor dem ersten Gemini-Start, wie auch immer – selbst wenn dadurch die Sicherheit untergraben wird. Das würde er seinen Ingenieuren unmissverständlich klarmachen. Eine derartige Abwehr der zähen Aufholversuche der NASA blieb oberste Maxime beim Wettlauf ins All. Zu der Zeit ergab sich für die östliche Seite indes noch ein ganz anderer Angriffspunkt auf Amerikas Raumfahrt und Wernher von Braun, deren Superstar. Koroljow und sein Auftraggeber Chruschtschow erhielten unverhofft Schützenhilfe aus Ostdeutschland. Von Braun wurde von seiner Vergangenheit eingeholt, einmal mehr.

DIE STASI ERINNERT AN DIE SS-MITGLIEDSCHAFT

Im Jahr 1963 erschien in der DDR das Buch des Journalisten und verdeckten Stasioffiziers Julius Mader, *Geheimnis von Huntsville. Die wahre Karriere des Raketenbarons Wernher von Braun*. Auf dem Titelbild war ein Mann in der Montur eines SS-Sturmbannführers abgebildet, kein Foto, nur eine Zeichnung, aber da war er, der SS-Mann Wernher von Braun. Ein Amerikaner hatte ihn brieflich auf das DDR-Buch aufmerksam gemacht, weil ein Radiosender auf Maders Buch eingegangen war. Darin ging es vor allem um die Raketenproduktion durch Zwangsarbeiter und KZ-Häftlinge in Mittelbau-Dora. Wenn auch von Brauns Mitarbeit an der V2 keine Neuigkeit darstellte, so war seine SS-Angehörigkeit in Amerika bislang noch nicht bekannt und seit 1945 kein Thema gewesen. Nun aber erschien in der DDR nicht nur Maders Buch, es wurde obendrein in einer Zeitungsserie auszugsweise vorab gedruckt, und alle anderen Medien des Landes gingen auf das Thema ein. Von Braun musste befürchten, dass es in die Bundesrepublik herüberschwappen könnte und von dort in die USA.

Umgehend bat von Braun den NASA-Chef James E. Webb um Rat und um eine Sprachregelung für gegebenenfalls erforderliche Reaktionen. Von Braun offenbarte Webb gegenüber nun zwangsläufig auch seine SS-Mitgliedschaft. Nach Beratungen empfahl die NASA-Spitze ihrem Staringenieur, gar nicht zu reagieren, bevor er nicht öffentlich dazu aufgefordert würde. Träte dieser Fall aber ein, so solle er erklären, seine frühere Tätigkeit in Deutschland sei den US-Behörden in vollem Umfang wohlbekannt, und als amerikanischer Staatsbürger, der er inzwischen sei, wolle und könne er sich nicht auf Diskussionen darüber einlassen.

Von Braun hatte Glück. Als Maders Buch erschien, befand sich der Kalte Krieg nach den Krisen um Berlin und Kuba auf dem Höhepunkt, die Propagandamaschine der DDR mit ihren eintönig auf den Westen einhämmernden Medien lief auf Hochtouren. Immer wieder gerieten einzelne Personen des öffentlichen Lebens unter Beschuss, sodass nur schwer auszumachen war, welche Vorwürfe berechtigt waren und welche nicht. So stand zum Beispiel auch Bundespräsident Heinrich Lübke plötzlich als KZ-Architekt gebrandmarkt in der Öffentlichkeit – ein haltloser, frei erfundener Vorwurf, der sich auf gefälschte Dokumente der Stasi stützte, was damals manche ahnten und nach 1989 belegt werden konnte. Maders Buch über von Braun triefte zwar auch von frei erfundenen Szenen und reihenweise ungerechtfertigten Beschimpfungen. Eine breite Diskussion über Mittelbau-Dora und seine Mitgliedschaft in der SS hätte von Brauns strahlendes Image in den USA dennoch erheblich ankratzen können. Die Medien der Bundesrepublik aber waren wenig gewillt, auf solche Vorlagen aus der DDR in ihrem gewohnt aggressiv geäußerten Unterton einzugehen. Im Falle ihres Lieblings Wernher von Braun schon gar nicht, sodass in den Zeitungen der USA erst recht nichts zu lesen war. Maders Buch kam später als Film *Die gefrorenen Blitze* in die DDR-Kinos. Für den Westen wurde eine eigene Version zusammengeschnitten, von Brauns Name herausgenommen und viele der ihn diskreditierenden Szenen getilgt. Der Streifen lief dennoch nahezu unter Ausschluss der Öffentlichkeit. Von Brauns Biograf Neufeld ist sich nicht einmal sicher, ob sein Protagonist überhaupt je von ihm gehört hatte.

Mitte der 60er-Jahre gab es eine Reihe von Versuchen, von Brauns Arbeit vor 1945 in eine breitere Diskussion einzubringen. Für Westdeutschlands – und auch Westeuropas – intellektuelle und studentische Szene wurde die Vergangenheitsbewältigung sinnstiftend. In Dokumentarfilmen, Kriegsfilmen und Zeitungsberichten klang das Thema an – und versickerte umgekehrt proportional in dem Maße, wie von Brauns Popularität im »Space Race« zunahm. Dazu trugen zahlreiche weitere Ehrungen bei, die von Braun nun in der Bundesrepublik und in den USA erhielt. Darunter war für ihn wohl am erregendsten, weil er dafür zum ersten Mal seit dem Krieg wieder nach Berlin kam, die Ehrendoktorwürde, die seine frühere Lehranstalt, die inzwischen zur Technischen Universität aufgestiegene Hochschule in Charlottenburg, ihm und seinem früheren Lehrer Hermann Oberth 1963 verlieh. Die Zeitschrift *Kosmos*, die 40 Jahre zuvor mitgeholfen hatte, den jugendlichen Wernher von Braun auf Mondkurs zu bringen, verlieh ihm einen Journalistenpreis, auch in den USA wurde er mehrfacher Ehrendoktor.

Bisweilen wurde ihm seine Popularität zu viel. Illustrierten, Magazinen, Radiostationen, die sich mit wachsendem Eifer um Homestorys von ihm bemühten, gab er reihenweise Absagen. »Zum Teufel Nein«, beschied er Anfragen, die über seine Mitarbeiter an ihn herangetragen wurden. Über seine Arbeit sprechen – kein Problem, aber er sei schließlich »gewissermaßen nur ein Rad im NASA-Getriebe« und könne es sich »einfach nicht leisten«, als Person ständig im Rampenlicht zu stehen; fast so, als spräche da Chruschtschow über von Brauns unbekannten Rivalen, der aus allem herausgehalten wurde.

Natürlich war das »kleine Rad« auch Koketterie, wurde das Rad doch immer größer und bedeutsamer. Von Braun war im Marshall

Space Flight Center technischer Direktor einer Abteilung, die bis 1966 auf 7500 Angestellte anwuchs, die von Präsident Kennedy – bis zu dessen Ermordung – mehrfach besucht wurde, wobei sich Beobachtern zufolge schon nach ein paar Metern auf der ersten Besichtigungstour über das Gelände ein herzliches bis freundschaftliches Verhältnis zwischen den beiden Chefs entwickelte. Der von dem Deutschen verwaltete Etat für die Saturn-Rakete wuchs von einer auf sechs Milliarden Dollar an – und wurde dennoch oft genug überzogen. Dabei kümmerte sich von Braun vor allem um die fernere Zukunft, den Endspurt des »Space Race«, das Programm von Apollo mit seiner Saturn-Rakete. Gemini, das erste Folgeprogramm von Mercury, wurde dagegen im Manned Spacecraft Center (MSC) in Houston konzipiert – als Trainingslauf für Rendezvous, Koppelungen und andere Manöver im Orbit, die später im Ernstfall – beim Mondflug von Apollo – nötig sein würden. George Mueller, Chef der NASA-Abteilung für bemannte Raumfahrt, machte Dampf. Um Kennedys Zeitplan, »noch vor Ende dieses Jahrzehnts«, einhalten zu können, strich er einen Testflug nach dem anderen, was dem Sicherheitsstreben der deutschen Spitze in Huntsville meist zuwiderlief. Der Druck erinnerte von Braun bisweilen an den seiner Vorgesetzten in Peenemünde – wobei es nun allerdings um Besatzungen und deren Sicherheit ging. Aber auch in Huntsville akzeptierte die deutsche Gruppe schließlich die Beschleunigung.

DREI IN EINS

Mehr noch als von Braun machte die Beschleunigung zwei anderen Männern zu schaffen: Koroljow und Chruschtschow. Der Druck des Letzteren auf den Ersteren stieg. In weiser Voraussicht hatte Koroljow einem seiner Teams bereits Anfang der 60er-Jahre den Auftrag erteilt, ein Raumfahrzeug zu planen, in dem drei Kosmonauten Platz haben würden. Wenn es je zum Mond gehen sollte, wäre dies womöglich nötig, und schon hatte das Projekt auch einen Namen: Sojus. Doch vor 1966 könnte die neue Kapsel nicht

WELTRAUMSTÜRMER

starten, allerfrühestens 1965. Die dazugehörige stärkere Sojus-Rakete musste auch erst noch entwickelt werden. Als dann aber Ende 1963 die Artikel in den amerikanischen Zeitungen über die geplanten Gemini-Missionen mit ihrer zweiköpfigen Besatzung erschienen – da schrillten die Alarmglocken. Chruschtschow zitierte Koroljow zu sich und gab den strikten Befehl, binnen eines Jahres drei Kosmonauten in einem Raumfahrzeug in den Orbit zu bringen. Koroljow versuchte, dem Parteichef die Unmöglichkeit des Plans zu verdeutlichen, man habe eben nur eine Einmannkapsel zur Verfügung – vergebens.

»Bis zum nächsten Jahrestag der Revolution (7. November 1964, Anm. d. Verf.) müssen wir nicht zwei, sondern drei Männer gleichzeitig auf einmal in den Weltraum schießen«, sagte Chruschtschow. Ende der Debatte, Chruschtschow drohte dem Mann, der viele Jahre im Gulag gesessen hatte, ihn ersetzen zu lassen, wenn er seinen Auftrag nicht erfülle. Was das für Koroljow hätte heißen können, für einen der größten Geheimnisträger im Land, war nach allen Seiten offen.

Der Chefingenieur neigte ohnehin zu Wutausbrüchen, war alles andere als ausgeglichen. »Doch nie zuvor war Koroljow derart aufgebracht wie jetzt«, berichtet Leonid Wladimirow, sowjetischer Journalist und Raumfahrtspezialist, der 1966 in den Westen geflohen war, weil ihm die Zensoren in seiner Heimat sogar verboten hatten, den genauen Durchmesser der Erde zu veröffentlichen, in seinem Buch *The Russian Space Bluff* von 1973. Sofort trommelte Koroljow alle Abteilungsleiter zusammen, schilderte ihnen die Lage und meinte, falls jemand eine Idee habe, wie man den Auftrag erfüllen könne, und sei sie noch so verrückt, solle er sie äußern, er habe Tag und Nacht ein offenes Ohr für diese Idee. Mehrere Sitzungen folgten, ohne dass man einer Lösung auch nur näher gekommen wäre, nur auf eines einigte man sich – weil nichts anderes übrig blieb: Man konnte in den wenigen zur Verfügung stehenden Wochen nur eine Wostok-Kapsel nehmen, aus dem einen vorhandenen Sitz drei machen und dem Ganzen anschließend einen anderen Namen geben: Woschod, Sonnenaufgang. Bald nahmen die Ingenieure alles, was nicht unmittelbar für einen sicheren Flug nötig war, aus der Wostok-Kapsel heraus: Vorräte, wissenschaftliche Geräte – es nutzte nichts. Ratlosigkeit. In der offiziellen, von der Partei abgesegneten Koroljow-Biografie von P. T. Astaschenkow lesen sich Koroljows Wutausbrüche so:

»Bei den Arbeiten für das Raumschiff ›Woschod‹ zeigte sich besonders deutlich, was Sergej Pawlowitsch (Koroljow) als Konstrukteur der neuen Technik auszeichnete. Er war außerordentlich anspruchsvoll und schonungslos gegenüber allen Mängeln und menschlichen Schwächen. Er konnte sie bei sich und auch bei anderen nicht ausstehen.«

Chruschtschows ultimativen Befehl umschrieb der Biograf mit Koroljows Worten: »Es gibt einen Vorschlag, nicht ein zweisitziges, sondern ein dreisitziges Raumschiff zu bauen.« Immerhin, so viel Verzweiflung ließ Astaschenkow durchblicken: Koroljow habe »ständig von jedem Spezialisten gefordert: Denken Sie nach! Denken Sie nach! Denken Sie nach!« Jeder anonyme »Vorschlag« schien ihm wichtig zu sein.

STÄNDIGER ZWANG ZUR IMPROVISATION

Der immense und im Hinblick auf das Rennen zum Mond vollkommen unsinnige Druck, mit dem Chruschtschow seinen Chefingenieur Koroljow in die Verzweiflung trieb, war nicht dessen einziges Problem. Schlimmer wirkte sich das von der Planwirtschaft gelähmte industrielle Umfeld in der Sowjetunion aus, die nun immerhin Anlauf nehmen wollte, die USA auf dem anspruchsvollen Feld der Raumfahrt auszustechen. Die Herausforderungen beim »Space Race« lagen für Koroljow vor allem in der Improvisation. Sie war sein Alltagsgeschäft. Leonid Wladimirow beklagt in seinem Buch *The Russian Space Bluff* den ungeheuren Mangel an Flexibilität in der staatlichen Wirtschaft: »Gerade Koroljow wusste, dass ein sowjetischer Konstruktionsingenieur ständig die ausgefallensten Kniffe anwenden musste, um Ersatz für alles Mögliche zu finden, während der amerikanische Ingenieur einfach Material und Bauelemente nach der Liste bestellte. Das kleinste Ausrüstungsteilchen – ein Präzisionsventil, eine Membrane oder eine nicht genormte Düse – wurde zu einem gigantischen Problem. Solche Probleme mussten täglich auf höchster Ebene unter gewaltigem Zeitaufwand, unglaublichen Kosten und extremer Nervenbelastung bewältigt werden.« Wladimirow schildert Koroljows bedauernswerte Situation anhand eines Betriebes, der das Monopol auf Dichtungsringe in der gesamten Sowjetunion hatte: »Oft genug war die Herstellung komplizierter Dichtungen wegen der altertümlichen Maschinen einfach nicht möglich. In solchen Fällen musste dann der Kunde seine eigenen Maschinen entsprechend ändern und den lieferbaren Dichtungen anpassen.« Ein ganzes Raumschiff umbauen wegen einer zu großen oder zu kleinen Dichtung?

Mit solchem Unbill wurde Koroljow fertig. Und er war nicht nur ein Meister der Improvisation, er war auch ein genialer Stratege. Sein klügster Zug in den frühen Jahren war es wohl, Chruschtschow auf das Geophysikalische Jahr (IGY) des Internationalen Wissenschaftsrates aufmerksam gemacht zu haben. Denn wenn Koroljow auch international nicht auftreten durfte, die Zeitungen konnte er lesen, auch amerikanische, und darin las er Mitte der 50er-Jahre von dem Plan der USA, im Rahmen des IGY einen Satelliten in die Erdumlaufbahn zu schießen. Dem könne man zuvorkommen, schlug Koroljow vor, Chruschtschow willigte ein. Auch das Militär, dem die Raketenforschung unterstellt war, gab nach längeren Diskussionen grünes Licht. Ein Argument überzeugte die Generäle: Ein Satellit könne langfristig auch militärische Zwecke erfüllen. Irgendwie.

Koroljow las dann in der Zeitung auch, dass von Braun 1956 einen Test mit seiner Redstone-Rakete durchgeführt hatte. Er vermutete – offenbar ganz im sowjetischen System der Geheimnistuerei verhaftet – darin einen gescheiterten Versuch, einen Satelliten im Orbit zu platzieren. Er irrte sich. Aber dieser Irrtum trieb ihn zu noch größerer Eile an. Geradezu hektisch wurde es in seinem Team und auch im Politbüro Anfang Oktober 1957. Koroljow war längst in Baikonur und fuhr wohl ein ums andere Mal mit seiner Hand über den blank polierten silbernen Sputnik, der bald in anderen Sphären um die Erde jagen sollte. Am Morgen des 2. Oktober traf eine Nachricht aus Moskau ein. Der sowjetische Delegierte bei den offiziellen Feierlichkeiten rund um das IGY in Washington hatte sich in Moskau bei seiner Akademie gemeldet. Kurzfristig, so berichtete er, sei für den 6. Oktober ein außerordentliches Treffen der IGY-Teilnehmer angesetzt worden. »Auf der Tagesordnung steht der Vortrag eines amerikanischen Wissenschaftlers mit dem Titel: ›Ein Satellit über dem Planeten‹.« Nach seinem Dafürhalten sei dies ein eindeutiges Signal, dass die USA im Rahmen dieses Vortrags den erfolgreichen Start eines Satelliten bekannt zu geben gedachten. Das sah Koroljow genauso. Der eigene Sputnik musste also in den Himmel geschossen werden. An einem der nächsten drei Tage.

Zwei Mal hatte sich Koroljow geirrt, von Falschmeldungen, vielmehr von falschen Interpretationen richtiger Meldungen zur Eile treiben lassen. Ansonsten aber war das russische Mastermind stets gut im Bilde über das Wirken seines Gegenspielers von Braun. Dieser aber klagte selbst öffentlich darüber, dass er keinen Schimmer davon hatte, welcher große Geist auf der anderen Seite stand; jenes Genie, das die USA zu Beginn des Wettrennens so heftig zu demütigen vermochte. Erst kurz vor dem Zieleinlauf sollte er den Namen Koroljow zum ersten Mal hören. Als Moskau seinen Tod bekannt gab.

Zurück zum Jahresende 1963, als Koroljow in eine für einen Kosmonauten vorgesehene Kommandokapsel drei Raumfahrer stecken sollte, zurück zu Koroljows Verzweiflung über diesen haarsträubenden Befehl Chruschtschows. Es war der leitende Konstrukteur für Abstiegsapparate, Konstantin Feoktistow, dem endlich die zündende Idee kam: Die Kosmonauten müssten eben auf ihre voluminösen Raumanzüge verzichten. Das war eine bis dahin unerhörte Idee, schützte der Raumanzug die Raumfahrer doch gegen einen drohenden Ausfall der Druckkabine beim Start, während der Landung oder anderen sensiblen Phasen des Fluges. Boris Tschertok, enger Mitarbeiter Koroljows, berichtet in seiner vierbändigen Monografie *Raketen und Menschen* von einem scharfen Protest der Luftstreitkräfte gegen die Abschaffung der Schutzanzüge im Raumfahrtprogramm. Chruschtschow als Laie war jedoch offenbar bereit, diesen Konflikt aufzunehmen. Genauso wie er es in Kauf nahm, dass Koroljow wegen der unfassbaren Hetze jetzt sogar das Sojus-Programm verschieben musste, das für den Sieg beim Rennen zum Mond schließlich unerlässlich war, wichtiger allemal als ein unsinniger kurzfristiger Prestigeerfolg gegen die Amerikaner mit einer dreiköpfigen Woschod-Besatzung.

»Wer wird denn schon bereit sein, ohne Raumanzug zu fliegen?«, fragte Koroljow – und Feoktistow antwortete: »Ich.«

In der Tat sollte der mutige Ingenieur zur ersten dreiköpfigen Besatzung im Weltraum gehören. Was für ihn sprach: seine geringe Körpergröße. Bis zum Start allerdings mussten die Konstrukteure den Inhalt der Woschod-Kapsel erst noch weiter komprimieren. Die Sitze ordneten sie im Dreieck so an, dass ein Kosmonaut quasi auf dem Schoß der beiden anderen Platz nahm. Um die Instrumente einzusehen, musste man nun die Köpfe verdrehen. Und eines, was bisher bei allen Wostok-Landungen Routine war, konnte in dieser klaustrophobischen Enge gewiss nicht mehr funktionieren: das Hinauskatapultieren der Raumfahrer vor der Landung in 7000 Metern Höhe. Die Einzellandung mit einem Fallschirm ersparte den Kosmonauten bisher ein allzu hartes Aufsetzen in der gewichtigen und deshalb nur schwer abzubremsenden Kapsel. Aber das war nun auch deshalb ausgeschlossen, weil man bei einem Ausstieg in 7000 Metern Höhe der dünnen Luft wegen Raumanzüge benötigt hätte, die ja aus Platzmangel gestrichen waren. Doch genau die Landung war jetzt ausgerechnet das größte Problem bei den wenigen unbemannten Probeflügen der Woschod, einige endeten im einfachen Aufprall.

»Kostja«, fragte Koroljow Konstantin Feoktistow einmal, »hast du nicht Angst zu fliegen? Die Kugel ist doch aufgeschlagen.«

Um die letzten Kilos über dem akzeptablen Gesamtgewicht zu

beseitigen, ging es zuletzt an die Kosmonauten selbst: Sie wurden auf Diät gesetzt. Auch wurden die Sicherheitsvorräte für eine Landung ohne baldige Bergung von früher zehn Tagen Dauer auf zwei Tage reduziert.

Der Starttermin wurde für den 12. Oktober 1964 festgesetzt. Hätte er zuletzt noch verschoben werden müssen, wäre bis zum unweigerlich letzten Termin, dem Jahrestag der Oktoberrevolution, noch genügend Zeit geblieben. Beobachter berichteten, dass Koroljow sich dieses Mal besonders emotional von den Kosmonauten verabschiedet hätte: mit einer innigen Umarmung. Die hektische Arbeit seines Teams war nun erst einmal beendet, den Rest musste das Schicksal entscheiden.

Das Schicksal meinte es gut mit Koroljow, seinem Team und den drei Kosmonauten. Der Start, der 24-stündige Flug und sogar die Landung, wenngleich die auch härter war als am Einzelfallschirm – alles glückte anstandslos. Drei Mann saßen in einem Einsitzer, einen ganzen Tag lang. An den südlichen Ausläufern des Urals konnten sich die drei, ein Testpilot, ein Ingenieur und ein Arzt, nach ihrem Ausstieg wieder entfalten. Einen Tag nach der Landung lief die Propagandamaschine wie gewohnt an. TASS, Nowosti, *Iswestija*, alle Regionalzeitungen und das Staatsfernsehen meldeten den neuen Rekord, wie auch die Medien in allen Bruderländern. Aus der technischen Not wurde ein Triumph gebastelt: Die sowjetische Raumfahrt sei inzwischen so fortschrittlich, dass sie sogar auf Raumanzüge verzichten könne, und die Kapsel habe erstmals mit allen Insassen eine weiche Landung hingelegt. Kein Wort davon, dass all dies nur eine Verlegenheitslösung auf Kosten der Kosmonauten war.

BRESCHNEWS WENDE UM 180 GRAD

Einer allerdings hatte an diesem Tag nichts zu feiern – der Mann, der den fragwürdigen Rekord zu verantworten hatte: Nikita Chruschtschow. Er hielt sich in seiner Villa am Schwarzen Meer auf. Noch am Tag der Landung rief man ihn nach Moskau, und einen Tag später war er entmachtet, aller Ämter in Partei und Regierung enthoben. Auch die Kosmonauten bekamen dies zu spüren. Anders als sonst wurden sie nicht unmittelbar zur Parade und zum Empfang nach Moskau geladen. Immerhin, mit einer Verspätung von vier Tagen fand auch dies statt, nahmen sich die neuen Machthaber um Parteichef Leonid Breschnew und Regierungschef Alexej Kossygin die Zeit dann doch.

Bereits in den folgenden Tagen wurde deutlich, wer – neben den neuen Machthabern – noch ein Gewinner der Kreml-Revolte war: Sergej Pawlowitsch Koroljow. Er legte der neuen Sowjetführung umgehend einen Bericht über den Stand der eigenen Raumfahrt und derjenigen der USA vor und schilderte darin auch seine Nöte. Wladimirow schreibt: »Vor allem die detaillierte Darstellung der Vorbereitungen für das Unternehmen Woschod soll Breschnew und Kossygin beeindruckt haben. Sie sahen darin ein weiteres, typisches Beispiel von Chruschtschows ›Willkür‹, gegen die sie revoltiert hatten.«

Eine Wende in der sowjetischen Raumfahrt bahnte sich an, ja sogar im gesamten Wettlauf zum Mond. Koroljow schlug den neuen Kreml-Herren vor, künftig nicht mehr ausschließlich auf die bemannte Mission zum Mond zu setzen, sondern auch die Option zu eröffnen, die Mondoberfläche mit Robotern und anderen ferngesteuerten Instrumenten zu erforschen. Außerdem solle man die unsinnige Rekordjagd einstellen und sich lieber auf die fernere Zukunft konzentrieren, das Sojus-Programm vorantreiben, das zeitlich in etwa dem amerikanischen Programm mit den Apollo-Kapseln und den Saturn-Raketen entsprach. Mit diesem Gedanken konnten sich Breschnew und Kossygin anfreunden. Womöglich könnte man so den leichteren Weg zum Mond einschlagen und würde vielleicht doch noch den Sieg davontragen, wenn auch unbemannt. Tschertok betrachtet diese mit dem Beginn des zweiten Raumfahrtprogramms der USA einsetzende epochale Wende in seinen Erinnerungen *Raketen und Menschen* aus der Not heraus: »Nachdem wir die Materialien über das Raumschiff Gemini und über die geplanten Flüge studiert hatten, überzeugten wir uns davon, dass die Amerikaner uns schon im nächsten Jahr sowohl bei der Technik als auch bei der Zahl der bemannten Flüge überholen könnten.« Die Euphorie der frühen Jahre in Baikonur und Moskau war verflogen, zunächst.

Einen Trumpf hatte Koroljow bei den bemannten Missionen allerdings noch in der Hinterhand, den zweiten Streich, den Chruschtschow ihm in seiner Rekordsucht noch anbefohlen hatte und den er, Koroljow, den Nachfolgern im Kreml jetzt im Gegenzug für ihre neue Bescheidenheit schenken konnte. Laut amerikanischen Zeitungsberichten plante die NASA im Juni 1965, mit *Gemini 4* den ersten Ausstieg eines Astronauten aus einer Raumkapsel in der Erdumlaufbahn zu bewerkstelligen. Dem wollte man in Moskau nun doch noch einmal vorauseilen, was Koroljow vor dem Machtwechsel im Kreml auch schon vorbereitet hatte.

Koroljow wusste, dass er es sich leicht machen würde. Nicht nur weil die NASA bei aller Eile immer noch höhere Sicherheitsstandards einhielt, sondern auch weil an die Gemini-Kapseln ganz andere, zukunftsweisende technische Anforderungen gestellt wurden. Die Astronauten von *Gemini 4* beispielsweise, Edward White und James McDivitt, sollten mit der letzten im Orbit abgesprengten Stufe der Titan-Rakete minutiöse Rendezvous-Manöver durchführen. Koroljow dagegen konnte mit dem Einbau eines einfachen Moduls in *Woschod 2* einen spektakulären Coup starten. Dort, wo bei *Woschod 1* der dritte Kosmonaut gesessen hatte, würde *Woschod 2* eine aufblasbare Luftschleuse mit sich führen, die sich im Orbit nach außen entfalten und so bei einem geplanten Aus- und Wiedereinstieg eines Kosmonauten in den freien Raum den Sauerstoff im Raumschiff halten sollte.

BEINAHE VERLOREN IM ALL

Am 18. März 1965 startete *Woschod 2* von Baikonur, sogar noch fünf Tage vor *Gemini 3* – den Ausstieg plante die NASA ja erst mit *Gemini 4* im Juni. Erst einen Monat zuvor hatte der letzte Testlauf für

Woschod 2 im Orbit stattgefunden, unbemannt, mit einer ferngesteuert sich öffnenden und schließenden Luftschleuse – und mit einem katastrophalen Ende, denn die Fernsteuerung versagte. Die Empfangsstation im Raumschiff interpretierte die Befehle der Bodenstation falsch, die Kapsel rotierte mit zunehmender Geschwindigkeit, bis sie sich automatisch selbst zur Explosion brachte. Doch Koroljow sah in dem Fehlschlag keinen Grund, die Mission aufzuschieben. Jetzt war er so weit konditioniert, dass er sich selbst zu unnötiger Hast antrieb. Dabei hätte eine Denkpause in dem Fall nicht geschadet, denn die ganz neuen, lebensgefährlichen Probleme, die bei einem Weltraumspaziergang anstanden, hätte kein ferngesteuerter Probelauf andeuten können. In dieser Situation, das muss man wohl so sagen, hat der alte Fuchs Koroljow nicht weit genug gedacht, hat die Besonderheiten seiner ureigenen Sphäre Weltall nicht berücksichtigt.

Um 10 Uhr Ortszeit am Morgen war *Woschod* 2 in der Luft, auf dem Weg zur nächsten Pionierleistung, die Alexej Leonow vollbringen sollte. Wegen des geplanten Weltraumspaziergangs mussten beide Kosmonauten wieder in Raumanzüge steigen, was dieses Mal keine Platzprobleme bereitete, man war ja »nur« noch zu zweit. Nicht lange nachdem der Orbit erreicht war, machte Leonow sich für den Ausstieg durch die Luftschleuse fertig. Sein Kommandant Pawel Beljajew half, und der Ausflug ins Nichts klappte reibungslos. Für diesen Moment hatte sich die neue sowjetische Führung zu einem Novum im Umgang mit der Öffentlichkeit durchgerungen. Kaum schwebte Leonow außerhalb der Woschod-Kapsel, angebunden wie ein Hund durch eine mehrere Meter lange Metallschnur, gingen die sowjetischen Nachrichtenagenturen mit dieser Neuigkeit an die Öffentlichkeit – anders als bei allen bisherigen Missionen, als man sich erst nach der sicheren Landung offenbarte. Die Gespräche zwischen Raumschiff und Bodenstation wurden sogar live übertragen. Obendrein funkte eine Kamera das Ereignis auch noch auf die Erde hinunter. Eine neue Offenheit – welche die Raumfahrtstrategen bald bereut haben dürften.

Als Leonow nämlich nach zwölf Minuten wieder einsteigen

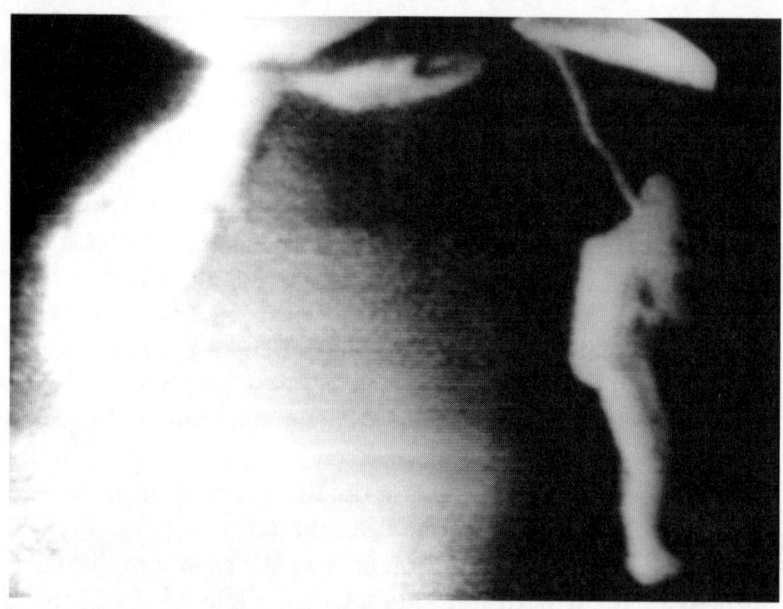

Der erste frei im All schwebende Raumfahrer, der Russe Alexej Leonow. Fast wäre er nicht wieder ins Raumschiff zurückgekommen.

wollte, in denen er das fantastischste Sternenpanorama genießen durfte, das je einem Menschen beschieden war, in denen er außer der Bedienung seiner Kamera wenig zu tun hatte – da passte er unversehens nicht mehr in die Luftschleuse. Er zwängte, drückte, schob, es ging nicht, sein Raumanzug war ganz offensichtlich größer geworden. Es half auch nichts, dass er alle Riemen des Anzugs zusammenzog, denn umso mehr schwollen die übrigen Stellen an.

»Ich schaffe es nicht«, hörten die Männer in der Bodenstation seine erregte Stimme, »es geht nicht.«

Gleichzeitig war er auch noch bemüht, die Kamera mit der Dokumentation seiner Welterstleistung in der einen Hand zu sichern und wollte sie nicht opfern. Leonow hatte bange fünf Minuten zu überstehen. In seinem Buch *Zwei Mann im Mond* beschreibt er, wie er in den Sekunden fast in Todesangst geriet. Endlich dann erkannte er, was geschehen war und man eigentlich am

Boden schon hätte vorhersehen können: Das komplette Vakuum im Weltall hatte in seinem mit Sauerstoff gefüllten Raumanzug einen starken Überdruck entstehen lassen, der den Anzug gehörig aufblähte. Gottlob stand ihm ein Ventil zur Verfügung, mit dem er den Sauerstoff ablassen konnte – umso eiliger musste er jetzt hineinkommen, um nicht zu ersticken. Leonow hatte weiter um sein Leben zu kämpfen. Zwar gelangte er anschließend in die Schleuse hinein, aber nicht mit den Füßen zuerst, was jedoch nötig war, weil er danach mit den Händen die Außenluke schließen musste, bevor Beljajew aus der Kapsel heraus die Innenluke öffnen konnte. Die Luftschleuse hatte ein lichtes Maß von zweieinhalb mal einem Meter. Leonow schaffte das Unmögliche: Er drehte sich in diesem engen Raum. Mit seinem Anzug. »Keine Ahnung, wie ich das fertigbrachte«, schrieb er später.

Leonow hatte für die Sowjetunion den ersten Weltraumspaziergang absolviert. Er war gerettet, jedenfalls aus den Fährnissen des Weltraums. Nach der Landung führte die Mission unmittelbar in ein allzu irdisches Abenteuer, mit einem Hauch früherer Herausforderungen bei der Erschließung Sibiriens. Eigentlich sollte *Woschod 2* in der Steppe Kasachstans niedergehen, doch die automatische Steuerung versagte, Beljajew musste das Bremsmanöver im Orbit und auch die anschließende Landung von Hand erledigen – das erste Mal in der Geschichte der Raumfahrt. Aus der Not heraus vollbrachte er damit eine wahre Pionierleistung, mit der die Sowjetführung sich indes lieber nicht brüstete, zumal der Kommandant den vorgesehenen Landeplatz um 2000 Kilometer überflog. Beljajew konnte aber nicht einfach den Steuerknüppel in die Hand nehmen. Die Enge der umgebauten Kapsel und die Anordnung der Sichtfenster zwangen ihn dazu, sich erst einmal abzuschnallen, um die Steuerungsraketen bedienen zu können; er hätte sonst keine Sicht aus dem Fenster gehabt. Das dauerte einige wenige Minuten, die sich bei einer Geschwindigkeit von 28 000 Stundenkilometern allerdings in eine weite Strecke ummünzen.

Die Ausläufer des Ural waren noch tief verschneit, als Leonow und Beljajew am 19. März 1965 gegen Mittag etwa 60 Kilometer nordwestlich der Stadt Beresniki landeten, damals noch ein Gebiet weitläufiger Nadelwälder. Über Kurzwelle konnten sie die erfolgreiche Landung an die Bodenstation morsen, und nach vier Stunden hatte ein Hubschrauber sie auch geortet. Doch der konnte in der dicht bewachsenen Taiga nicht landen. Zwei Nächte mussten sie in der Kälte ausharren, hörten Wölfe heulen, versuchten, ein Feuer im Schnee anzuzünden, wurden mit abgeworfenen Lebensmitteln und Decken versorgt, bekamen schließlich Besuch von Fallschirmspringern. Erst als die angerückte Sowjetarmee eine gute Strecke entfernt einen Landeplatz roden konnte und die Kosmonauten sich auf ebenfalls abgeworfenen Tourenskiern zum Helikopter durchgeschlagen hatten, war die Mission *Woschod 2* beendet, am 21. März.

Vorübergehend beendet war an dem Tag auch die bemannte sowjetische Raumfahrt – für zwei Jahre immerhin, mitten im Wettlauf zum Mond, etwa zur Halbzeit. Koroljow hatte erkannt, dass die sinnlose Rekordjagd den Sowjets im Wettrennen nichts einbrachte, dass sie sie eher zurückwarf, weil sie den systematischen Fortschritt aufhielt – und er hatte auch die neue sowjetische Führung davon überzeugen können. Fünf geplante Missionen wurden gestrichen, bei denen einige Neuigkeiten auf dem Programm gestanden hätten: ein Steuergürtel für Weltraumausflüge als Ersatz für die Metallleine etwa. Auch war das künstliche Erzeugen von Schwerkraft geplant, wofür die Raumkapsel an die letzte Raketenstufe angekoppelt und anschließend beides zusammen zum Rotieren gebracht werden sollte. Es half nichts, fortan sollten sich alle sowjetischen Bemühungen auf das künftige Sojus-Programm konzentrieren. Und auf das Programm für unbemannte Mondraketen, jene Zond-Missionen, die Wernher von Braun und den Amerikanern bis zum Zieleinlauf noch Kopfzerbrechen bereiten sollten. Koroljow war zu dem Zeitpunkt bereits schwer krank. Seit 1960 hatte er mehrere Herzinfarkte durchlitten, Anfang 1965 sagte man ihm, dass er Dickdarmkrebs im fortgeschrittenen Stadium habe.

STREIT UM EIN SANDWICH

Während der Auszeit der Sowjets hatte die NASA freie Hand, konnte nun unabhängig vom Zeitplan der Konkurrenz die eigenen Schritte planen. Zwei Tage nachdem Leonow und Beljajew auf Langlaufskiern die letzte Woschod-Mission beendet hatten, saßen Virgil Grissom und sein Freund John Young in ihrer Gemini-Kapsel auf der Spitze der neuen Titan-Rakete. Das Programm hatte mit *Gemini 3* den ersten bemannten Raketenabschuss. Schritt für Schritt ging nun das MSC von Houston daran, alle Manöver im Orbit ausprobieren zu lassen, die später bei Apollo nötig sein würden, um weiter hinauszugelangen, sicher zum Mond und zurück. Grissom und Young, die erste Doppelbesatzung auf amerikanischer Seite, hatten einen wegweisenden Test zu bestehen. Sie waren die Ersten, die mit ihren Steuerungsraketen die Höhe ihrer Umlaufbahn selbstständig wechselten und den neuen Orbit anschließend stabilisierten. Für die Astronauten boten die Gemini-Missionen weit größere Herausforderungen als das Mercury-Programm. Mit ihren neuen Kapseln lernten sie den Raum*flug,* sie waren aktive Piloten, nicht mehr bloß passive Passagiere.

Die US-Presse war an den menschlichen Begleiterscheinungen der Raumfahrt mindestens ebenso interessiert wie an den technischen Details, regelmäßig waren sie nach den Missionen Gegenstand von Interviews und Features. So machte *Gemini 3* von sich reden, weil Grissom, der das Recht hatte, die Kapsel zu benennen, nichts Besseres einfiel als der Name »Molly Brown« – eine Figur aus einem Broadway-Musical über die *Titanic* – und die NASA anschließend entschied, dass künftige Gemini-Missionen keine Namen mehr erhielten. Und dann war da noch das Corned-Beef-Sandwich, das durch die Presse ging. Young hatte es in seinem Raumanzug versteckt an Bord gebracht, um Grissom damit unterwegs zu beschenken. Die gesamten vier Stunden des Fluges bröselte es, von den Fernsehzuschauern am Boden gut zu sehen, schwerelos durch das Kapselinnere. Ersatzastronaut Walter Schirra hatte es Young »mehrere Tage vor dem Start«, wie er später in einem

Interview gestand, in einem Café geschmiert. »Ich hatte keine Ahnung, dass sein Geruch in einer geschlossenen Kabine so stark sein könnte.« Young behauptete stolz, er habe es an Bord geschmuggelt, während der diensthabende Flugdirektor Deke Slayton sagte, er habe es ihm erlaubt. Jeder drängte sich für den kleinen Verstoß förmlich auf, was eindeutig zeigt: Kontrollierte Regelverletzungen waren bei der NASA offenbar erwünscht, um der Raumfahrt so zu einem *human touch* zu verhelfen. Doch auch hier hieß es hinterher aus Houston unmissverständlich: Künftig nur noch offizielle Nahrung gestattet, schließlich war die Verkostung der Astronautennahrung wichtiger Teil des Gemini-Programms. Über das Sandwich sprachen bezeichnenderweise alle, nicht aber über das erste mikrobiologische Experiment im All, das Grissom ausführte: die künstliche Befruchtung von Seeigeleiern in der Schwerelosigkeit. Das Experiment missglückte, weil Grissom die Kanüle zerbrach. »Zu viel Adrenalin«, vermutete er hinterher selbst.

Abgesehen von gescheiterten Versuchen mit Seeigeln schritt das Gemini-Programm ohne größere Fehlschläge zügig voran. Edward White war im Juni 1965 bei der Mission von *Gemini 4* der erste Amerikaner, der einen Weltraumspaziergang (EVA, Extra-Vehicular Activity) durchführte. Leonows Problem mit dem aufgeblähten Raumanzug, der ihm den Wiedereinstieg versperrte, konnte dabei nicht auftreten. Bei allen EVAs im Gemini-Programm wurden der Druck und der Sauerstoff stets aus der gesamten Kapsel genommen und hinterher wiederhergestellt. So konnte der Weltraumspaziergänger schon unter den Bedingungen des Vakuums aussteigen aus der großen Luke, nichts blähte sich draußen auf, und er konnte bequem wieder zusteigen. Obendrein hätte ihm der zweite Mann bei Schwierigkeiten im Außenbereich unmittelbar zu Hilfe kommen können. Gemini war die elegantere Lösung im Vergleich zu Koroljows Woschod. Es war in Ruhe ausgereift, ohne den Blick auf allzu kurzfristige Rekorde.

Es ging weiter. Gordon Cooper und Charles Conrad zeigten im August 1965 auf ihrem achttägigen Flug mit *Gemini 5*, dass der Mensch die Schwerelosigkeit für die Dauer einer bemannten

Mondmission gut übersteht – einschließlich des Aufenthalts auf dem Mond. Walter Schirra, der »Sandwich-Mann« von *Gemini 3*, brachte am Steuer von *Gemini 6A* im Dezember 1965 das Kunststück fertig, sein Raumschiff bis auf 30 Zentimeter an *Gemini 7* heranzubringen – und diesen Abstand über drei Erdumläufe konstant zu halten. Die Besatzung von *Gemini 7* blieb 14 Tage im All, was schon fast der doppelten Dauer einer Mondmission entsprach.

Das Gemini-Programm hielt die Welt in Atem, das Publikum in vielen Ländern verfolgte interessiert jeden Fortschritt. Gemini lief Mitte der 6oer-Jahre wie am Schnürchen. In Deutschland baute Volkswagen vom Käfer eine Million nach der anderen, es gab die Beatles in Stereo, das Farbfernsehen kündigte sich an, das Zeitalter der Düsenflugzeuge und damit des Jetsets begann zu begeistern. Es war eine Ära, in der die Menschheit noch Vertrauen hatte in die Zukunft der Technik, als man die drei Dimensionen noch dynamisch buchstabierte: schneller, höher, weiter. Nur eine Frage der Zeit war es da, bis der erste Mensch auf dem Mond stünde. Und ein Amerikaner würde es sein, kein Sowjet. Dies glaubten nun immer mehr Menschen, nicht nur im Westen. Auch im Osten schienen sich inzwischen diejenigen, die es am genauesten wissen mussten, darüber klar zu werden: die Raumfahrtexperten in Baikonur und im »Sternenstädtchen« bei Moskau, dem Trainingszentrum. Aufgeben würden sie allerdings nicht. Auch wenn sie gleich zu Beginn des Jahres 1965 ihren wichtigsten Mann verloren: Sergej Koroljow starb am 14. Januar, zwei Tage nach seinem 59. Geburtstag. Sein Herz setzte während einer Krebsoperation aus. Die sowjetische Öffentlichkeit, die all die Jahre lebhaften Anteil an den Fortschritten ihrer Raumfahrt genommen hatte, erfuhr nach Koroljows Tod überhaupt erst, wer hinter den spektakulären Rekorden stand. Nun wurde er mit einem Trauermarsch und einem Staatsbegräbnis geehrt, an denen die Partei- und Regierungsspitze teilnahm. An der Kremlmauer wurde er beigesetzt, was lediglich Helden der Sowjetunion vorbehalten ist. Nun wusste auch Wernher von Braun, mit wem er es seit dem Sputnik-Schock vor gut acht Jahren unbekannterweise zu tun gehabt hatte.

ARMSTRONG DOCKT ALS ERSTER AN

Neil Armstrong, heute der berühmteste aller Raumfahrer, weil er als erster Mensch auf dem Mond stand, war es vorbehalten, als Kommandant von *Gemini 8* den größten Sprung des gesamten Programms zu bewältigen. Bei der Mission zum Mond würde es dereinst nötig sein, Koppelungsmanöver von Raumfahrzeugen im All gleich mehrfach durchzuführen, es würden die heikelsten Momente des Jahrhundertunternehmens sein, so viel stand fest. Armstrong war es im März 1966, der als Erster seine Kapsel im All an ein anderes Raumfahrzeug andockte, an einen unbemannten Satelliten. Damit lagen NASA-Raumfahrer mit einem bedeutenden Manöver erstmals vor ihren sowjetischen Kollegen. Die Astronauten, die amerikanischen, westlichen Raumfahrer, hatten die Kosmonauten, ihre russischen, östlichen Kollegen, überholt. Nebenbei war die NASA mit Armstrong auch einen weiteren Schritt vorangekommen hin zu einer nichtmilitärischen Behörde: Er war der erste amerikanische Zivilist im All, alle bisherigen Raumfahrer der NASA waren vorschriftsmäßig Piloten der Air Force gewesen. Armstrong, einst Navy-, später Air-Force-Pilot, war 1960 aus dem Militärdienst ausgeschieden. Auch in dieser Disziplin also, der des »zivilen Astronauten«, hatte Armstrong mit Walentina Tereschkowa gleichgezogen, der Textilarbeiterin.

Mondpionier Armstrong schrieb 1966 allerdings auch schon in anderer Hinsicht Raumfahrtgeschichte. *Gemini 8* war die erste bemannte NASA-Mission, die vorzeitig abgebrochen werden musste: Als er seine Kapsel erfolgreich an den Satelliten *Agena* angekoppelt hatte, begann das Gespann unkontrolliert zu rotieren. Armstrong koppelte sein Raumschiff daraufhin sofort wieder ab, doch dies beschleunigte die Drehbewegung bloß, bis hinauf auf eine Umdrehung pro Sekunde, was Houston schließlich in Alarmstimmung versetzte. Die Raumfahrtmediziner warnten vor Ohnmachtsanfällen, eine Orientierung auf Sicht durch die Luke war Armstrong am Kommandostand längst nicht mehr möglich. Mit den Steuerraketen war dem Geschehen leider nicht beizukommen. Erst der letzte Notbehelf, das kräftige Bremssystem für den Wiedereintritt, konnte die Gemini-Kapsel wieder zur Ruhe bringen. Und bald war auch die Ursache des Problems gefunden: Eine Düse hatte geklemmt. Inzwischen aber war so viel Treibstoff verbraucht, dass Houston den Flug abbrechen musste, um bei der Landung manövrierfähig zu bleiben. David Scott, der eigentlich einen eineinhalbstündigen Weltraumspaziergang absolvieren sollte, der somit der Erste gewesen wäre, der auch über einen kompletten Orbit der Erde, also Tag- und Nachtseite, angedauert hätte, musste an Bord bleiben.

Wenigstens einen positiven Schluss konnten die Gemini-Verantwortlichen aus dem Abbruch des Fluges ziehen: Die US Navy ist für alles gerüstet. Die Bergungsschiffe standen im Atlantik zur Aufnahme der gewasserten Kapsel bereit, wo allerdings tiefe Nacht herrschte, als Armstrong und Scott wegen Spritmangel wieder herunterkommen mussten – also ging es nun in den Pazifik. 800 Kilometer südöstlich der japanischen Okinawa-Inseln setzte *Gemini 8* an seinen Fallschirmen auf dem Wasser auf. Dennoch war nach einer halben Stunde bereits der Hubschrauber zur Stelle, nach drei Stunden der Zerstörer der Navy. NASA und Pentagon hatten sich in ihrer Kooperation als flexibel erwiesen, quer über alle Ozeane hinweg.

Das Gemini-Programm neigte sich dem Ende zu. Edwin »Buzz« Aldrin, später Armstrongs Begleiter bei der ersten Mondfahrt, kam auch noch zum Einsatz, im November 1966 mit *Gemini 12*. Während dreier Außenbordeinsätze musste er gleich fünf Stunden im haltlosen Nichts verbringen und dabei komplizierte Aufgaben ausführen. Es war der letzte Härtetest von Gemini. Das Programm hatte alle Erwartungen erfüllt, alle Tests bestanden, alle unvorhergesehenen Probleme waren von den Astronauten oder den Bodenmannschaften gelöst worden. Gemini mit seinen Titan-Raketen konnte nichts mehr beisteuern zur Mondfahrt, für die dann ganz andere Techniken, ganz andere Kaliber gefordert waren. 3000 Tonnen würden für eine Mondfahrt von der Startrampe in Cape Canaveral aus senkrecht nach oben geschossen werden müssen, um 120 Tonnen Nutzlast ins All zu befördern, von denen immer noch 46 Tonnen über den Erdorbit hinaus auf die Reise zum Mond gehen sollten. 3000 Tonnen, das entspricht dem maximalen Startgewicht von acht Boeing-747-Jumbos des größten Typs, zusammengepresst zu einer Rakete von 111 Metern Höhe. Doch bevor es so weit war, schafften es die Sowjets doch wieder einmal, ein weltweit anerkanntes Husarenstück abzuliefern. Und dieses Mal ging es nicht um billig eingefahrene Rekorde, es ging um einen enormen Schritt in Richtung Mond, den Koroljow selbst noch kurz vor seinem Tod eingeleitet hatte.

SOWJETS LANDEN SANFT

Die Raumfahrt in Baikonur hatte zwar eine Auszeit genommen, was bemannte Missionen in die Erdumlaufbahn anging. Doch die Sowjets machten Fortschritte auf ihre eigene Art. Am 3. Februar 1966 konnten sie unter Wassili Mischin, Koroljows Nachfolger, eine Sonde – *Lunik 9* – sicher und sanft auf der Mondoberfläche niederbringen, in 380 000 Kilometer Entfernung minutiös abgebremst und auf einem Ballon als Luftkissen, im Oceanus Procellarum, dem Ozean der Stürme. In den Himmel geschossen wurde sie mit einer Molnija-Rakete. Auch sie war ein Abkömmling jener R7, der Semiorka, welche die Sowjets mit dem Sputnik 1957 schon in Führung gebracht hatte und die 1959 mit *Lunik 2* den ersten, damals noch harten Treffer auf dem Mond platziert hatte. Nun waren 99 Kilogramm sowjetischer Technik dort sogar unversehrt gelandet – wissenschaftliche Messgeräte mit den nötigen Batterien, Fernsehkameras, Fotoapparate, die Panoramabilder über 360 Grad lieferten, Sender, die alles zur Erde funkten, aber auch Wimpel und Schilder mit sowjetischen Emblemen. Es war ein spektakulärer Erfolg. Nach dem ersten wuchtigen Aufschlag 1959 konnten die Sowjets nun auch die erste weiche Landung auf einem anderen Himmelskörper auf ihrem Konto verbuchen.

Gehörige Verwirrung gab es allerdings um die Aufbereitung des aufsehenerregenden Erfolges. Bis heute ist nicht restlos geklärt, warum man die sensationellen Mondbilder aus Moskau nicht sofort um die Welt schickte, um den Triumph auszukosten. Womöglich stand dahinter erneut eine ausgefuchste Strategie der sowjetischen Öffentlichkeitsarbeit. Das britische Observatorium von Jodrell Bank, jene Sternwarte bei Liverpool, die von den Sowjets 1959 bereits beim Aufschlag von *Lunik 2* auf dem Mond für ihre Öffentlichkeitsarbeit trickreich eingeschaltet worden war, kam auch dieses Mal wieder unverhofft ins Geschäft. Die Astronomen des Observatoriums, welche die neuerliche Mondsonde *Lunik 9* auf ihrem drei Tage andauernden Flug geortet und beobachtet hatten, stellten nach deren Landung fest, dass die Sonde ihre Bilder nun in genau der Auflösung zur Erde sendete, die bei den westlichen Agenturen zur Übertragung von Fotos der Standard waren.

Bernhard Lovell (links), Chef des britischen Observatoriums Jodrell Bank, betrachtet ein Foto, das die erste weich auf dem Mond gelandete Sonde, *Lunik 9*, kurz vor dem Aufsetzen schoss.

Jodrell Bank betrachtete diesen Umstand am nächsten Tag, als aus Moskau immer noch keine Fotos von *Lunik 9* an die Öffentlichkeit kamen, als Einladung, die Fotos selbst zu verbreiten. Mondansichten aus nie gekannter Nähe, aus der Höhe von nur zwei Metern, fantastische Aufnahmen der Mondkrater Reiner und Maria. Die Astronomen gingen damit an Zeitungen und Fernsehstationen, veröffentlichten später auch einen Beitrag in der Wissenschaftszeitschrift *Nature*.

Offiziell protestierten die Sowjets gegen die unrechtmäßigen britischen Veröffentlichungen der Bilder und gegen die »Sensationslust« der westlichen Medien. Bernard Lovell, Chef der Sternwarte von Jodrell Bank, stellte dagegen klar, die Sowjets hätten alles getan, um den Empfang der Fotos durch das »hervorragende Instrument von Jodrell Bank« zu ermöglichen. Sie hätten für die Bildübermittlung eine Rasterfrequenz gewählt, die im internationalen Standard üblich sei, und die Sendefrequenz wieder per Fax mitgeteilt. Lovell vermutete, die Sowjets hätten sich ganz einfach bessere Bilder von Jodrell Bank versprochen, als sie selbst mit ihren Instrumenten empfangen konnten. Der staatliche Sender BBC spekulierte, dass es den Sowjets auf diese Weise, durch die eigene Zurückhaltung sowie durch ein unausgesprochenes, aber unter der Hand deutliches Angebot an westliche Medien, am besten gelungen war, deren Aufmerksamkeit zu erheischen.

Die Rechnung war aufgegangen. Auch der Westen konnte nicht umhin, den Sowjets ausführlich zu den scharfen Bildern zu gratulieren. US-Präsident Lyndon B. Johnson und sein Stellvertreter Hubert Humphrey schickten ein Glückwunschtelegramm. Sie durften sich ihrerseits auch freuen: Die Bilder und die übermittelten Daten bestätigten eindrucksvoll die Hoffnung der NASA, der Mondboden sei hart genug, um ihren Raumschiffen und Astronauten einen stabilen Stand zu ermöglichen. Auf dieses Vorhaben richteten sich nun schließlich alle Bemühungen der Amerikaner. Gemini und die Titan-Raketen, das war gestern. Die Apollo-Kapseln und vor allem die Rakete Saturn V waren eine Herausforderung von einer anderen Dimension – weil sie Menschen zum Mond

WELTRAUMSTÜRMER

bringen sollte. An diesem Geschoss arbeitete Wernher von Braun inzwischen seit mehr als fünf Jahren. Bald schon, im Februar 1967, so war der Plan, würde die erste Saturn-Rakete mit einer bemannten Kapsel starten. Doch dazu sollte es nicht kommen. Das Apollo-Programm und die gesamte NASA standen im Übergang von 1966 auf 1967 vor ihrer größten Katastrophe – noch bevor die erste bemannte Apollo-Kapsel überhaupt zum ersten Teststart von Cape Canaveral abheben konnte.

Weihnachten hinter dem Mond

Zum Mond würde von Braun es persönlich nicht mehr schaffen, das war ihm inzwischen klar. Zum Jahreswechsel 1966/67 aber trat er die außergewöhnlichste Reise seines Lebens an; zu einem Ort, der 55 Jahre zuvor das Ziel eines anderen Wettrennens zweier Männer und zweier Nationen war, das – ganz wie der Mond – auch zuvor von keinem Menschen nachweislich betreten worden war: dem Südpol. Doch während Wernher von Braun inzwischen seit gut 35 Jahren daran arbeitete, den Weg zum Mond zu ebnen, und dabei seit zehn Jahren einen ernsthaften und potenten Konkurrenten hatte, war die Reise an den Südpol damals eine Sache nur eines Jahres: der Norweger Roald Amundsen trat mit seiner Mannschaft gegen die Crew des Briten Robert Scott an und besiegte ihn. Scott und seine vier Kameraden überlebten den Kampf nicht. Die Antarktis war im Zeitalter der Entdeckungen das letzte noch offene Feld auf der Erde. Danach mussten die Entdecker weiter ausholen. Nächstes mögliches Ziel: der Mond.

Von Brauns Besuch in der Antarktis war indes keine Hommage an frühere Abenteuer. Die National Science Foundation (NSF) hatte ihn und seinen Stellvertreter Ernst Stuhlinger eingeladen, um ihm den lebensfeindlichsten Ort unseres Planeten zu präsentieren, den Mond auf Erden sozusagen.

»Wir sind nach Antarktika gefahren, um festzustellen, was wir für unser Raumfahrtprogramm von den Aktivitäten des Menschen an seiner letzten echten Grenze auf der Erde lernen konnten«, schrieb er hinterher in einem Beitrag für das Magazin *Popular Science*, »beide Schauplätze haben vieles gemeinsam.« Regelrechte Forschungen fanden natürlich nicht statt, für von Braun war es zum guten Teil eine Sightseeingtour. Eines seiner größten Vergnügen dabei: Der Pilot der Navy überließ ihm auf dem Weg zur McMurdo-Station das Steuer der Lockheed Constellation, nachdem von Braun dem Kopiloten freundlich, aber hartnäckig den Platz abgeschwatzt hatte.

Die Reise erfüllte einen weiteren Nebenzweck. Die NASA-Spitze hatte arrangiert, dass neben von Braun und Stuhlinger aus Huntsville auch die Spitze des Manned Spacecraft Center der NASA aus Houston mitfahren durfte, Bob Gilruth und Max Faget. Beide Institute der NASA standen sich schließlich noch ein wenig konkurrierend gegenüber, und Gilruth hegte weiterhin Vorbehalte gegen den seiner Ansicht nach allzu opportunistisch durch die politischen Systeme jonglierenden Filou Wernher von Braun. Diese Friedensmission der NASA war gerade jetzt sinnvoll. Beim Übergang vom Gemini-Programm, das unter der Federführung des MSC gelaufen war, zu Apollo, für das das Marshall Space Flight Center in Huntsville, Wernher von Brauns Team also, den Hut auf hatte. Die Reise trug denn auch viel zur Entspannung bei, wie die Führungsebenen beider Häuser hinterher bemerkten. Von Braun vergnügte sich, schrieb begeistert Postkarten von seinen Umrundungen der Fahne, die neben der Amundsen-Scott-Station auf dem Südpol steckte: »Dabei konnten wir der Versuchung nicht widerstehen, unsere Astronauten zu übertreffen. Wir spazierten um die Erde herum und benötigten weniger als fünf Sekunden pro Orbit.« Immer wieder lugte es hervor, das Kind im Manager der Mondfahrt.

Die gute Laune, die von Braun während des Südpolaufenthaltes an den Tag legte, hatte auch damit zu tun, dass der Wettlauf zum Mond in seine letzte Etappe ging und die NASA im Endspurt vorn lag. Die erste bemannte Apollo-Kapsel auf der Spitze einer Saturn-Rakete sollte noch im Februar 1967 an den Start gehen. Immer wieder waren auf den riesigen Tennessee-Kähnen nun die bis zu zehn Meter dicken und 30 Meter langen Stufen der Riesenrakete zwischen den Testständen des MSFC in Huntsville, der Herstellerfirma bei New Orleans und den Startrampen in Cape Canaveral hin und her transportiert worden. Wurden sie auf dem Redstone Arsenal des MSFC zum Test angeworfen, war dies im weitläufigen Huntsville nicht zu überhören.

Das Apollo-Programm lief an, nun war auch von Braun wieder

stärker gefordert, mit Gemini hatte er weniger zu tun gehabt. Und bei Apollo gaben von Brauns Raketen den Takt vor, sie waren das entscheidende Instrument, nicht die Apollo-Kapsel.

»Die Vereinigten Staaten hätten den Mond in der Zeit niemals erreicht ohne das Team von Wernher von Braun. Seine Saturn-Raketen waren das, was die Mondlandungen ermöglichten«, sagt der ehemalige NASA-Chef Michael Griffin, welcher der Behörde bis 2009 vorstand, »die Apollo-Kapseln und den Mondlander hätte jeder zusammenbauen können.«

Ein weiterer Grund zur Freude für von Braun: Im Januar 1967 wertete der damalige NASA-Chef Webb seine Arbeit auf, als er ihm nun auch noch die Verantwortung für spätere unbemannte Missionen zum Mars übertrug, Wernher von Brauns Fernziel, und zwar sowohl für die Raketen als auch für die Raumfahrzeuge, die auf dem fernen Planeten landen sollten. Das war neu für den Raketeningenieur. Webb hoffte, wie er sagte, dass er den Etat für das Projekt im Kongress eher durchbekam, wenn er es mit dem Namen von Brauns »und seines erprobten Managementteams in Verbindung bringen« würde.

DREI TOTE ASTRONAUTEN

Am 27. Januar 1967, von Braun war längst zurück vom Südpol, trafen im International Club in der 19th Street in Washington alle »Macher« des amerikanischen Raumfahrtprogramms zusammen, die Gemini Executive Group: die NASA-Spitze um Direktor Webb, MSC-Chef Gilruth, MSFC-Chef von Braun sowie die maßgeblichen Kräfte beider Häuser, aber auch die Vorstände aller an Gemini und Apollo beteiligten Zulieferkonzerne: Boeing, Martin, Douglas, Rocketdyne, Grumman, North American Aviation und andere. Ein Empfang mit anschließendem Dinner sollte die Umwandlung der Gemini Executive Group, deren Aufgabe nun erledigt war, in die Apollo Executive Group besiegeln, die nun übernehmen sollte. Es war der letzte Tausch des Staffelstabes im Rennen.

Der Termin war auf diesen Abend gelegt worden, weil sich am 27. Januar sowieso alles, was in der Raumfahrt Rang und Namen hatte, in der US-Hauptstadt versammelt hatte. Am Nachmittag nämlich hatten Vertreter von über 60 Staaten im Weißen Haus den Weltraumvertrag unterzeichnet: ein Abkommen, in dem alle beteiligten Länder darauf verzichteten, sich Teile des Weltraums anzueignen sowie Atomwaffen oder andere Massenvernichtungswaffen in der Umlaufbahn oder auf anderen Himmelskörpern zu stationieren. Auch der Mond sollte allen gehören und nur zu friedlichen Zwecken genutzt werden. Besonders fröhlich war der Sowjetbotschafter in Washington, Anatoli Dobrynin, der den Vertrag für sein Land unterschrieben hatte. Er lobte das Abkommen in den höchsten Tönen, bezeichnete es als »Sieg des sowjetischen Verhandlungsgeschicks«. Was nicht verwunderte, weil inzwischen immer deutlicher geworden war, dass die UdSSR zumindest auf dem Mond nichts mehr zu verlieren hatte; den ersten Schritt auf seiner Oberfläche würde ein Amerikaner tun, so viel war klar. Dass die Sonde *Lunik 9* nach ihrer weichen Landung ziemlich genau ein Jahr zuvor Wimpel und Plaketten mit sowjetischen Emblemen in besitzanzeigender Weise auf den Mond ausgebracht hatte, was nun ja eigentlich vertragswidrig war, diente an jenem Nachmittag und Abend nur als Gegenstand von Witzchen und Smalltalk.

Gegen 18 Uhr brachte eine Kolonne von schwarzen Limousinen viele Teilnehmer des Aktes aus dem Weißen Haus zum Empfang der neuen Apollo Executive Group in den International Club. Man war noch dabei, sich im großen Saal zu orientieren, mit einem Glas Sekt oder Whiskey in der Hand, es bildeten sich Grüppchen, von Braun und Gilruth schwärmten und scherzten in bisher nie gekannter Eintracht vom Südpol. Da kam um 19 Uhr einer der Kellner und bat Lee Atwood, Direktor der Firma North American Aviation, die mit dem Bau der Apollo-Kapsel beauftragt war, ans Telefon. Als er zurückkam, war ihm das Blut aus dem Gesicht gewichen, bleich rief er in die Runde der zusammenstehenden Gilruth, von Braun und Webb: »Eine Tragödie!« – und berichtete, was er gerade gehört hatte: Die komplette erste Apollo-Mannschaft,

Gus Grissom, Edward White und Roger Chaffee, war soeben, etwa eine halbe Stunde zuvor, ums Leben gekommen. Verbrannt. Es hatte bei einer Startsimulation, zu der alle drei in der Kapsel saßen, ein Feuer in ihr gegeben.

Die Nachricht sprach sich binnen Sekunden herum. Nach zwei Minuten ergriff Jim Webb das Wort und teilte allen Anwesenden das Geschehene offiziell mit. Viel mehr als der Feuertod der drei sei ihm noch nicht bekannt, er wisse nichts von den näheren Umständen und Gründen. Eines konnte er der Dinnerparty aber bereits mit Gewissheit verkünden: Es war die bislang größte Katastrophe der NASA. Heute weiß man: Es war auch die bis dahin größte Katastrophe der bemannten Raumfahrt überhaupt. Sofort verließen etwa ein Dutzend der Gäste, darunter Webb und alle Anwesenden der Firma North American Aviation, den Emp-

Eine Tragödie, die fast zum Abbruch des Apollo-Programms geführt hätte: die Kapsel, in der am 27. Januar 1967 drei Astronauten bei einem Übungslauf am Boden verbrannten.

WELTRAUMSTÜRMER

fang, bemühten sich um Flüge zum Cape Canaveral. Wernher von Braun, der als Verantwortlicher für die Saturn-Raketen mit der Konstruktion der Apollo-Kapsel nicht befasst war, harrte beim Dinner aus, obwohl nun niemand mehr Appetit hatte. Man blieb trotzdem, einfach nach Hause gehen wollte niemand. Anwesende berichteten später, einige hätten sich an dem Abend im Club betrunken.

Noch bevor die genaueren Gründe für den Brand in der Raumkapsel auf dem Tisch lagen, war klar, dass er eine Zäsur für das gesamte Mondprogramm bedeutete; seine Kritiker sprachen sogar schon von Abbruch. Alle geplanten Starts und Testläufe wurden abgesagt. Ob Kennedys Worte »noch vor Ende dieses Jahrzehnts« noch eingehalten werden konnten, war nun ungewiss, den Beteiligten in den ersten Tagen aber auch gleichgültig. Stattdessen legte die NASA gleich mehrere Untersuchungsprogramme auf. Die Ursache für den Brand konnte nie genau ermittelt werden, er war offenbar in der elektrischen Anlage ausgelöst worden, hatte sich durch die reine Sauerstoffatmosphäre rasend schnell ausgebreitet und wurde den drei Insassen auch deshalb zum Verhängnis, weil sie die Luke nicht von innen öffnen konnten und die Hilfsmannschaften zu weit entfernt waren. Bedrückend waren die Tonbandaufzeichnungen, die den Todeskampf der drei Astronauten dokumentierten, wie auch die Fotos vom vollkommen verbrannten Inneren der Raumkapsel, die am selben Tag um die Welt gingen.

20 000 FEHLER BEI DER HERSTELLUNG

Die Untersuchungen der Kapsel offenbarten eine unfassbare Schlamperei in der Entwicklung und Fertigung der Apollo-Kapsel bei North American Aviation. Plötzlich kam nun auch ans Licht, dass zwei Spitzenmanager der NASA, darunter auch Webbs Stellvertreter Robert Seamans, 1965 bereits eine ausführliche Untersuchung der Arbeit von North American Aviation in Auftrag gegeben hatten, weil dort der Zeitplan für die Apollo-Produktion meist nicht eingehalten wurde. Der Autor des sich an die Untersuchung anschließenden »Phillips Reports« hatte harte Kritik an der Firma geübt. Sein erschreckendes Fazit: Da North American Aviation die Termine nicht einhalten konnte, sparten sie vor allem an der Qualitätskontrolle. Doch Seamans und sein Kollege hielten es nicht einmal für nötig, NASA-Chef Webb davon zu unterrichten. Erst jetzt, nach dem Unglück, bekam dieser Wind davon und verlor das Vertrauen zu seinen engsten Mitarbeitern. In der NASA rollten Köpfe.

Als Techniker nun in monatelanger Kleinarbeit die zerstörte Kapsel sowie parallel dazu eine zweite gerade fertiggestellte bis auf die letzte Schraubenmutter auseinandernahmen, offenbarte sich ihnen ein Abgrund von Unzulänglichkeiten. 1400 Verarbeitungsfehler an der Verkabelung und in anderen Bereichen kamen ans Licht. Noch weniger fassbar war, was Joseph Shea, der für die Apollo-Raumfahrzeuge zuständige Abteilungsleiter der NASA, im Dezember 1967 nach mehreren Testläufen von anderen Apollo-Kapseln auf einer Pressekonferenz eingestand. Er erklärte, dass »rund 20 000 Fehler jeglicher Art bei Versuchen mit den Besatzungskabinen und Antriebseinrichtungen des Apollo-Raumfahrzeugs« aufgetreten seien, und fügte in aller Öffentlichkeit hinzu: »Wir beten zum Himmel, dass bei den Dingen, die durchrutschen, die Sicherheit der Astronauten nicht gefährdet ist.«

Die persönlichen Erinnerungen der Raumfahrer der Mercury- und Gemini-Programme an ihre spektakulären und im Großen und Ganzen reibungslos verlaufenen Erdumrundungen wurden im Lauf des Jahres 1967 von unbequemen Vorstellungen und Gedankenspielen überschattet. War ihr Überleben allein ihrem Glück zu verdanken? Die verunglückte Apollo-Saturn-Kombination wurde von der NASA im Nachhinein als Mission *Apollo 1* in das Programm eingereiht, womit Grissom, Chaffee und White zu den Astronauten des Mondprogramms gehörten.

Die Raumfahrtszene in Huntsville und das MSFC blieben von den Turbulenzen in der NASA weitgehend verschont, von Braun selbst blieb der Star, der mit sich und seiner Arbeit zufrieden sein konnte. Doch wurde die Lage zur selben Zeit auch aus anderen Gründen für die bemannte Raumfahrt insgesamt schwieriger. Im Kongress drohte sich eine Mehrheit für empfindliche Etatkürzungen herauszubilden, und in der Folge wurden alle Programme unter Sparzwang gestellt, manche ganz gestrichen, wie etwa von Brauns neues Mars-Projekt. Die einstige Zukunftseuphorie des »schneller, höher, weiter«, die Kennedys Raumfahrtprogramm getragen hatte, wurde in der zweiten Hälfte der 60er-Jahre überlagert von Pessimismus auf anderen Gebieten: Der Vietnamkrieg steuerte auf seinen Höhepunkt zu, verschlang ständig wachsende Milliardenbeträge. Nach dem Mord an Martin Luther King waren die USA von anhaltenden Rassenunruhen überzogen. Und mit Robert Kennedy wurde schließlich auch der zweite Hoffnungsträger der Kennedy-Familie ermordet – der zu dem Zeitpunkt gute Chancen auf die Präsidentschaft hatte und das Mond-Vermächtnis seines Bruders zur Erfüllung hätte bringen können. Die Nation war verunsichert, ihre Führungsrolle erschüttert, der Kommunismus in Asien und Afrika auf dem Vormarsch.

Unterschwellig trug allerdings gerade dieser letzte Aspekt dazu bei, beim Kongress den Etat für das Mondprogramm dann doch zu retten. In einer globalen Lage, in der sich die Führungsmacht der freien Welt in der Defensive fühlte, konnte Washington seinen vor Jahren so hochgesteckten Anspruch, die Nummer eins im Weltall zu werden, nicht einfach aufgeben. Argumentationshilfe lieferten 1967 auch Geheimdienstinformationen, die Fortschritte beim sowjetischen Mondprogramm signalisierten. Natürlich tappte die NASA hierbei im Dunkeln. Auch die Aufklärungssatelliten vom Typ Corona, die den US-Geheimdiensten seit 1959 die Fotos von sensiblen Orten der Sowjetunion und Chinas aus dem Orbit lieferten, brachten keine letzte Klarheit. Doch die NASA-Führung – einschließlich von Braun – hatte Zugang zu den Erkenntnissen dieses Weltraumauges, und Webb warnte die Öffentlichkeit nach Kräften, die Sowjets könnten Trägerraketen in der Größe der Saturn V bereithalten. Von Braun meinte sogar in einem Interview mit dem *US News and World Report*: »All unsere Informationen deuten darauf hin, dass das russische Programm reichhaltiger ist als unseres«, und versäumte bei der Gelegenheit nicht, die Vorgaben Washingtons in scharfen Worten zu geißeln, die ihn zu Entlassungen und zum Rückbau seiner Anlagen zwangen.

ERFOLG IN GEFAHR?

In der Tat: Koroljow hatte seit 1959 an der Entwicklung der N1-Rakete gearbeitet, die mit 105 Metern fast die Länge der Saturn V erreichte, doch erst ab 1969 starteten insgesamt vier N1-Raketen, und es waren allesamt Fehlstarts. Auf sie hatten die Sowjets neben dem sich verzögernden Sojus-Programm gesetzt, solange sie noch Hoffnung auf eigene bemannte Mondlandungen hatten; die N1 war die östliche Konkurrenz zu von Brauns Saturn, aber sie wollte einfach nicht funktionieren. Etwas erfolgreicher waren die von vornherein unbemannten Mondsonden aus dem Lunik-Programm, die ab Mitte der 60er-Jahre immer mal wieder erfolgreich in den Orbit um den Mond gebracht wurden, allerdings ohne erkennbaren Nutzen für die Wissenschaft oder die fernere Zukunft der sowjetischen Raumfahrt. Oder auch die Zond-Reihe, die ebenfalls von Molnija-Raketen weit über den Orbit hinausgeschossen wurden, jenen Abkömmlingen der guten alten Sputnik-Rakete Semiorka. *Zond 3* lieferte aus unvorstellbaren 30 Millionen Kilometern Entfernung zur Erde gestochen scharfe Fotos, welche die Fernsonde zuvor beim Vorbeiflug vom Mond geschossen hatte, eine technische Meisterleistung. Später, am 15. September 1968, brachen die Sowjets mit der Mission *Zond 5* sogar mal wieder einen Rekord: Zum ersten Mal flogen Lebewesen in einer Umlaufbahn um den Mond – Fliegen, Würmer, Insekten und immerhin auch eine Schildkröte. Der komplette Zoo kam lebendig und unversehrt wieder auf der Erde an. Die Sowjets waren noch im Geschäft. Genaueres war nicht bekannt. Es war dieser Flug, der die NASA Ende 1968 in gehörigen Zugzwang setzte und sie um die Weihnachtstage jenes Jahres zu einer spektakulären Mission veranlassen sollte.

Doch so weit war es noch nicht, Ende 1967 war man in der NASA schon froh, dass der Kongress es zwischen Cape Canaveral, Houston und Huntsville überhaupt weitergehen ließ. Von Braun musste wegen Etatkürzungen rund 800 Angestellte entlassen, bekam aber das Geld, um seine Saturn V fortzuentwickeln. Seit er zu Beginn der 60er-Jahre als Direktor des MSFC auf dem Redstone-Gelände in Huntsville die Arbeit aufgenommen hatte, arbeitete er an den Saturn-Raketen. Im Oktober 1961, fünf Monate nach Kennedys Aufbruchrede, hatte die erste Saturn von Cape Canaveral auf der Startrampe gestanden. Sie war in ihrer Länge von 57 Metern nicht zu vergleichen mit der späteren, doppelt so langen Saturn V, der Mondrakete. Bereits der erste Versuch war damals planmäßig gelungen, nur die erste Stufe hatte man gezündet, und die trieb das Geschoss planmäßig und souverän auf 136 Kilometer Höhe. Seither waren die unterschiedlichen Saturn-Modelle gehörig in Länge und Schubkraft angewachsen, und die 13 Raketen, die Cape Canaveral bis 1967 in Richtung Himmel verließen, funktionierten alle einwandfrei – als Folge der intensiven Erprobungen auf den Testständen im MSFC. Dies war der Unterschied zwischen der NASA und den Sowjets, die reihenweise Fehlstarts hinlegten.

»Bei uns fand die meiste Arbeit auf den Testständen statt«, sagt Jesco von Puttkamer heute, der die Saturn damals mit von Braun entwickelte, »während man in Baikonur alles zur Prüfung ins All schoss, was aus der Fabrik angeliefert wurde. Raketen kamen die Sowjets billiger als Teststände.«

Auch am 9. November 1967 um 7 Uhr morgens verlief der Raketenstart wie gewohnt reibungslos.

»Go, baby, go.« Wernher von Braun war längst Amerikaner genug, dass ihm diese englischen Worte in einem der emotionalsten Momente seiner Raketenkarriere lautstark aus dem Mund drangen. Er sah, wie die erste riesige Saturn V ohne Probleme ins All startete. 160 Millionen PS, 725 000 Liter Treibstoff pro Minute, der hundertfache Schub der Redstone-Rakete, mit der von Braun vor gut zehn Jahren seinen ersten Satelliten, *Explorer*, ins All geschossen hatte – von denen die Saturn ohne Weiteres 9000 Stück hätte Huckepack nehmen können, doch jetzt befand sich eine unbemannte Raumkapsel auf ihrer Spitze, *Apollo 4*. Die Umlaufbahn auf 190 Kilometern Höhe wurde erreicht, die dritte Stufe dort noch einmal gezündet, und die Kapsel samt Service-Modul ging bis auf 18 000 Kilometer Höhe. Fast neun Stunden danach trudelte *Apollo 4* ganz in der Nähe des wartenden Bergungsschiffes an seinen drei Fallschirmen in den Atlantik. Ohne Schaden zu nehmen, hätten drei Astronauten in dem Raumschiff Platz nehmen können. Von Braun hatte die ganze NASA nach ihrer größten Katastrophe zu Jahresbeginn wieder zurückgebracht auf Erfolgskurs. Entsprechende Worte fand er denn auch auf der Pressekonferenz: »Ich betrachte diesen glücklichen Tag als eines von den drei oder vier Highlights in meinem Berufsleben – das nur von der Landung von Menschen auf dem Mond übertroffen werden wird.«

Bald schon fand die NASA wieder zur früheren Schlagzahl mit ihren Versuchsreihen. Nur einen weiteren Testflug mit einer unbemannten Apollo-Kapsel musste die Saturn V noch über sich ergehen lassen, dann sollten bereits die ersten Astronauten im Raumschiff auf der Spitze Platz nehmen – und auch gleich zum Mond fliegen, ihn jedenfalls umkreisen. Es gab erregte Debatten darüber, ob die NASA dieses Risiko eingehen dürfe oder ob zuvor doch noch mehrere Missionen zur Erprobung der Kombination aus Saturn, Apollo und Landefähre nötig seien. Eines zumindest war ausgeschlossen: dass dabei die ersten Apollo-Astronauten, die in die Nähe des Mondes kämen, auch gleich dort landen würden. Die Landefähre, von der Firma Grumman bei New York konstruiert, war noch nicht fertig, sie war noch viel zu schwer, weshalb sie nicht einmal zur Probe mitfliegen konnte.

Mitten hinein in diese Debatten im Jahr 1968, die nichts weniger als die Generalprobe für die Mondlandung betrafen, platzte erneut ein Brief an Wernher von Braun, der seine Vergangenheit betraf. Fünf Jahre nach dem letzten Fall, dem Buch über ihn aus der Feder des Stasioffiziers Mader, holte sie ihn wieder ein. Absender des Briefes war ein Gericht in Essen. Es ging um einen Prozess gegen drei frühere SS-Angehörige, denen Verbrechen während ihrer

Tätigkeit in Mittelbau-Dora vorgeworfen wurden. Der Anwalt von drei Überlebenden, die als Nebenkläger auftraten, Friedrich Kaul aus Ostberlin, hatte beantragt, von Braun als Zeugen zu laden. Von Braun machte geltend, er sei wegen der Apollo-Vorbereitungen unabkömmlich. Das Gericht bot ihm deshalb an, ihn im deutschen Konsulat in New Orleans aussagen zu lassen. Die Vernehmung zeigte dann, dass von Braun sich durchaus noch sehr gut an die Produktionsstätten im Harz erinnern konnte. Historiker wie Michael Neufeld werfen ihm allerdings vor, er habe in New Orleans bei mehreren heiklen Angelegenheiten wie Sabotage und Zwangsarbeit schlicht gelogen. Große Wellen schlug die Angelegenheit auch dieses Mal nicht. Zum einen weil das Geschehen in New Orleans von der überregionalen Presse nicht mit allzu großer Aufmerksamkeit bedacht wurde, zum anderen weil die USA dem Ostberliner Anwalt Kaul die Einreise verweigerten, was ihn an einer Medienkampagne gegen von Braun hinderte. Ein letztes Mal war von Braun jetzt von Amts wegen mit seiner Peenemünder Zeit konfrontiert worden. Es blieb ohne Folgen, auch dieses Mal.

BIBEL-LESUNG AUS DEM ALL

Von Braun konnte sich endgültig auf die nächste Mission im Mondprogramm konzentrieren, den spektakulären Weihnachtsflug von *Apollo 8*. In der Frage, ob man es wagen könne, den allerersten bemannten Apollo-Flug auf einer Saturn-V-Rakete gleich in Richtung Mond zu schicken, vertrat nun auch von Braun das simple und letztlich zündende Argument: Ist die Saturn erst einmal erfolgreich gestartet, ist es egal, wo sie hinfliegt. Was die NASA Ende 1968 allerdings auch zur Eile trieb und den vorsichtigen Wernher von Braun zum mutigen Durchstart veranlasste: der Erfolg von *Zond 5*, bei dem die Sowjets lebende Tiere in die Mondumlaufbahn und wieder heil zur Erde zurückzubringen vermochten. Im November 1968, als in Cape Canaveral die Vorbereitungen für *Apollo 8* liefen, rechnete man dort mit allen möglichen Überraschungen aus der UdSSR. Unversehens herrschte wieder die Meinung vor, dass man den Wettlauf noch nicht gewonnen hatte.

Am 21. Dezember saßen Frank Borman, James Lovell und William Anders in ihrer Apollo-Kapsel als erste Menschen auf der Spitze einer Saturn V, der größten Rakete aller Zeiten. Die Mission *Apollo 8* nahm ihren Lauf, und ihr fantastischer Auftrag lautete: hinauf in den Orbit, dann drei Tage Kurs halten auf den Mond, sich dort in die Umlaufbahn einschießen lassen, zehn Mal im Kreis fliegen, dabei als erste Menschen mit bloßem Auge den Mond von hinten anschauen und anschließend wieder zur Erde zurückkehren. Dies obendrein alles vor den Augen der Weltöffentlichkeit, an Weihnachten und live im Fernsehen übertragen. Eine dramaturgische Steigerung war nicht denkbar – vorerst.

Um 07:50 Uhr hob die Saturn ab. Ihre ersten beiden Raketenstufen brachten *Apollo 8* in die Erdumlaufbahn. Nach zwei Umkreisungen, in denen die Astronauten noch ihren Heimatplaneten als Fixpunkt im Fenster genießen durften, war es über den Hawaii-Inseln so weit: Die dritte Raketenstufe beschleunigte das Raumschiff auf nahezu 39 000 Stundenkilometer und katapultierte es hinaus aus der Erdumlaufbahn. Es war die in Relation zur Erde höchste Geschwindigkeit, der Menschen bis dahin jemals ausgesetzt waren. Sobald *Apollo 8* auf Kurs zum Mond lag, sprengte sich auch die dritte Raketenstufe ab und flog fortan auf parallelem Kurs. Nur noch das Service-Modul mit den Vorräten an Treibstoff, Sauerstoff und Strom blieb hinten an die Kommandokapsel angedockt. Alles flog nun ohne jeglichen Antrieb, die Geschwindigkeit verringerte sich dennoch nicht, weil es keinen Widerstand gab, keine Atmosphäre, keine Reibung.

Ihre Rekordgeschwindigkeit konnten die Astronauten nur ahnen. Fühlen und optisch wahrnehmen konnten sie sie nicht. Sie mussten eine völlig neue Erfahrung machen, die auch den erfahrenen Gemini-Piloten Lovell und Borman neu war. Sie flogen buchstäblich durch das Nichts.

»Das Verrückteste ist ja«, so beschreibt *Apollo-11*-Astronaut Buzz Aldrin die Wegstrecke zum Mond, »dass es nichts gibt in Ihrer Nähe. Sie sehen aus dem Fenster und haben nichts, gar nichts, worauf Sie sich beziehen könnten, ein sehr ungewohntes Gefühl. Es gibt kein oben und unten, keinen Fixpunkt, nur vorne und hinten, draußen und drinnen und irgendwelche Sterne.«

Drei Tage lang durch die Abwesenheit von allem. Unterbrochen nur durch Live-Übertragungen im Fernsehen oder durch Übelkeitsanfälle von Lovell. Und entlang allenfalls vollkommen unsichtbarer Wegmarken, dem Punkt etwa, an dem sich die Schwerkraft der großen Erde und des kleinen Mondes ausglichen und die drei ab sofort die Ersten waren, die von einem anderen Himmelskörper angezogen wurden. Ein wenig war es wie bei Kolumbus auf dem Atlantik, der auch den Horizont nach Inseln absuchte und keinen Fixpunkt ausmachen konnte. Alle bisherigen Raumfahrer waren über den Erdorbit nicht hinausgekommen und somit bestenfalls Küstenschiffer gewesen. Borman, Lovell und Anders aber waren die ersten Hochseefahrer – auf dem Weg zu neuen Ufern.

Langsam, anhand des Sternenbildes kaum merklich, rotierte die Raumkapsel, immer wieder dieselben Sterne gingen auf und wieder unter. Dann war er da, urplötzlich, bei einer Rotation von *Apollo 8* drehte er sich hinein ins Fenster, von der Sonne in grelles Grau getaucht, der Mond – er wuchs förmlich in die Luke hinein. Die drei waren überwältigt, wohl mehr von ihrer Situation als vom puren Anblick des letztlich aschfahlen Mondes, der sich ihnen bot.

Lovell drückte es noch konziliant aus: »Der Mond ist im Wesentlichen grau, keine Farben. Sieht wie Gips aus oder wie gräulicher Strandsand.« Borman aber sprach von der grauenerregenden Verlassenheit des Mondes, die nicht die kleinste Spur von Leben aufweise. Ihre Beschreibungen über die Krater, Berge, Meere und Ozeane über Funk zur Erde und die Rückfragen von dort rissen in den ersten Minuten nicht ab. Im erregendsten Moment aber, den sie dann erleben durften, waren sie wieder allein, im Funkschatten verschwunden. Der Kontakt war verstummt, als sie aus ihrer Flughöhe von 111 Kilometern die Rückseite des Mondes anschauen durften. Als erste Menschen überhaupt, nachdem die sowjetische Sonde *Lunik 3* vor fast neun Jahren reichlich unscharfe

»Der Mond ist im Wesentlichen grau«, funkte Jim Lovell, einer der drei ersten Astronauten, die ihm nahe gekommen waren, zur Erde. Unten der Coclenius-Krater mit 64 Kilometern Durchmesser, aufgenommen von *Apollo 8*.

Bilder von dort aufgenommen hatte, und die waren damals noch dazu schwarz-weiß. Nun sahen die drei Astronauten: Es gab hier auch in natura keine Farben. Und was sich durch die Fotos von *Lunik 3* auch bereits angedeutet hatte, erblickten sie nun umso klarer: Während die sichtbare Seite des Mondes durch die Erde gegen Einschläge kleiner und großer Himmelskörper wie von einem riesigen Schild geschützt ist, war die sogenannte dunkle Seite des Mondes über all die Millionen Jahre dem kosmischem Beschuss ungleich stärker ausgesetzt.

Die Dynamik des Universums und ihre sichtbaren Spuren, der Aufgang der Erde hinter dem Mondhorizont, immer wieder, zehn

WELTRAUMSTÜRMER

Mal hintereinander, in kurzen Abständen, auch die Auf- und Untergänge der Sonne über dem grauen Mond – man wundert sich nicht, dass den drei Astronauten bei all dem die Schöpfung in den Sinn kam. Pünktlich zum Heiligen Abend waren sie in die Mondumlaufbahn eingeschwenkt. Sie hatten sich die Bibel mitgenommen, weil sie an dem Tag ein paar Stücke aus der Weihnachtsgeschichte hinunter zur Erde vorlesen wollten, live übertragen im Fernsehen. Doch Lovell und Borman hatten spontan eine andere Idee. Sie rezitierten in ihrer Weihnachts-Liveübertragung nun im Wechsel längere Passagen aus der Genesis, der Schöpfungsgeschichte: »Am Anfang schuf Gott Himmel und Erde. Und die Erde war wüst und leer, und es war finster auf der Tiefe ...«

Sechs Tage nach ihrem Start, am 27. Dezember 1968, kehrte *Apollo 8* zur Erde zurück. Es war der emotional bisher aufwühlendste Raumflug der Geschichte. Von Braun allerdings hatte bei diesem Ereignis unter Beweis gestellt, wie wichtig ihm die Familie war. Den Start hatte er noch in Cape Canaveral miterlebt, war aber unmittelbar danach mit seiner Frau und den beiden Töchtern in Weihnachtsurlaub gefahren. Der war offensichtlich geplant, lange bevor klar war, dass *Apollo 8* im Dezember gleich zum Mond durchstarten würde. Seine beiden Töchter waren inzwischen im Internat, er sah sie nur noch selten – und nun zeigte er, dass es auch andere Dinge als Mondfahrten gab auf der Welt. Seinem Vater schickte er später stolz ein Foto von dem Krater, den die drei Astronauten »von Braun« genannt hatten. Er lag auf der sichtbaren Seite, an der »Westküste« des Ozeans der Stürme, ein großer dunkler Fleck im Nordwesten der Mondscheibe.

KURZ VOR DER ZIELGERADEN

Die Menschen hatten den Mond besucht, hatten jedenfalls mal vorbeigeschaut, bald würde man ihn betreten. Zwei Testläufe standen noch an. Zu Beginn 1969 war die Landefähre (LM für Lunar Module) so weit abgespeckt, dass man sie wenigstens schon einmal probeweise mitnehmen konnte, nur noch nicht voll ausgerüstet für eine Landung. Allen halbwegs interessierten Amerikanern war inzwischen das Prinzip der Mondfahrt in Fleisch und Blut übergegangen. Auch in Deutschland sorgten die beiden Raumfahrt-Enthusiasten Heinrich Schiemann im ZDF und Günter Siefarth in der ARD mit ihren unzähligen populären Dokumentationen, Originalübertragungen und illustren Nachbauten von Mondfahrzeugen in ihren Heimatstudios dafür, dass vielen die Agenda von Start, Orbit, Einschuss in die Mondumlaufbahn, Koppelungs- und Entkoppelungsmanövern, Mondlandung und Rückstart geläufig war. Das Konzept der Mondlandung lief darauf hinaus, dass die Landefähre in der obersten, der dritten Stufe der Saturn-Rakete mitfliegt. Nach dem Einschuss des Raumschiffes aus dem Orbit heraus auf den Mondkurs, wenn die ersten beiden Raketenstufen längst wieder zur Erde zurücktrudelten, würde die dritte Stufe abgetrennt. Der Mann am Steuer der Kommandokapsel würde diese anschließend um 180 Grad drehen, weiter mit der Spitze gegen die Fahrtrichtung fliegen, um mit dieser Spitze die Landefähre aus der dritten Raketenstufe herauszuziehen. Aneinandergekoppelt ginge es anschließend zum Mond, und dort, in der Umlaufbahn, würden zwei der drei Astronauten aus der Kommandokapsel in die Landefähre steigen, um mit ihr auf der Mondoberfläche niederzugehen. Beim Wiederaufstieg einen oder mehrere Tage später bliebe die untere Hälfte der Fähre auf dem Mond. Die obere Aufstiegsstufe, mit eigenen Raketen und eigenem Treibstoffvorrat versehen, brächte die beiden zurück in die Mondumlaufbahn, wo sie nach der Ankoppelung wieder in die Apollo-Kapsel umsteigen würden, in der der dritte Astronaut die ganze Zeit im Mondorbit gewartet hatte. Gemeinsam ginge es nun, mit noch angekoppeltem Service-Modul, in Richtung Erde. Kurz vor dem Wiedereintritt in die Erdatmosphäre würde sich die Kapsel – wie bei allen bisherigen Orbitalflügen auch schon – vom Service-Modul trennen. Schließlich sollten die Astronauten sicher im Ozean landen.

Das Restprogramm bis zur Mondlandung stand nun fest und verlief planmäßig. *Apollo 9* testete im März die Koppelungsmanöver mit der Landefähre im Erdorbit, feuerte dabei auch schon mal

Die Erde geht auf: eines der Bilder, die beim Wettlauf zum Mond die Menschheit am stärksten bewegten, aufgenommen von *Apollo 8*.

die Raketen der Fähre ab, obwohl sie noch fest an der Kommandokapsel angekoppelt blieb. Die Astronauten von *Apollo 10* absolvierten im Mai ihre Tests erneut in der Mondumlaufbahn. Dabei wurde das LM, das inzwischen in Maß und Gewicht passte, abgekoppelt und ging mit den beiden Astronauten Tom Stafford und Eugene Cernan fast bis auf 14 Kilometer an den Mond heran, führte dort Manöver durch. Auf einer Flughöhe, die nur unwesentlich höher ist als heute ein Jumbojet auf Interkontinentalreise, nahmen sie den geplanten Landeplatz von *Apollo 11* schon mal in Augenschein, im Meer der Ruhe. Das An- und Abkoppeln der Landefähre übten die Astronauten von *Apollo 10* gleich zweimal. Die beiden in der Landefähre hätten theoretisch sogar schon landen können, eigentlich ganz einfach, als Erste auf dem Mond, um den anderen zuvorzukommen. Aber sie hätten nicht wieder aufsteigen können, denn die Treibstofftanks der Aufstiegsstufe waren dafür nicht ausreichend gefüllt.

Auch die Mission *Apollo 10* endete zur Zufriedenheit aller. Zum Glück. Denn viel Zeit blieb jetzt auch nicht mehr bis zum Zieleinlauf, der mit der Mission von *Apollo 11* geplant war. Gewiss, Kennedys »noch vor Ende dieses Jahrzehnts« wäre kalendarisch genau genommen erst zu Neujahr 1971 eingetreten, wie man auch in der NASA diskutierte. Doch diese Blöße wollte sie sich nicht geben. Noch in den 60er-Jahren sollte der erste Amerikaner auf dem Mond stehen.

Der große Sprung für die Menschheit

Es ist der 19. Juli 1969, kurz nach 9 Uhr am Abend. Im heißen Europa trällert aus den Musikboxen der Sommerhit des Jahres von Salvatore Adamo, »Domani sulla luna«. Für Deutschland sang er es übersetzt: »Bis morgen, auf dem Mond mit dir«. Wie seit Tausenden von Jahren muss den Romantikern auch an diesem Tag der Mond für die Sehnsucht nach dem Unerreichbaren herhalten.

Sechstausend Kilometer westlich, in Texas, ist es im selben Moment kurz nach 2 Uhr am Nachmittag. Auch dort denkt ein junger Mann an den Mond. Mit 26 ist er im besten Sturm-und-Drang-Alter. Doch ihm ist nicht nach Romantik. Steve Bales ist umgeben von Alarmsirenen. Warnlichter blinken auf dem Bildschirm vor ihm auf: »Fehler 1202«, immer wieder: »Fehler 1202 …« Der Saal, in dem er sitzt, ist abgedimmt, das meiste Licht kommt von den Monitoren. Und von der zehn Meter breiten Leuchtwand an der Stirnseite des Raums, dessen Sitze wie in einem ansteigenden Auditorium angeordnet sind.

Bales, frisch gebackener Luftfahrtingenieur, überwacht auf dem Monitor einen Computer, der sich 380 000 Kilometer über ihm befindet, in einem spinnenbeinigen Raumschiff, *Eagle*, genauer gesagt eine Mondlandefähre, die auf die Oberfläche des Erdtrabanten hinabschaukelt, als hinge sie an Fäden wie in der Augsburger Puppenkiste. Zwei Männer stehen darin, Sitze waren zur Platzersparnis nicht eingebaut. Zwei Männer auch stehen hinter Bales. Der 24-jährige Jack Garman, wie Bales selbst ein früher Computerfreak, und Eugene Kranz, Chef im Saal und mit 34 Jahren der Älteste unter den Dutzenden Anwesenden. »Fehler 1202.« Schädeldrückende Spannung, Ratlosigkeit, keiner sitzt in seinem Sessel.

»Gene« Kranz ist seit vielen Jahren Flugleiter im NASA-Kontrollzentrum in Houston, seit einem Jahr Flugdirektor für das ganze Raumfahrtprogramm. Er hat bisher alle Missionen des US-amerikanischen Apollo-Programms von Houston aus betreut. Doch die heutige Mission ist anders als die vorigen. Zwei Astronauten, Neil Armstrong und Edwin Aldrin, sind gerade im Begriff, in wenigen Minuten auf dem Mond zu landen, zum ersten Mal in der Geschichte der Menschheit auf einem anderen Himmelskörper. Samt einem Computer, der in Houston Alarm schlägt.

»Fehler 1202.« Irgendwas läuft schief. Bales und Garman können sich keinen Reim darauf machen, was das Signal bedeutet. Abstellen geht schon gar nicht. Spinnt der Computer? Das Projekt, für das insgesamt 400000 Menschen in Tausenden Fabriken und Behörden acht Jahre lang schufteten, das 25 Milliarden Dollar verschlang, das die Hierarchien zwischen den Weltmächten USA und UdSSR neu ordnen half – das ganze Unternehmen steht auf der Kippe. Es hängt an der Entscheidung zweier Jungspunde. »Fehler 1202.« Die Landung abbrechen oder das »Go« erteilen, zum Mond hin? Die Antwort auf diese Frage verlangt Flugdirektor Kranz von den beiden. 15 Sekunden gibt er ihnen schließlich. Mehr nicht.

Auch oben im *Eagle*, wenige Hundert Meter über dem Meer der Ruhe, herrscht Hektik. Auch wegen des Computers. Der Kurs des Landeanflugs, den der Rechner den Astronauten vorgibt, führt ins Unglück. Aus den Luken sehen sie nur Geröll und Kraterwände – kein Platz zum Aufsetzen für ein Gefährt, dessen Außenwände dünn und empfindlich sind wie Küchenfolie aus Aluminium. Neil Armstrong, der Kommandant, geht auf Handsteuerung. Edwin Aldrin, der Kopilot, steht am Ausguck. Das Benzin wird knapp, es darf nicht ausgehen, bevor die Spinnenbeine fest auf dem Mond stehen. Die sichere Landung mit ihrem fragilen Gefährt ist die erste Voraussetzung für die schadlose Rückkehr in Richtung Erde, zurück zum Leben mit den Musikboxen. Die 15 Sekunden sind fast verstrichen. »Go« oder »Abbruch«?

SOWJETS IM ENDSPURT

Der 20. Juli 1969 sollte nun der Tag sein, der die Entscheidung brachte beim Rennen zum Mond, der Tag des Showdown. Nicht nur *Apollo 11* lag seit Tagen auf Kurs zum Mond, auch *Lunik 15* war vom Startplatz im kasachischen Baikonur aufgebrochen – etwas früher als *Apollo 11*. Wieder einmal etwas früher, wieder einmal wollten die Sowjets, wie damals unter Chruschtschow, besser sein, indem sie einfach eher losflogen. Sie konnten sich an den Terminen der NASA orientieren, die waren ja öffentlich, im Gegensatz zu ihren eigenen. Armstrong und Aldrin wussten dieses Mal auch um *Lunik 15*, vom Start der Sowjets hatten sie gehört. Unbemannt war *Lunik 15* zwar, so viel war klar, aber sie war ausgerüstet mit einem Roboter zum Auflesen von Mondgestein und mit einer Aufstiegsstufe, welche die Probe zur Erde transportieren könnte. Drei Tage lang jagten beide mit dreißig- bis vierzigfacher Schallgeschwindigkeit die längste Zielgerade entlang, die die Welt je hatte, 380 000 Kilometer lang. Frank Borman, Astronautenkollege und Freund von Armstrong und Aldrin, hatte kurz vor dem Start von *Apollo 11* in Moskau angerufen und sich erkundigt, ob sich beide Missionen wohl gefährden könnten, und bat um die Flugdaten. Eine befriedigende Antwort bekam er nicht. Es sei schon alles in Ordnung, hieß es.

Drei Tage zuvor, am 16. Juli 1969, hatte *Apollo 11* um 13 Uhr auf seiner Saturn-Rakete abgehoben. Es war ein Massenspektakel. Cocoa Beach, Merritt Island und bis nach Port St. John, überall, wo es in dem so durch und durch flachen Gelände an der Ostküste Floridas Platz zum Parken und zum Schauen gab, waren Leute versammelt an dem Tag und auch in den Tagen zuvor. Noch aus zehn oder fünfzehn Kilometern Entfernung war die auf den Start wartende Saturn mit der Apollo-Kapsel auf der Spitze über das platte Brevard County zu sehen, besonders nachts, als sie angestrahlt war, heller als jede Kathedrale. Näher als fünf Kilometer kam sowieso niemand heran. Die verschlungenen Lagunen, die Absperrungen, die drängenden Autoschlangen, vieles hielt die Schaulustigen zurück. Eine Million sollen es gewesen sein. Campingmobile, Caravans, Zelte, Straßenkreuzer, alles diente tagelang als Unterkunft, vieles davon auch als Aussichtsplattform. Besonders Kluge hatten eine Leiter mitgebracht, fast jeder ein Fernglas. Kaum jemand saß oder stand dort ohne Sonnenbrille.

Der 16. Juli war ein strahlender Tag. Es ist nicht leicht, die Stimmung heute nachzuvollziehen, jubelnde Begeisterung war es nicht, eher schon Ergriffenheit. Viele waren einfach nur sprachlos, als die Rakete abhob und ihr bebendes Grollen eine halbe bis dreiviertel Minute später bis zu den Zuschauern vorgedrungen war. Niemals danach gab es ein Ereignis, bei dem die Kraft der modernen Technik, ihre Gewalt, auch ihre elegante Perfektion die Zeitzeugen auch nur annähernd so massenhaft und vor allem so vorbehaltlos beeindrucken durfte. Als sich dann in 6000 oder 8000 Meter Höhe die Saturn sanft zur Seite neigte, um schon mal anzudeuten, dass es irgendwann weiter oben in eine Umlaufbahn einzuschwenken gelte, da war fast alles vergessen: der Vietnamkrieg, die Haushaltsprobleme, die Rassenunruhen. Die Freude am Superlativ verdrängte alles, ein letztes Mal, bevor die Jahrzehnte der Zukunftsskepsis begannen.

Knappe zwei Monate zuvor war in einer Halle, fünf Kilometer von der Startrampe entfernt, die Rakete montiert worden, und zwar senkrecht. Natürlich war das Tor, durch das sie am 20. Mai in sechs Stunden zum Startplatz gerollt wurde, mit 137 Metern das höchste der Welt. Wo sonst wurden höhere Dinge bewegt? Am 27. Juni begannen die Simulationen für den Countdown, mehrfach unbemannt, wofür die Rakete jeweils mit 2500 Tonnen Treibstoff vollgefüllt wurde. Später, als die Astronauten in der Kapsel oben an den Simulationen teilnahmen, musste der Treibstoff wieder abgelassen werden.

Als es dann losgehen sollte am 16. Juli, da hatte die Routine, mit der Armstrong und Aldrin inzwischen jeden Handgriff beherrschten und alles antizipierten, sie schon in einen Ruhezustand versetzt. Sie konnten nichts mehr falsch machen. Auch Michael Collins war dabei, der Astronaut, der in der Umlaufbahn des Mondes

Wernher von Braun vor den Triebwerken der ersten Stufe einer Saturn V. Sie waren bei jedem Start 150 Sekunden in Betrieb, dann fiel die abgetrennte Stufe ins Meer und verschwand.

bleiben sollte. Auf der Tribüne neben dem Kontrollzentrum war die Anspannung schon größer. Mit seiner Frau Maria saß da auch Wernher von Braun, der im Juni noch Zeit gefunden hatte für eine Europareise mit seiner Familie, wegen des Mondrummels dieses Mal unter falschem Namen. In den letzten Tagen hatte ihn die Hektik wieder eingefangen, war er nur noch mit dem Hubschrauber unterwegs gewesen, über den schaulustigen Massen und dem weitläufigen Gelände, von Pressekonferenz zum Meeting, von Gesprächen mit Politikern zum Hotel und wieder zum nächsten Pressebriefing. Den Medien gegenüber war er nicht geneigt, sein Licht unter den Scheffel zu stellen: »Ich halte dieses Ereignis für ebenso wichtig wie jenen Augenblick im Ablauf der Menschheitsentwicklung, in dem das Leben aus den Meeren auf das feste Land kroch«, sagte er zur mehr als tausendköpfig vertretenen Weltpresse. Ganz ohne Scheu.

Wer genau hinsah, konnte bei von Braun allerdings auch eine gewisse Anspannung bemerken. Der Schriftsteller Norman Mailer, den das Magazin *Life* für eine episch lange, elfteilige Serie über die Mission *Apollo 11* anheuern konnte, verfolgte von Braun in jenen Tagen auf Schritt und Tritt. Er beobachtete einen Mann, der durchaus ein wenig Nervosität zeigte, vor allem bei Pressekonferenzen, die für ihn, »obwohl er sicherlich schon viele erlebt hatte, ein gähnender Abgrund vermeintlicher Gefahren« waren. »Deshalb zuckten seine Augen nach links und nach rechts, während er eine Frage beantwortete, blickten hin und her wie bei einem Tischtennisturnier, und sein Mund, eben noch ein Strich, formte ein Lächeln, aber dieses Lächeln war nicht mehr als ein Signal, ein Rechteck vor den Zähnen, fast ein Quadrat.« Aus Mailers *Life*-Serie entstand wenig später das wohl bekannteste Buch über *Apollo 11*: *Of a Fire on the Moon*. Ungleich stärker als seine etwas prätentiöse Reportage sind dabei die Bilder dieses Coffee Table Books, das in speziellen Editionen – versehen mit Spuren von Mondgestein – für 125 000 US-Dollar gehandelt wurde. Auch dies ein weiteres Zeichen der Bedeutung des Ereignisses.

DIE ALTE PEENEMÜNDER GARDE

Beim Take-off hatte von Braun neben sich auf der Tribüne viele alte Weggefährten unterbringen können, fast war es so etwas wie ein Veteranentreffen. Walter Dornberger zum Beispiel, der ihn 1932, im letzten Jahr der Weimarer Republik, als Raketenforscher zum Militär geholt hatte und nach dem Krieg in den USA als Manager in der Luftfahrtindustrie gearbeitet hatte. Auch Hermann Oberth, den Vordenker, dessen Buch *Die Rakete zu den Planetenräumen* aus dem Jahr 1923 den jugendlichen Wernher, und nicht nur ihn, auf die Idee mit der Mondfahrt gebracht und ihn von der Notwendigkeit mathematischer Kenntnisse überzeugt hatte. Rudolf Nebel, Initiator des Raketenschießplatzes in Berlin-Tegel, der von Braun damals seinen Aufstieg zur professionellen Raketenforschung beim Heer neidete und nach dem Krieg für manche Entwicklung seine eigene Urheberschaft reklamierte. Er und von Braun waren sich in den vergangenen Jahrzehnten beileibe nicht immer grün. Willy Ley, ebenfalls Raketenschießplatz-Veteran und nach dem Krieg Wernher von Brauns Berater für dessen Raumfahrt-Publikationen bei *Collier's, Harper's* und *Life*, sollte auch kommen, doch er war kurz zuvor gestorben. Natürlich war auch die erste Garde der »Operation Paperclip« dabei, die alten Peenemünder Stuhlinger, Rudolph, Jacobi, Jannenberg – und wie sie alle hießen. Für sie war der Start zur Mondlandung der Höhepunkt ihres langen Lebens.

Nachdem sie abgehoben hatten, war den drei Astronauten ein ruhiger Flug zum Mond beschieden. Sie waren die dritte Mannschaft, die zu ihm aufgebrochen war, und die erste, die auf ihm landen sollte.

In Cape Canaveral, in Houston, in der NASA-Zentrale von Washington, auch in den Fernsehstudios wie denen von Schiemann und Siefarth im ZDF und in der ARD – überall war es nun hektischer, umtriebiger, war die Aufregung größer als in der Apollo-Kapsel, deren Manöver im Orbit und anschließend auf Mondkurs so abliefen wie bei *Apollo 8* und *Apollo 10* und wie bei den hundertfachen Simulationen, welche die drei durchgearbeitet hatten. Neugierige Spannung lag über dem presseinteressierten Teil der Weltbevölkerung: Wie würde es sein, könnte sie der Mondboden doch noch verschlucken, könnte es doch noch Begegnungen der dritten Art geben dort oben? Und, nicht zu vergessen: Wie steht es mit der Rakete der Sowjets?

Die Welt war nun fortlaufend und ununterbrochen informiert über den Stand der Dinge, Einschuss in die Mondumlaufbahn, Abkoppelung des LM, alles wie gehabt, und dann, um kurz nach 3 Uhr am Nachmittag amerikanischer Ostküstenzeit, schwebten Armstrong und Aldrin in ihrem Landemodul kurz über dem Mond. Die Stelle, die ihnen der Bordcomputer auch nach den Angaben der Kollegen von *Apollo 10* zugewiesen hatte, erwies sich als ungeeignet zum Niedergehen. Es war der Boden eines Kraters, mit großen Steinbrocken übersät. Armstrong musste weiterfliegen, ganz langsam, 60 Meter noch, und dann schwebte ihr »Adler« über einer ebenen Stelle.

Die Alarmsirenen im Kontrollzentrum Houston sind inzwischen verstummt, zum Glück. Der junge Computerexperte Bales hatte – noch innerhalb der Frist von 15 Sekunden – sein »Go« gegeben, nein, in den Saal gebrüllt; so laut, dass selbst Gene Kranz, der Flugdirektor, ein wenig zusammenzuckte. Bales Vermutung, das Ganze sei nur eine Datenüberlastung gewesen, stellt sich wenig später als wahr heraus. Der Grund für die Überlastung, die fast zum Abbruch geführt hätte: Bei *Eagle* war versehentlich das Bordradar eingeschaltet. Es war eigentlich nur gedacht für das Andockmanöver an die Apollo-Kapsel auf dem Rückweg, und nun richtete der zerklüftete Boden über das sensible Radar im Computer ein Chaos an. Houston ignorierte das Problem erfolgreich.

Jetzt geht Armstrog mit der Fähre hinunter. Kleine Lämpchen auf der Konsole signalisieren: Bodenkontakt. Wenig später hört man vom Mond die Stimme Armstrongs: »Die *Eagle* ist gelandet.« Es ist der erste Satz, der von der Landung in die Geschichte eingeht, gesprochen um 03:17 Uhr am Nachmittag des 20. Juli 1969. Armstrong und Aldrin ruhen sich nun erst einmal aus, fünf Stunden dauert es, bis sich wieder etwas tut. Doch die wenigsten Zuschauer verlassen den Platz vor ihren Fernsehern, auch nicht in Europa, obwohl es dort inzwischen tiefe Nacht ist. Dann, um 09:56 Uhr am Abend, also um 4 Uhr früh in Deutschland, fällt der zweite, noch berühmtere Satz Armstrongs über Funk hinunter nach Houston und von dort in die ganze Welt. Gesprochen in dem Moment, als er von der untersten Sprosse der Leiter mit einem Fuß den Boden des Mondes betritt: »*That's one small step for a man, one giant leap for mankind!*« – »Das ist ein kleiner Schritt für einen Menschen, aber ein großer Sprung für die Menschheit!«

Ein Satz, der inzwischen viele Interpretationen nach sich zog, auch hartnäckige Diskussionen darüber, ob Armstrong ihn sich selbst ausgedacht hatte oder ihn, wie Mailer behauptete, von der NASA vorgegeben bekommen hatte. Streng genommen hat er sogar etwas Unsinniges gesagt: Nach dem aufgezeichneten Funkverkehr sagte Armstrong nicht »*small step for* a man«, vielmehr vergaß oder verschluckte er das »a«, dadurch wird aus »einem Mann« allerdings auch wieder nur »die Menschheit«, sodass der ganze Satz, wie er Armstrong aus dem Mund kam, heißt: »Es ist ein kleiner Schritt für die Menschheit, aber ein großer Sprung für die Menschheit.« In die Erinnerung eingegangen ist die modifizierte Version von Armstrongs Worten.

Rund 13 Stunden, nachdem Armstrong den Satz gesprochen hatte, gab es etwa 800 Kilometer von *Apollo 11* entfernt eine heftige Detonation: *Lunik 15*, die sowjetische Sonde, die Mondgestein zur Erde holen sollte, war aufgeschlagen – im Mare Crisium, im Meer der Gefahren. Unbeabsichtigt. *Lunik 15* hätte eigentlich weich landen und wieder starten sollen. Aus der Not des eigenen Mangels heraus hatte Moskau zuletzt mit einigem Propagandaaufwand verkünden lassen: Sinn und Zweck einer Mondlandung sei es lediglich, Mondproben von einem Roboter auf die Erde zu holen. Astronauten oder Kosmonauten müssten den Mond dafür nicht betreten. In eigener Willkür hatten die Sowjets da-

Berlin jubelt über die Mondfahrer – die *Apollo-11*-Besatzung vor der Gedächtnis-
kirche am 13. Oktober 1969.

WELTRAUMSTÜRMER

durch das Ziel des Wettrennens neu bestimmt – genutzt hat es ihnen nichts.

Auf der Erde aber trällerte es immer weiter, egal was auf dem Mond passierte: »Domani sulla luna«. Die Romantik des Mondes hat durch den Besuch des Menschen nichts eingebüßt, kein bisschen, weder im Osten noch im Westen.

Epilog

Das Rennen um die erste bemannte Mondlandung war am 20. Juli 1969 entschieden. 20 Minuten nach Armstrong betrat auch Aldrin den Mond. Auch die von Kennedy ausgelobte sichere Rückkehr gelang dann, obwohl Buzz Aldrin mit seinem Rucksack in der Aufstiegsstufe einen Schalter abgebrochen hatte – letztlich also genau einen jener Fauxpas beging, die er Dichtern und Denkern vorab unterstellte, wenn sie an seiner statt auf den Mond geflogen wären (siehe Interview mit Aldrin auf Seite 266). Weitere Starts von Menschen zum Mond folgten. Doch schon bei *Apollo 12* im November 1969 war die Luft raus, beklagten die Fernsehstationen die geringen Einschaltquoten bei der Live-Übertragung. Live-Sendungen von der langen Reise zum Mond waren kaum noch gefragt, sodass die Fernsehanstalten bereits für *Apollo 13* kaum noch Übertragungszeit einplanten. Das änderte sich schlagartig, als bei dieser Mission auf halber Strecke nach einer lautstarken Explosion im Service-Modul Kommandant James Lovell zum Kontrollzentrum herunterfunkte: »Houston, wir haben ein Problem gehabt.« Tatsache war, dass die Probleme in dem Moment erst anfingen, die Mondlandung abgesagt wurde und die drei Astronauten Jim Lovell, John Swigert und Fred Haise in akute Lebensgefahr gerieten. Nur durch eine im Nachhinein unfassbare Improvisationsleistung sowohl im Kontrollzentrum als auch 200 000 Kilometer darüber konnten sie gerettet werden. Die Zweimann-Landefähre musste zum Dreimann-Rettungsboot umfunktioniert, in ihrer kalten Enge der Mond umrundet werden. Viele Raumfahrtexperten sehen dieses Manöver aus dem Stegreif als die größte Leistung des Apollo-Programms an, noch vor der ersten Mondlandung.

Die Havarie hatte Folgen. Sie zeigte, wie anfällig die aus vielen Hunderttausend Einzelteilen zusammengesetzten Mondfahrzeuge, welchen Risiken die Astronauten ausgesetzt waren. Da gleichzeitig auch die Kosten immer weiter stiegen, die USA sich wegen des Vietnamkrieges immer tiefer verschuldeten und zudem das Interesse der Bevölkerung an der Raumfahrt nach dem Sieg im großen Wettrennen sichtlich erlahmte, musste die NASA das Apollo-Programm zusammenstreichen. Nur noch so viele Apollo-Missionen durften zum Mond starten, wie an Saturn-V-Raketen und Apollo-Kapseln bereits hergestellt waren. Die geplanten Flüge 18, 19 und 20 wurden gestrichen. Ein paar Neuigkeiten durften die Amerikaner allerdings noch erleben. Alan Shepard, einst der erste US-Amerikaner im All, war – im Rahmen von *Apollo 14* – auch der erste Mensch, der auf dem Mond Golf spielte. *Apollo 15*, *16* und *17* wiederum waren als Autofähren im Weltall. Mit an Bord war jeweils ein Lunar Roving Vehicle (LRV), mit dem die Astronauten bis zu 34 Kilometer bequem auf dem Mond zurücklegen konnten. *Apollo 17* schließlich blieb mehr als drei Tage am Ziel und transportierte über zwei Zentner Mondgestein zur Erde zurück. Als Eugene Cernan am 14. Dezember 1972 dann die Leiter zur Aufstiegsstufe der Landefähre hinaufkletterte, verließ der vorerst letzte Mensch den Mond.

Auch die Russen blieben nach Ende des Wettrennens nicht untätig. Als sie beim Zieleinlauf nicht einmal ihre unbemannte Sonde landen konnten, gönnten sie sich zwar ein Jahr Pause, im September 1970 aber, ein gutes Jahr nach *Apollo 11*, vermochten sie immerhin eine Sonde auf dem Mond sanft zu landen, mit ihr Bodenproben einzusammeln und sie zur Erde zurückzubringen – genauso, wie sie den Amerikanern im Juli 1969 die Show hatten stehlen wollen. Zwei weitere sowjetische Missionen, 1970 und 1973, die nicht für eine Rückkehr programmiert waren, konnten sogenannte Rover sicher landen: *Lunochod 1* und *Lunochod 2*, die den Mond auf ihren vier Rädern wochenlang erkundeten und Fotos sowie Daten zur Erde funkten.

Heute befinden sich – auch als Hinterlassenschaft des Wettrennens – an insgesamt rund 75 verschiedenen Stellen auf dem Mond künstliche Objekte, verstreut über seine ganze Oberfläche: die zurückgelassenen Landstufen der Apollo-Missionen sowie der sowjetischen *Lunik 16*, die dazugehörenden, aus dem Mondorbit wieder zurückgefallenen Aufstiegsstufen und die Überbleibsel harter Aufschläge von Raketen, wozu auch die dritten Raketenstufen von Apollo-Missionen zählen, die nach dem Austritt aus der Erdumlaufbahn parallel zu den Kommandokapseln zum Mond jagten und dort für seismologische Messungen zum Aufschlag gebracht wurden. Auch insgesamt fünf Vierradmobile stehen noch dort, zwei einst ferngesteuerte sowjetische und drei US-amerikanische. Es könnte sogar sein, dass sie noch fahrtüchtig sind, würden ihre Akkus aufgeladen werden.

1975 dann endlich, der Kalte Krieg der beiden Supermächte war noch in vollem Gang, sechs Jahre nach dem Ende ihres großen Wettrennens, schafften beide Kontrahenten vor den Augen der Weltöffentlichkeit den gemeinsamen Schaulauf durch die Arena. Am 15. Juli stieg dafür noch einmal eine Apollo-Kapsel von Cape Canaveral auf, am selben Tag auch eine sowjetische Sojus aus Baikonur. Dort mit an Bord Alexej Leonow, der zehn Jahre zuvor vom ersten Weltraumspaziergang der Geschichte fast nicht mehr zurückgekehrt wäre, weil Koroljow den Amerikanern im Auftrag von Chruschtschow unbedingt zuvorkommen musste und dabei einen Fehler beging. Zwei Tage später, am 17. Juli 1975, koppelten beide Raumkapseln aneinander an. 44 Stunden flog man gemeinsam um die Erde, bei ständigen gegenseitigen Besuchen. Es war ein kleines Zwischenhoch in den Beziehungen der beiden Blöcke, in der Zeit der SALT-Verträge (Strategic Arms Limitation Talks) und KSZE-Abkommen (Konferenz über Sicherheit und Zusammenarbeit in Europa). Wenige Jahre später, zu Beginn der 8oer-Jahre nahm mit den sowjetischen SS-Raketen und den amerikanischen Pershings das andere, dramatischere Wettrennen wieder an Fahrt auf: der Rüstungswettlauf.

Nachdem die USA in der ersten Hälfte der 70er-Jahre ihr Raumlabor Skylab getestet hatten, legte die amerikanische bemannte Raumfahrt eine sechsjährige Pause ein, bis zum Start des ersten wiederverwendbaren Spaceshuttles 1981. Im Jahr 2011 startete der letzte Shuttle. Seither stecken die USA in einer völlig neuen Situation. Bei ihrem Verkehr zu der inzwischen aufgebauten Internationalen Raumstation ISS (International Space Station) sind sie nun angewiesen auf die Trägerraketen Russlands, letztlich sogar der ehemaligen Sowjetunion. Moskau nat nie seine bemannte Raumfahrt unterbrochen und schickt immer noch Sojus-Raketen und -Kapseln ins All, die seit 1967 im Einsatz sind – altes, bewährtes Gerät. Was zu der Äußerung passt, die der damalige NASA-Chef Michael Griffin 2008 in einem Interview mit dem Autor tätigte: Es sei »ein großer Fehler gewesen, das Apollo-Programm aufzugeben«. Wären derzeit die Apollo-Kapseln und Saturn-Raketen noch einsatzbereit, so sagte Griffin, »stünden wir heute auf dem Mars«.

Die Aufgabe von Apollo ohne entsprechenden Ersatz war damals auch ein Grund dafür, dass die weitere Karriere von Brauns bei der NASA nur noch zwei Jahre andauerte. Zwar stieg er 1970 zum stellvertretenden Chef der US-Raumfahrtagentur auf und

Mondfahrt zum Anfassen: Die Kapsel von *Apollo 11* steht heute im Smithsonian Museum für Luft und Raumfahrt in Washington.

blieb in dieser Position bis zum Ende des Apollo-Mondprogramms 1972. Bis zuletzt kämpfte er dafür, das Programm zu einem bemannten Marsprogramm auszubauen. Als ihm der Kongress jedoch die Gelder immer mehr kürzte und sich deutlich abzeichnete, dass es für ihn keinen Weg zum Mars geben würde, dass die USA in der Periode nach dem verlorenen Vietnamkrieg eher in eine Sinnkrise stolperte als zu weiteren Zielen im Weltraum aufbrach, gab er auf. Von Braun zog sich in die Privatwirtschaft zurück und wurde Vizepräsident beim Luftfahrtkonzern Fairchild Industries. Er tourte weiterhin durch die USA und andere Länder, hielt Vorträge, versuchte Begeisterung für die Raumfahrt zu wecken. Er wurde Berater bei der deutschen Orbital Transport und Raketen AG (OTRAG), einem Unternehmen, das sich als eines der ersten mit der kommerziellen Raumfahrt beschäftigte. Im Juli 1975 wurde von Braun auch in den Aufsichtsrat der Daimler-Benz AG berufen, dem späteren deutschen Luft- und Raumfahrtkonzern.

1973 bereits, kurz nach seinem Ausscheiden aus der NASA, hatten die Ärzte bei ihm Krebs festgestellt. 1977, nur ein Vierteljahr nach Erreichen des üblichen Rentenalters von 65 Jahren, starb er. Ruhestand war ihm, dem Ingenieur der Mondfahrt, nicht gegönnt. Viele seiner Mitarbeiter überlebten ihn, wohnten weiter in dem zu Beginn für sie so fremden Huntsville, blieben lebendiger Teil der deutschen Saga dieses einstigen Nestes, das für Baumwolle und Brunnenkresse bekannt war und später zur boomenden Raketenmetropole avancierte. Nach Kenntnis des Autors lebte von ihnen bei Drucklegung dieses Buches nur noch Dorette Schlidt, die frühere Sekretärin Wernher von Brauns in Peenemünde. Konrad Dannenberg, von Brauns Stellvertreter im Marshall Space Flight Center von Huntsville, der dem Autor 2008 noch von seinen Plänen für Postraketen in den 20er-Jahren vorschwärmte, war kurz zuvor verstorben. Von Brauns Witwe lebt heute in New York.

Unsterblich dagegen bleiben die Museen, in denen Interessierte die ganze spannende Geschichte des Wettrennens zum Mond nacherleben können. Zum Beispiel im Smithsonian National Air and Space Museum in Washington, in dem der Sound des Sputniks zu hören und in dem auch die – in Erinnerung an die damaligen Fernsehübertragungen aus dem All – so unerwartet beengten Raumkapseln von Mercury über Gemini bis Apollo im Original zu bestaunen sind. Viele andere Exponate, authentische wie multimedial aufbereitete, holen in dem weitläufigen Gebäude das Jahrzehnt der Mondfahrt lebensnah zurück. Wer aber in Ehrfurcht erstarren will vor dem größten Objekt, das je durch Luft und All geschossen wurde, kann vor dem Museum des Marshall Space Flight Center in Huntsville, Alabama, die Mondrakete Saturn V bewundern, 111 Meter Technik, wahlweise senkrecht am Eingang oder waagerecht in der Halle.

Nebenan, im Museum selbst, ist noch das Arbeitszimmer von Brauns ausgestellt, mit allen Raketenmodellen auf dem Bücherbord. Und mit seinem Rechenschieber. Es ist dasselbe Modell übrigens, mit dem auch sein früherer Mitarbeiter Helmut Gröttrup von Brauns Gegenspielern, den Sowjets, einst half, sich auf deren Startschuss zum Rennen vorzubereiten: den Sputnik.

Interview mit Buzz Aldrin

Das folgende Interview wurde 1994 vom Autor geführt, kurz vor dem 25. Jahrestag des ersten Mondfluges. Buzz Aldrin war damals zu einer Feierstunde anlässlich des 100. Geburtstags von Hermann Oberth in Nürnberg-Feucht im dortigen Hermann-Oberth-Raumfahrt-Museum als geladener Gast zugegen.

Ulli Kulke: Ihre Mondlandung wird gerne mit der Entdeckung Amerikas verglichen. Kommen Sie sich vor wie Kolumbus? Werden Sie in 500 Jahren so gefeiert wie Kolumbus 1992?

Buzz Aldrin: Ich denke schon, dass im Jahre 2469 die Menschen, die auf Lichtjahre entfernte Sterne reisen, den Moment feiern werden, da wir zum ersten Mal das Schwerefeld unseres Planeten verließen. Aber Kolumbus musste ja im Gegensatz zu uns alles alleine organisieren.

Immerhin – die US-Regierung erklärte noch während Ihrer Hinfahrt den Tag der Mondlandung zum nationalen Feiertag. Haben Sie da wenigstens Feiertagszuschlag für Ihre Arbeit auf dem Mond erhalten?

Leider nein.

Mit Verlaub: Hat der Mond durch Apollo nicht seinen Mythos verloren? Früher war er etwas für Dichter und Träumer, heute ist er ein Fall für Männer wie Sie.

Wahrscheinlich hat er verloren, da müssen Sie aber Poeten oder Philosophen fragen. Wir sind Ingenieure und Piloten, erfüllten unseren Auftrag und sollten nicht beschuldigt werden, dem Mond etwas genommen zu haben. Für uns hat er gewonnen. Sie suchen doch nur das Negative, ich das Positive.

Wenn Sie für solche Gefühle keine Antenne haben, vielleicht hätte man die Dichter und Philosophen hochschicken sollen?

Die stolpern nur über die Kabel und Apparate, drücken die falschen Knöpfe und stürzen am Ende ab. Was soll das?

Sie könnten sie doch an die Hand nehmen und aufpassen, dass sie nicht an den Knöpfen spielen.

Ich warte auf den Tag, an dem ein Poet hinauffährt und die Schönheiten, die er dort sieht, beschreibt. Ich wette, das ist keinen Deut besser als das, was wir euch erzählen. Die Fernsehkameras zeigen doch alles. Wir sehen die Bilder, die Dichter auch, was soll's?

Sehen Sie den Mond heute anders?

Vorher war er mir fremd. Ein nicht besuchter Ort. Jetzt ist er ein Freund.

Haben Sie manchmal Heimweh nach dem Mond?

Nein, überhaupt nicht. Wenn Sie nach meinen Gefühlen fragen, was wollen Sie denn hören? Dass wir nervös waren? Wir können diese Fragen sowieso nie zur Zufriedenheit beantworten.

Warum?

Das weiß ich nicht. Vielleicht weil wir keine Dichter sind. Wir gehen ja auf die Fragen ein, aber alle Leute, die sie uns stellen, sind mit unseren Antworten immer unzufrieden.

Womöglich wurden Sie durch die ganze Perfektion zum Roboter, gefühllos.

Unfug. Wir sind menschliche Wesen, können glücklich sein und fröhlich. Oder auch nervös, wenn uns viele Millionen Menschen auf dem Mond auf ihren Fernsehern zuschauen. Als ich nach unserer Rückkehr alles im Fernsehen sah, meinte ich, das meiste verpasst zu haben. Die Action um unsere Fahrt fand ja auf der Erde statt, nicht auf dem Mond.

Wären Sie gern ein bisschen länger auf dem Mond geblieben?

Oh nein! Wir hatten es eilig, unsere Mission zu beenden, es gab ja noch viel zu tun. Und wir wollten fertig werden, um die nächste Aufgabe anzupacken. Länger oben zu bleiben hätte geheißen, die Gefahren zu vergrößern, und die Möglichkeit, Fehler zu begehen, zu erhöhen. Die Sache musste vorangehen.

Russen waren ein Jahr lang im Orbit. So lange auf dem Mond zu sein, das wäre doch auch was.

Das könnte ich mir auch vorstellen, aber nur bei einer anderen Ausstattung als bei *Apollo 11*. Für eine dauerhafte Station müssten wir Sauerstoff aus dem Mondgestein gewinnen und am besten irgendwo Wasser finden. Hätten wir dabei Erfolg, könnten wir Gewächse anpflanzen und auf dem Mond mehr Rum trinken, als die Russen in ihrer Mir-Station gelagert hatten. Es könnte uns dort oben ganz gut gehen.

Ohne die Konkurrenz zu den Sowjets wären Sie damals wohl kaum so schnell auf dem Mond gewesen ...

Stimmt!

... und heute fehlt der Rückenwind für derlei großtechnische Projekte. Der Zeitgeist ist doch eher technikskeptisch.

Der Stimulus, der Kalte Krieg, ist weg. Andererseits haben wir genau dazu beigetragen. Die Worte auf der Plakette, die wir auf den Mond legten, »Wir kommen im Frieden«, hatten ja eine tiefere Bedeutung. Die Herausforderung von Sputnik und den Sowjetraketen hatte die Welt eingeschüchtert, ließ uns alle erzittern. Unsere Antwort war Präsident Kennedys Ankündigung: Wir nehmen die Herausforderung an und fliegen zum Mond. Es klappte, und die Gefahr der Sowjetraketen war geschwächt.

Wir mussten die Sowjets entmutigen, ihnen den Erfolg nehmen, sie enttäuschen. Und es war ein herber Schlag für sie, als Neil Armstrong und Buzz Aldrin auf dem Mond spazieren gingen. Auch das führte zum Frieden. Dies war die zweite Bedeutung unserer Plakette

Buzz Aldrin (in den 1980er-Jahren legte er seinen Geburtsnamen Edwin zugunsten von »Buzz« ab) während des Anflugs von *Apollo 11* zum Mond bei einem Routine-Check im Landemodul

auf dem Mond. Als später dann Präsident Nixon sagte, er baut ein weltraumgestütztes Verteidigungssystem gegen alle Raketen der Welt und bietet dies auch den Sowjets an, verschärfte das deren Niederlage noch. Sie merkten: Da kommen wir nicht mehr mit. Unsere Antwort auf den Sputnik war vergleichbar mit unserem Gegenschlag nach dem Luftangriff auf Pearl Harbor. Ein zweites Mal wagten die Japaner das nicht.

Kennedys Ankündigung, innerhalb einer Dekade zum Mond zu fliegen, war doch eine Prestigeangelegenheit.

Aber in dem Prestigekampf ging es um eine Technologie, mit der genauso gut Nuklearwaffen betrieben werden können.

Zuletzt wurde es ja noch einmal spannend. Was dachten Sie, als Sie von der unbemannten sowjetischen Raumsonde Lunik 15 hörten, die wenige Tage vor Ihnen ohne Vorwarnung gestartet worden war und den Anschein erweckte, sie wolle noch vor Ihnen Mondgestein zur Erde holen? Hätte Sie das gewurmt?

Natürlich. Aber wir hatten nur einen geringen Einfluss auf den Gang der Dinge.

Wir haben über Ihr verändertes Mondbild gesprochen. Wie hat sich Ihre Fahrt denn auf Ihr Bild von der Erde ausgewirkt?

Eigentlich gar nicht. Astronauten bekommen immer viel Applaus, wenn sie nette Dinge über ihren Blick auf die Erde sagen, die die Menschen hören wollen. Sie reden ihnen nach dem Mund. Ich habe keine Lust dazu. Das ist doch Firlefanz, wenn wir hören: ›Ich habe keine Grenzen gesehen, die zerbrechliche kleine Erde sah so friedlich aus‹ und solch einen Quatsch. Natürlich kann man von oben keine Kriege sehen, aber wenn wir zurückkommen, sind sie einfach Realität, also, was soll das?

Sie denken ja ziemlich rational, nie aus dem Bauch heraus.

So ist es.

Eins müssen Sie doch aber zugeben: Die Erde sieht klein aus vom Mond.

Na gut, das stimmt.

Wenn Sie in der Mitte zwischen Erde und Mond sind, erkennen Sie von dort, dass die Erde lebenswerter ist?

Ja, natürlich, die Farben der Erde signalisieren schon Leben. Aber das Verrückteste ist: Es gibt nichts in Ihrer Nähe. Sie sehen aus dem Fenster und haben nichts, gar nichts, worauf Sie sich beziehen könnten, ein sehr ungewohntes Gefühl. Es gibt kein oben und unten, keinen Fixpunkt, nur vorne und hinten, draußen und drinnen und irgendwelche Sterne.

Lasen Sie vor dem Start Bücher wie Jules Vernes Von der Erde zum Mond?

Ich war kein Fan von Science-Fiction-Büchern. Als ich jung war, vielleicht 13 oder 14, habe ich einige gelesen, aber dann musste ich mich um den Schulstoff kümmern. Später als Astronauten hatten wir keine Zeit mehr für Jules Verne. Übrigens habe ich selbst einen Science-Fiction-Roman geschrieben.

Über Mondkälber?

Über eine Zivilisation auf einem nahen Stern, die vor 10 000 Jahren zur Erde fuhr.

Wie bei Erich von Däniken?

Bei ihm ging es ja um Zeiten, die keine 10 000 Jahre her sind. Meine Wesen kamen ein paarmal herüber, weil sie vom Aussterben bedroht waren. Und die Europäer und die Chinesen fahren gemeinsam zum Mond und entdecken dort etwas, das sie auf dem Mond zurückließen.

Traute Weltraumeintracht?

Nicht ganz, die Chinesen haben alle überholt in der Raumfahrt, sie benutzen Raketen und Raumfahrzeuge der Russen, die sich die Fahrten nicht mehr leisten können.

Die USA plötzlich nur noch an dritter Stelle?

Es gibt eigentlich keine Nummer eins, zwei oder drei. Genauso wie anderswo. Wer wäre denn der Erste im Fußball?

Die deutsche Mannschaft jedenfalls vor den USA.

Das ist nicht so klar.

Haben Sie es eigentlich bedauert, dass Sie nur der zweite Mann waren, der den Mond betrat?

Absolut nicht. Das ist eine reichlich dumme Frage, mit der mich die Journalisten immer wieder quälen. Sie diskreditiert den Erfolg der ganzen Mission.

Haben Sie vorher darüber beraten, wer als Erster aus der Landefähre heraustreten sollte?

Ja, und ich habe darüber oft gesprochen. Aber man quält mich weiter damit. Ich habe einfach keine Lust, darauf einzugehen.

Tat Ihnen Michael Collins leid, der im Mondorbit bleiben musste?

Noch so eine blöde Frage. Nein, er hatte auch seine Chance, und einer musste ja schließlich im Mutterschiff bleiben. Einer hat eben mehr Haare auf dem Kopf, der andere weniger. Das ist genauso.

Neil Armstrong sagte ja beim Heraustreten den berühmten Satz: ›Das ist ein kleiner Schritt für einen Menschen, aber ein großer Sprung für die Menschheit!‹ Hatten Sie den vorher abgesprochen?

Nein. Dieser Aspekt wird doch von den Medien auch völlig überbewertet.

Wir stellen Fragen, deren Antworten unsere Leser interessieren.

Die interessiert das, weil Sie andauernd danach fragen. So ist das.

Nach Ihrem Erfolg müssen Sie doch in ein tiefes Loch gefallen sein. Haben Sie gelitten, als der Wettlauf vorbei war und nicht gleich weiterging, zum Mars etwa?

Es geht ja irgendwie weiter. Die Mondlandung war so etwas wie eine Ziellinie. Erreichen Sie die, hören Sie ja nicht ganz auf mit den Wettläufen, machen höchstens Pause.

Ich könnte mir denken, dass viele Bekannte Sie damals bedrängten, etwas von ihnen auf dem Mond zu deponieren.

Stimmt, aber ich habe nur für einen Kollegen etwas mitgenommen und ihm hinterher wieder ausgehändigt. Ich durfte ja nichts Persönliches zurücklassen. Wir haben insgesamt nur wenig deponiert: eine Medaille beispielsweise, auf der die sowjetischen Kosmonauten geehrt wurden, die bei unserem Wettlauf ums Leben kamen. Und eine Gedenktafel für die Toten von *Apollo 1*. Dann war da noch eine Silikonscheibe, auf der 72 Staatsoberhäupter einige Sätze hinterließen …

... ohne deutschen Beitrag, weil sich der scheidende Präsident Lübke damals nicht mit dem neu gewählten Heinemann einigen konnte. An welchen Moment der Mondreise denken Sie eigentlich am häufigsten zurück?
An die Landung, den raketengebremsten Abstieg zum Mond ...

... der ziemlich gefährlich war. Fast wäre Ihr Gefährt auf Geröll gestürzt.
Nicht gefährlich, sondern kritisch. Es war eine große Herausforderung. Wenn es nicht geklappt hätte, wäre es gefährlich geworden. Das ist der kleine Unterschied: Ingenieure und Piloten sagen nie, irgendetwas sei gefährlich. Erst wenn Fehler vorkommen.

Sie hatten doch aber Angst.
Natürlich, viel Angst.

Hatten Sie mit einer anderen Mondoberfläche gerechnet, oder waren Sie nur zufällig auf eine ungeeignete Stelle gestoßen?
Wohl eher zufällig. Wir hatten flachen Boden erwartet, aber natürlich damit gerechnet, dass überall Steine und Felsen herumlagen. Deshalb hatten wir eine kleine Spritreserve für letzte Manöver vor der Landung ...

... für 30 Sekunden, die fast aufgebraucht waren.
Es musste eben reichen.

Rechneten Sie mit irgendetwas völlig Unvorhersehbarem? Unsichtbare, sich zersetzende Materie, schwarze Löcher, bis dahin unvorstellbare Lebewesen?
Überhaupt nicht. Ich habe nur an unsere Mission gedacht.

Oder ein wenig Angst vor der sich auftuenden vierten Dimension?
Nein, wir hatten schon genug Probleme mit unseren drei Dimensionen.

Ausgewählte Literatur

Astaschenkow, P.T.: *Sergei Pawlowitsch Koroljow. Der Chefkonstrukteur.* Leipzig 1977.

Bergaust, Erik: *Wernher von Braun. Ein unglaubliches Leben.* München 1976.

Brauburger, Stefan: *Wernher von Braun. Ein deutsches Genie zwischen Untergangswahn und Raketenträumen.* München 2009.

Croy, Alexis von: *Der Mond und die Abenteuer der Apollo-Astronauten.* München 2009.

Die Eroberung des Himmels. Der kalte Krieg um die Vorherrschaft im Kosmos. Spiegel-DVD 8/2007.

Fleischer, Wolfgang/Eiermann, Richard: *Heeresversuchsstelle Kummersdorf.* 2 Bde. Eggolsheim-Bammersdorf 1999.

Kennedy, Ian H.: *The Sputnik Crisis and America's Response.* Orlando 1999.

Launius, Roger D.: »Sputnik and the Origin of Space«. Washington (ohne Jahr) http://history.nasa.gov/sputnik/sputorig.html

Mailer, Norman: *Moonfire. Die legendäre Reise der Apollo 11.* Köln 2010.

Murray, Charles/Bly Cox, Catherine: *Apollo. The Race to the Moon.* New York 1989.

Neufeld, Michael J.: *Wernher von Braun. Visionär des Weltraums, Ingenieur des Krieges.* München 2009.

Neufeld, Michael J.: *Die Rakete und das Reich. Wernher von Braun, Peenemünde und der Beginn des Raketenzeitalters.* Berlin 1999.

(Ohne Name): »Mach Platz, Sputnik«. *Spiegel* 7/1958 (Titelgeschichte).

Puttkamer, Jesco von: »Brunnenkresse und Raketen«. 2 Teile. Washington (ohne Jahr) http://hyperwriting.de/loader.php?pid=462

Puttkamer, Jesco von: *Abenteuer Apollo 11. Von der Mondlandung zur Erkundung des Mars.* München 2009.

Schiemann, Heinrich: *Erlebte Raumfahrt. Schauplätze und Begegnungen.* Frankfurt am Main 1991.

Scott, David/Leonow, Alexej/Toomey, Christine: *Zwei Mann im Mond. Wie aus zwei Rivalen im Weltall zwei Freunde fürs Leben wurden.* Berlin 2006.

Smith, Andrew: *Moonwalker. Wie der Mond das Leben der Apollo-Astronauten veränderte.* Frankfurt am Main 2005.

Troebst, Cord-Christian: *Der Griff nach dem Mond. Amerika und Rußland im Kampf um den Weltraum.* Düsseldorf 1959.

Tschertok, Boris E.: *Raketen und Menschen.* 4 Bde. Klitzschen 1998.

Verne, Jules: *Von der Erde zum Mond.* In: ders.: *Die Reise zum Mond.* München 1958.

Verne, Jules: *Die Reise um den Mond.* In: ders.: *Die Reise zum Mond.* München 1958.

Ward, Bob: *Dr. Space. The Life of Wernher von Braun.* Mit einem Vorwort von John Glenn. Annapolis 2005.

Weyer, Johannes: *Wernher von Braun.* Hamburg 1999.

Wladimirow, Leonid: *The Russian Space Bluff. The Inside Story of the Soviet Drive to the Moon.* London 1971.

Wolfe, Tom: *Die Helden der Nation.* Berlin 1986.

Chronologie

Alle Datums- bzw. Zeitangaben beziehen sich auf die jeweilige Ortszeit des Startplatzes.

1912
23. März   Wernher von Braun wird in dem Ort Wirsitz in der damaligen Provinz Posen geboren (heute Wyrzysk, Polen).

1927
5. Juli   Gründung des Vereins für Raumschifffahrt (VfR).

1930
Wernher von Braun wird im Frühjahr Mitglied im VfR.

1931
Juli   Gründung des Vorläufers der Moskauer Gruppe zum Studium der Rückstoßtechnik (GIRD), Sergej Koroljow wird Mitglied.

1932
Herbst   Wernher von Braun wird Doktorand in Diensten des Heereswaffenamtes (HWA) der Reichswehr.

1937
April/Mai   Die Heeresversuchsanstalt Peenemünde nimmt den Betrieb auf.

1942
3. Oktober   Die erste Rakete steigt zur Grenze des Weltraums auf – eine von Wernher von Braun konstruierte A4 (später V2).

1944
6. September   Die erste V2 wird auf Antwerpen abgeschossen. London wird zwei Tage später zum ersten Mal getroffen.

1945
2. Mai   Wernher von Braun stellt sich den Amerikanern bei Reutte in Tirol.
18. September   Wernher von Braun übersiedelt nach Amerika.

1955

29. Juli   Die US-Regierung kündigt an, im Lauf des Internationalen Geophysikalischen Jahres (International Geophysical Year, IGY; 1. Juli 1957 bis 31. Dezember 1958) einen Satelliten zu starten.

2. August   Auf einem Kongress zum IGY in Kopenhagen verkündet der sowjetische Physiker Leonid I. Sedow ebenfalls, die Sowjetunion werde »in naher Zukunft« einen Satelliten auf den Weg bringen.

1957

4. Oktober   Start des weltweit ersten Satelliten *Sputnik 1* vom sowjetischen Baikonur.

3. November Mit *Sputnik 2* bricht das erste Lebewesen, der Hund Laika, ins All auf, stirbt aber nach wenigen Minuten.

6. Dezember Fehlstart der Satellitenmission Vanguard der US-Marine.

1958

31. Januar   Von Braun schickt für die US Army erfolgreich den ersten amerikanischen Satelliten *Explorer 1* ins All.

1959

4. Januar   Die sowjetische Sonde *Lunik 1* verfehlt den Mond um knapp 6000 Kilometer und schwenkt später in die Umlaufbahn um die Sonne ein. Sie ist das erste Raumfahrzeug, das sich vom Schwerefeld der Erde löst.

14. September *Lunik 2* erreicht mit einem harten Aufschlag auf dem Mond als erstes künstliches Objekt einen anderen Himmelskörper.

7. Oktober   *Lunik 3* sendet nach ihrem Überflug der bis dahin unsichtbaren Rückseite des Mondes die ersten Bilder von dort zur Erde.

4. Dezember Mit dem Rhesusaffen Sam schicken die USA in einer Mercury-Kapsel ihr erstes Lebewesen in eine Höhe nur wenig unterhalb des Weltalls (88 Kilometer). Er kehrt lebend zurück.

1960

1. April   Mit *Tiros 1* platzieren die USA den ersten Wettersatelliten in der Erdumlaufbahn.

18. August   *Discoverer 14* ist der erste Spionagesatellit – ein US-amerikanischer – in der Erdumlaufbahn.

1961

31. Januar   Der Schimpanse Ham ist der erste »Amerikaner« im All.

12. April   Juri Gagarin, Russe, startet als erster Mensch ins All und vollbringt eine Umrundung in der Erdumlaufbahn.

| 5. Mai | Mit Alan Shepard begibt sich in einer Mercury-Kapsel der erste US-Amerikaner ins All, allerdings nicht in den Orbit, sondern lediglich zu einem ballistischen Flug. |
| 25. Mai | Kennedy kündigt vor dem Kongress an, »noch vor Ende dieses Jahrzehnts« einen Amerikaner auf den Mond und sicher wieder zurückzubringen. |

1962

| 20. Februar | Die USA schicken mit John Glenn in einer Mercury-Kapsel ihren ersten Astronauten in die Erdumlaufbahn. |
| 10. Juli | Die USA schaffen mit *Telstar 1* den ersten Satelliten für transatlantische Fernsehübertragungen in die Erdumlaufbahn – noch nicht geostationär, deshalb nur für 10-minütige Probe-Übertragungen alle eineinhalb Stunden. |

1963

| 26. Juli | *Syncom 2*, der erste geostationäre Fernsehsatellit, wird von den USA ins All gebracht. Erste Probesendungen finden statt. |

1964

| 12. Oktober | Zum ersten Mal starten mit der sowjetischen *Woschod-1*-Mission drei Astronauten in einer Kapsel in den Orbit. |

1965

18. März	Alexej Leonow steigt als erster Mensch im Orbit zum »Weltraumspaziergang« aus einer Raumkapsel aus.
23. März	Mit dem ersten bemannten Flug des neuen US-Programms Gemini fliegen erstmals zwei amerikanische Astronauten in einer Raumkapsel.
24. März	Die US-Sonde *Ranger 9* sendet die ersten Live-Fernsehbilder vom Mond zur Erde.
3. Juni	Erstmals verlässt bei *Gemini 4* ein US-Astronaut seine Kapsel zum »Weltraumspaziergang«.
4. Dezember	Nach dem Start von *Gemini 7* stellen US-Astronauten mit 13 Tagen einen Dauerflugrekord auf und vollziehen am 15. Dezember gemeinsam mit *Gemini 6A* das erste »Rendezvous-Manöver« zweier bemannter Raumkapseln.

1966

| 14. Januar | Sergej Pawlowitsch Koroljow, der von der Moskauer Führung geheim gehaltene Chefingenieur der sowjetischen Raumfahrt, stirbt. Wernher von Braun hört anlässlich der Begräbnisfeierlichkeiten zum ersten Mal von seinem großen Gegenspieler. |

3. Februar	Der Sowjetunion gelingt mit der unbemannten Mondsonde *Lunik 9* die erste weiche Landung auf einem anderen Himmelskörper; es war ein Direktflug, ohne vorheriges Kreisen im Erd- oder Mondorbit.
16. März	Die erste Koppelung zweier Raumfahrzeuge gelingt den US-Astronauten von *Gemini 8* mit einem Zielsatelliten.
3. April	Die unbemannte sowjetische Sonde *Lunik 10* ist die erste, die in die Mondumlaufbahn einschwenkt.
2. Juni	Mit der unbemannten Sonde *Surveyor 1* gelingt auch den USA ihre erste sanfte Landung auf dem Mond, ebenfalls nach einem Direktflug.
4. August	Mit *Lunar Orbiter 1* gelingt es den USA, ihre erste Sonde in die Mondumlaufbahn zu bringen.

1967

27. Januar	Beim Test einer Apollo-Kapsel auf dem Starttisch kommen bei einem Brand drei US-Astronauten um. Das Apollo-Programm wird für fast ein Jahr unterbrochen.
9. November	Gleich der erste Start der Mondrakete Saturn V glückt, mit einer unbemannten Apollo-Kapsel.

1968

15. September	Die Sowjets starten mit *Zond 5* die erste Sonde, die mit verschiedenen Tieren an Bord die Mondumlaufbahn erreicht und sie sicher wieder zur Erde zurückbringt; Kosmonauten hätten die Reise vermutlich überstanden.
24. Dezember	Die US-Astronauten von *Apollo 8* sind die ersten Menschen in der Mondumlaufbahn. Schon der erste bemannte Start mit einer Saturn-V-Rakete – der dritte Start des Typs einschließlich der Testläufe überhaupt – hatte sie dorthin gebracht. Zu Weihnachten lesen die Astronauten den Erdenbürgern aus der Schöpfungsgeschichte vor.

1969

19. Februar	Mit der unbemannten Mission »Luna E-8 No. 201« versuchen die Sowjets eine sanfte Mondlandung mit einem Roboterfahrzeug. Der Versuch endet in einem Fehlstart.
14. Juni	Mit der ebenfalls unbemannten Mission »Luna E-8-5 No. 402« probieren die Sowjets eine sanfte Mondlandung mit einem System zum Rückstart zur Erde. Mondgestein soll mitgebracht und somit nach den selbst gesetzten Spielregeln der Sieg im »Space Race« eingefahren werden. Die Sonde erreicht nicht einmal die Erdumlaufbahn.

13. Juli	Die Sowjets wiederholen mit *Lunik 15* den Versuch einer unbemannten Mission, die vom Mond Gestein zur Erde holen soll. Es ist ihr letzter Versuch, den US-Astronauten mit einer automatischen Mission zuvorzukommen. *Luna 15* zerschellt auf der Mondoberfläche.
20. Juli	Die beiden US-Astronauten Neil Armstrong und Edwin »Buzz« Aldrin landen mit *Apollo 11* als erste Menschen auf dem Mond. Noch am selben Tag betreten sie die Mondoberfläche. Mit der geglückten Landung von *Apollo 11* auf der Erde am 24. Juli war der Wettlauf zum Mond beendet.

1977

16. Juni	Wernher von Braun stirbt in Alexandria im US-Bundesstaat Virginia an Krebs.

Register

A (»Aggregat«; Name mehrerer Raketen)
81f., 87, 96, 100, 104, 106, 120
Adamo, Salvatore 249
Advanced Research Projects Agency
(ARPA) 156, 171
Agena (Satellit) 224
Ägypten 30
Airbus 25
Aldrin, Edwin »Buzz« 27, 62, 225, 242,
250ff., 256f., 260, 266, 273, 269
Alpha Centauri (Stern) 27
Amundsen, Roald 230
Amundsen-Scott-Station (Südpol) 231
Anaxagoras 31
Anders, William 242f.
Antwerpen 102, 123
Apollo (Name mehrerer Raumschiffe)
27, 39, 85, 98, 142, 157, 164, 174, 196,
205, 208, 215, 221, 228f., 231ff., 234,
235f., 240–248, 244, 247, 250f.,
254–257, 258, 260–266, 263, 268f.,
272
Aristarch von Samos 31
Aristoteles 31, 136
Armstrong, Neil 27, 62, 172, 224f., 250ff.,
256f., 260, 268, 272
Army Ballistic Missile Agency (ABMA)
171f., 174f.
Astaschenkow, P.T. 210
Atlas (Name mehrerer Raketen) 175, 201
Atombombe 20, 119, 132, 156
Atwood, Lee 233

Bahamas 194, 198
Baikonur (Raketenstartplatz in Kasachs-
tan) 12, 155, 158, 162, 166, 179f., 183,
204, 212, 216, 223, 226, 239, 251, 262
Bales, Steve 249f., 256
Bazooka (Raketengeschoss) 46
Becker, Karl 66ff., 70, 73, 76f., 80, 82, 112

Beljajew, Pawel 217, 219, 221
Beresniki (Stadt in Russland) 220
Belka 176
Bergaust, Erik 58, 62, 80, 82, 98, 126, 146
Berkner, Lloyd 13
Berlin 29, 48, 53, 56, 59–63, 65f., 68, 70,
72f., 82, 86, 92, 108, 136f., 139, 146,
206f., 255, 258
Charlottenburg (Technische Hoch-
schule) 62, 207
Halensee (Reiterschule) 86
Ostberlin 241
Reinickendorf 63
Tegel (»Raketenflugplatz Berlin«)
63–68, 73ff., 78, 81f., 112, 255
Bleicherode (Thüringen) 105ff., 115, 121,
124, 133, 187
Bochum (Schulsternwarte) 16f.
Boeing (Unternehmen) 25, 232
Boeing B-747 226
Boeing B-47 128
Boeing B-52 128
Bonestell, Chesley 146
Borkum (Nordseeinsel) 78
Borman, Frank 242f., 245, 251
Bormann, Martin 73
Boston (Massachusetts) 125
Braun, Christoph von (Neffe) 55, 76
Braun, Emmy von (geb. von Quistorp;
Mutter) 51, 55ff., 130f., 160, 188
Braun, Iris Careen von (Tochter) 132, 148,
161, 245
Braun, Margrit von (Tochter) 148, 161, 245
Braun, Magnus von (Bruder) 55, 96, 100,
108f., 110, 125, 130f.
Braun, Magnus Freiherr von (Vater)
53–56, 58, 70, 130f., 160, 188, 245
Braun, Maria von (geb. von Quistorp;
Ehefrau) 131, 145, 148, 187, 193, 245,
254, 264

WELTRAUMSTÜRMER

Abkürzungsverzeichnis

ABMA – Army Ballistic Missile Agency
ARPA – Advanced Research Projects Agency
Avus – Automobil-Verkehrs- und Übungs-Straße
CTR – Chemisch-Technische Reichsanstalt
DARPA – Defense Advanced Research Agency
EVA – Extra-Vehicular Activity
EWG – Europäische Wirtschaftsgemeinschaft
GIRD – Gruppe zum Studium der Rückstoßtechnik
HWA – Heereswaffenamt
IAF – International Astronautical Federation
ICSU – International Council for Science (Internationaler Wissenschaftsrat)
IGY – International Geophysical Year (Internationales Geophysikalisches Jahre)
ISS – International Space Station
JPL – Jet Propulsion Laboratory
KSZE – Konferenz für Sicherheit und Zusammenarbeit in Europa
LM – Lunar Module
LRV – Lunar Roving Vehicle
Mirak – Minimumsrakete
MSC – Manned Spacecraft Center
MSFC – Marshall Space Flight Center
NASA – National Aeronautics and Space Administration
NRL – Naval Research Laboratory
NSF – National Science Foundation
SALT – Strategic Arms Limitation Talks
STG – Space Task Group
VfR – Verein für Raumschifffahrt